普通高等教育基础课系列教材

数学教学论

李红玲　张玉环　杨一　甘艳　高鹏　编

机 械 工 业 出 版 社

本书特色鲜明，首先，课程内容融入最新的 2022 版课程标准；其次，每章的开始都给出了思维导图，把该章的知识框架呈现出来，帮助读者直观掌握内容；再次，每章的案例都很丰富，在各个教学理论分析后面都应用大量的例子来说明该理论在数学教学中的具体使用，这有利于读者的学习、理解和应用，对数学教学有很强的指导性和可操作性；最后，每章的结束都给出了思考题、推荐读物和参考文献，引导读者对本章的知识进行思考、探究、应用和延伸学习.

全书的主要内容有四个方面：数学教学理论、数学教学设计、数学教学评价、数学教学实践技能. 全书共计分为八章，第一章介绍数学教学理论的含义、形成与发展，以及当代不同取向教学论流派的教学主张；第二章介绍数学教学原则的含义、形成与发展，以及常用的数学教学原则；第三章介绍数学教学模式的含义、形成与发展，以及常用的数学教学模式；第四章从教学内容分析、学情分析到教学过程设计，分环节呈现数学教学设计的核心要素；第五章将数学基本课型分为数学概念、数学命题与数学问题，分类呈现教学设计知识；第六章介绍数学教学评价，着重体现数学学习评价的方式方法；第七章介绍数学模拟授课与说课的流程与注意点；第八章从数学课堂的导入、提问、板书、结束等方面阐述数学教学技能的培养.

本书可以作为高等师范院校数学教育专业本科生、研究生的教材，也可以作为中小学数学教师、教研员进行教学研究的参考用书.

图书在版编目（CIP）数据

数学教学论 / 李红玲等编. -- 北京：机械工业出版社，2025. 7. --（普通高等教育基础课系列教材）.
ISBN 978 - 7 - 111 - 78863 - 8

Ⅰ. O1 - 4
中国国家版本馆 CIP 数据核字第 2025S0F534 号

机械工业出版社（北京市百万庄大街 22 号　邮政编码 100037）
策划编辑：汤　嘉　　　　　责任编辑：汤　嘉　章承林
责任校对：樊钟英　薄萌钰　　封面设计：张　静
责任印制：刘　媛
三河市宏达印刷有限公司印刷
2025 年 9 月第 1 版第 1 次印刷
184mm×260mm · 14.5 印张 · 356 千字
标准书号：ISBN 978-7-111-78863-8
定价：49.00 元

电话服务　　　　　　　　　网络服务
客服电话：010-88361066　　机 工 官 网：www.cmpbook.com
　　　　　010-88379833　　机 工 官 博：weibo.com/cmp1952
　　　　　010-68326294　　金 书 网：www.golden-book.com
封底无防伪标均为盗版　　机工教育服务网：www.cmpedu.com

序

　　本书是宿迁学院的李红玲、河南大学的张玉环、北京工业大学的甘艳和包头师范学院的杨一等多位老师经过数年教学探索与总结，结合自己教学实践而编写的教材，兼具理论性和应用性.

　　数学教学论是数学与应用数学（师范）专业本科生开设的专业必修课程，也是一门核心课程. 与已有的数学教学论教材相比较，本书内容翔实、案例丰富、易教易学，既方便一线教师教学，也有助于学生自学.

　　本书特色鲜明，每章的开始都给出了思维导图，把该章的知识框架呈现出来，帮助读者直观掌握内容；每章的案例都很丰富，在各个教学理论分析后面都应用大量的例子来说明该理论在数学教学中的具体使用，这有利于读者的学习、理解和应用，对数学教学有很强的指导性和可操作性；每章的结束都给出了思考题、推荐读物和参考文献，引导读者对本章的知识进行思考、探究、应用和延伸学习.

　　对于数学教师来讲，人生最快乐的事情有两个，一个是学数学，另一个是教数学. 这本书，能够帮助数学师范生和一线教师掌握数学理论知识，促进教学能力的培养. 教师教数学的能力上去了，学生学数学就更容易了！

2024 年 5 月 7 日

前　言

数学教学论是为数学与应用数学（师范）专业本科生开设的专业必修课程，是一门核心课程．本课程兼具理论性、科学性、时代性和实用性，旨在让学习者系统学习数学教育的基本概念、基本原理和基本方法，了解国内外数学教育的发展历史和改革趋势，理解数学教学的基本规律和数学课程标准的基本理念，引领学习者形成正确的教学观、教育观、课程观、教学观和评价观，熟悉中小学数学教材体系，掌握中小学数学教学的过程与环节和数学教学的基本技能，运用数学教学理论和学习理论来解决当前基础教育改革中数学教师面临的实际问题．

全书的主要内容有四个方面：数学教学理论、数学教学设计、数学教学评价、数学教学实践技能．全书共分为八章，第一章介绍数学教学理论的含义、形成与发展，以及当代不同取向教学论流派的教学主张；第二章介绍数学教学原则的含义、形成与发展，以及常用的数学教学原则；第三章介绍数学教学模式的含义、形成与发展，以及常用的数学教学模式；第四章从教学内容分析、学情分析到教学过程设计，分环节呈现数学教学设计内容；第五章将数学基本课型分为数学概念、数学命题与数学问题，分类呈现教学设计知识；第六章介绍数学教学评价，着重体现数学学习评价的方式方法；第七章介绍数学模拟授课与说课的流程与注意点；第八章从数学课堂的导入、提问、板书、结束等方面阐述数学教学技能的培养．全书的框架最初由李红玲提出，后与张玉环、甘艳、杨一经多次讨论确定，李红玲负责全书统稿．宿迁市钟吾初级中学高鹏老师组织多位中学教师提供案例并对本书进行多轮检查修订．

本书是江苏省社会科学基金项目《基于 STEM 理论的师范院校人才培养模式研究》（22JYD001）的研究成果．本书的出版得到了机械工业出版社的大力支持，特别是汤嘉编辑的帮助，也得到了宿迁学院和江苏省青蓝工程优秀教学团队的关心和支持，在此一并表示衷心感谢！

由于编者水平有限，书中难免存在不足之处，恳请广大读者批评指正．

编　者

目 录

绪　　论

本部分首先阐述数学教学论的含义、研究内容和特点，进而探讨其研究方法，最后分析学习数学教学论的重要意义.

一、数学教学论的含义

数学教学论是从事或即将从事数学教育工作者必备的知识，它属于学科教学论，以一般教学论为指导，反映数学学科的特点，依据"教与学对应"和"教与数学对应"这两个重要的基本原理，根据数学的特点来研究数学教学规律及其应用.

二、数学教学论的研究内容

数学教学论是研究数学教学过程中教和学的联系、相互作用及其统一规律的科学. 它从教学指导的视角研究数学教学规律及其运用，包括四个方面：一是教学理论，包括数学教学理论、数学教学原则、数学教学模式；二是教学设计，包括数学教学的分环节设计以及不同课型的分类教学设计；三是教学评价，包括对教师的评价与对学生的评价；四是实践技能，包括模拟授课技能、说课技能等. 数学教学论基于新版义务教育数学课程标准的要求，通过对数学教学理论的多层面展开，呈现数学教学理论的主要研究成果，介绍国内外先进的教学思想和教学理念，揭示数学教学过程中的核心矛盾和基本规律，阐释数学教学的基本模式和常规方法.

三、数学教学论的特点

第一，整体性. 数学教学是一个整体系统. 因为数学教学是由各个部分或要素的有机联系所构成的统一体，又是以其有机的整体来发挥作用的，所以数学教学论要科学地阐释和有效地指导数学教学，就必须全面地把握其整体性. 同时整体与部分辩证统一，因此数学教学论从整体的角度研究某个部分的同时，不仅需要研究这个部分本身的特点和规律，还要研究这一部分在教学整体中的地位和作用，以及这一部分与其他部分的关系，从而达到认识教学整体、寻求教学最一般规律的目的.

第二，动态性. 数学教学是动态的过程，整个教学及其各个方面都不是静止不变的，而是运动的、变化的、发展的，鉴于此数学教学论把教学放在运动和变化中进行研究，立足于客观变化现实，运用不断深入发展的相关学科的科学方法论去考察教学的运动特征，从中揭示其运动、变化、发展的规律.

第三，实践性. 数学教学是一种典型的实践活动，这决定了数学教学论同时是一门实践性很强的学科. 数学教学论的主要作用是为教学实践提供科学依据, 但是教学论的实践性并不是为教学实践提供药方, 使得药到病除、立竿见影. 数学教学论与所有的理论一样, 为实践提供最一般的图景、发展线路、原理原则, 为实践中的问题提供一般性的规律知识和理论指导⊖.

四、数学教学论的研究方法

数学教学论的研究主要分为两个方面: 一是理论与规范性研究; 二是实践与实证研究. 其中, 理论与规范性研究主要使用哲学方法、解释方法、历史方法、比较教育学方法和记号论方法; 实践与实证研究主要使用教学实验研究、教学研究、问卷研究、思维过程研究⊖. 数学教学论的研究方法解释见表0-1.

表0-1　数学教学论的研究方法解释

研究方法名称	研究方法解释
哲学方法	应用哲学研究的方法是以文献和思考为研究对象来进行研究的方法. 一般在阐明教育、人格（人）、数学的本质与它们之间的关系, 以及数学教育目的等研究中使用
解释方法	以前人所研究的理论、原理等为研究对象, 对它们的解释、相互关系、价值等方面进行的研究. 例如, 在研究关于皮亚杰理论在数学教育中的应用、数学教育中关于"理解"的各种模式的研究等方面时经常使用解释方法
历史方法	应用历史学的研究方法, 进行数学教育的通史性研究、断代史研究、各国数学教育史的研究、不同问题的研究、人物研究等
比较教育学方法	应用比较教育学的研究方法, 对若干个国家的数学教育进行比较研究、阐明它们的特征、问题与课题等
记号论方法	灵活应用记号论、表记论、语言论等学科的成果, 进行数学教育研究的方法. 在数学教育中, 表记的研究和表现体系的研究等经常被使用
教学实验研究	提出研究假设, 并通过教学实验来实证假说的研究. 其最典型的方法是确定实验群的班级和一般群的班级来进行教学和统计性检验
教学研究	以改进教学为目的, 将教学过程用摄像机等记录下来, 并进行分析的研究, 是从教学论的研究、教育技术学的研究、学科内容的研究等各种视角进行的研究
问卷研究	进行问卷调查, 根据分析结果来明确某一事实、论证研究假设等的研究方法. 在这种情况下, 统计方法和多变量分析方法被广泛使用. 学业水平的调查分析和学生错误解答的分析也包含在其中
思维过程研究	是指通过摄像机等设备记录学生在解决问题过程中的思维活动, 进而对这些记录进行分析, 以阐明学生的思维过程和心理机制

五、学习数学教学论的重要意义

第一, 帮助学习者提高数学教育理论水平. 数学教学论包含大量的数学教育教学理论, 学习者能掌握数学教育教学的相关理论和学生数学学习的相关理论, 了解其在数学教育教学中的行为依据, 能够用数学教育教学理论来分析自己教学设计的合理性, 说明自己在开发学

⊖ 涂荣豹, 季素月. 数学课程与教学论新编 [M]. 南京: 江苏教育出版社, 2007: 2-3.

⊜ 代钦. 数学教学论新编 [M]. 北京: 科学出版社, 2018: 6-7.

生智力方面的理论根据. 还可以利用数学教育教学理论来深层次地分析中学数学教材，进而提高自己的数学教育理论水平.

第二，帮助学习者掌握数学课堂教学技能. 数学教学论包含数学课堂教学实践技能. 通过数学教学论的学习，学习者在掌握一般教学技能的前提下，可以进一步掌握数学课堂教学的基本技能，如导入技能、讲解技能、演示技能、板书技能等. 掌握了这些技能，学习者就会尽早适应中学数学的教学工作.

第三，帮助学习者形成数学教育教学研究能力. 新一轮基础教育改革正在实施中，它要求中学数学教师必须有一定的数学教育科研水平. 在数学教学论学习中，学习者能够很容易地掌握数学教育教学的研究内容和方法，了解数学教育教学界最新的学术动态，关注数学教育教学的热点话题，从而形成数学教育教学研究能力[一].

○　程晓亮，刘影. 数学教学论［M］. 2 版. 北京：北京大学出版社，2013：6-7.

第一章　数学教学理论

章前导语

本章首先分析教学理论的含义，然后探讨教学理论在国内外的形成与发展的历史，最后简要介绍当代不同取向教学论流派的教学主张.

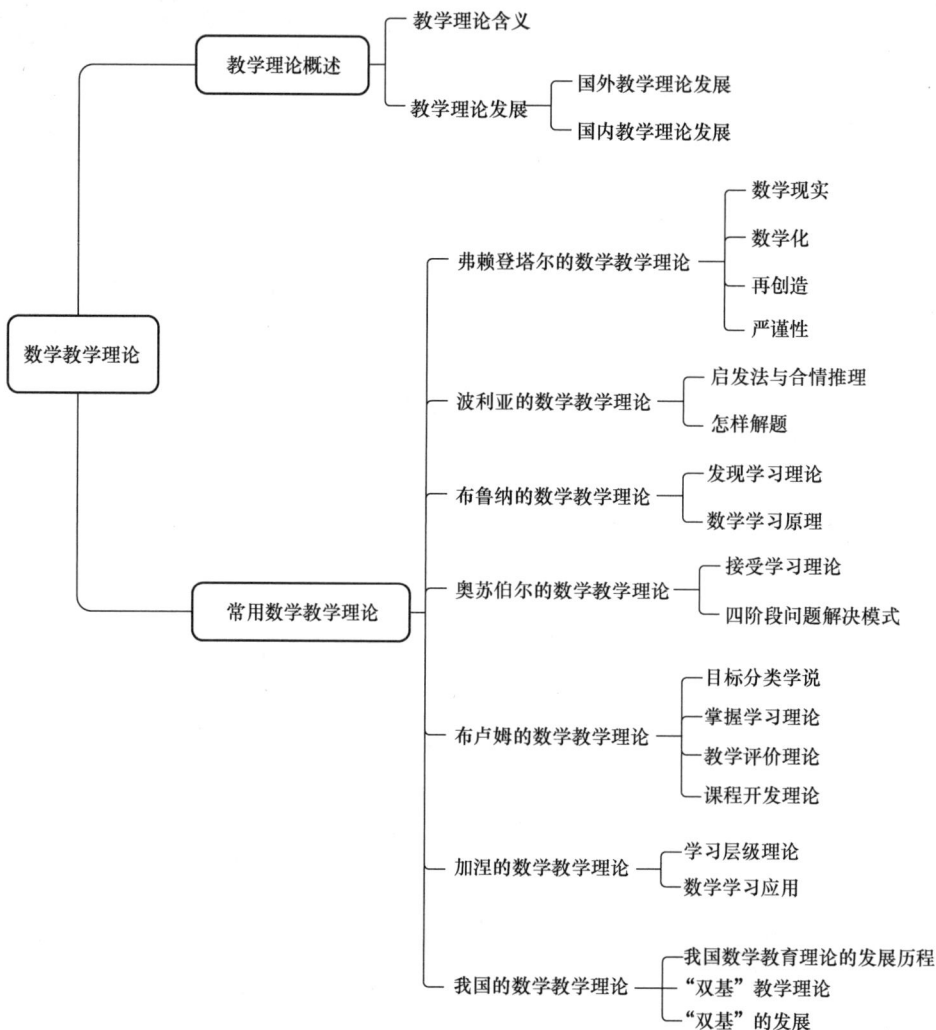

```
                          ┌─ 教学理论含义
         ┌─ 教学理论概述 ──┤                    ┌─ 国外教学理论发展
         │                └─ 教学理论发展 ──────┤
         │                                      └─ 国内教学理论发展
         │
         │                                         ┌─ 数学现实
         │                  ┌─ 弗赖登塔尔的数学教学理论 ┤  数学化
         │                  │                      │  再创造
         │                  │                      └─ 严谨性
         │                  │
数学教学理论 ─┤             │  波利亚的数学教学理论 ──┤ 启发法与合情推理
         │                  │                      └─ 怎样解题
         │                  │
         │                  │  布鲁纳的数学教学理论 ──┤ 发现学习理论
         │                  │                      └─ 数学学习原理
         │                  │
         └─ 常用数学教学理论 ┤  奥苏伯尔的数学教学理论 ┤ 接受学习理论
                            │                      └─ 四阶段问题解决模式
                            │
                            │                      ┌─ 目标分类学说
                            │  布卢姆的数学教学理论 ─┤  掌握学习理论
                            │                      │  教学评价理论
                            │                      └─ 课程开发理论
                            │
                            │  加涅的数学教学理论 ──┤ 学习层级理论
                            │                      └─ 数学学习应用
                            │
                            │                      ┌─ 我国数学教育理论的发展历程
                            └─ 我国的数学教学理论 ──┤ "双基"教学理论
                                                   └─ "双基"的发展
```

第一节　教学理论概述

一、教学理论含义

教学是为实现教育目的、以课程内容为中介进行的教和学统一的共同活动. 在教学活动中，师生双方按照一定的目的及要求，通过各种方法进行交往、交流，以使学生掌握一定的知识技能，形成完善的个性品质和思想品德，以实现人类社会发展对个体身心发展要求的统一.

教学理论是教育学的一个重要分支. 它既是一门理论科学，也是一门应用学科；它既要研究教学的现象、问题，揭示教学的一般规律，也要研究如何利用和遵循规律解决教学实际问题的方法策略和技术；它既是描述性的理论，也是一种处方性和规范性的理论. 一般来说，教学理论是关于教学的理论，是教学实践经验的概括和总结，主要研究教学中的师生行为，为其提供一般性的建议，以指导教学实践活动.

二、教学理论发展

教学理论的形成经历了漫长的历史阶段，从教学经验总结，到教学思想成熟，再到教学理论的形成. 这一进程是人们对教学实践活动认识不断深化、不断丰富和不断系统的过程，其中系统化是教学理论形成的标志. 下面从国外和国内两个方面来展开呈现教学理论发展过程.

（一）国外教学理论发展

1. 国外古代教学思想

这段时期还不存在现代意义上的教学理论，各种教学思想往往包含在哲学方面的著作中. 对教学的认识和表述多是直观化的经验描述，缺少理性的抽象和升华. 这里主要介绍古希腊和古罗马的相关思想.

（1）古希腊三贤　古希腊教学思想强调人文主义和自由主义的文化，这里主要阐述古希腊三贤的相关思想. 古希腊三贤是指苏格拉底、柏拉图和亚里士多德，其中苏格拉底是柏拉图的老师，而柏拉图是亚里士多德的老师，这三人在古希腊的思想理论领域取得了显著的成就，对后世产生了深远的影响. 苏格拉底（Socrates，约前469—前399）认为美德不是先天具有的，而是后天教育的结果，他还开创了西方最早的启发式教学——产婆术（Art of midwifery），就像产婆引导孕妇生出孩子那样，他通过在教学中使用对话、提问、暗示、诘难、归纳等方法，来激发对方的思维灵感，帮助对方找到答案. 苏格拉底的学生柏拉图（Plato，前427—前347），主张心身和谐发展，强调"用体育锻炼身体，用音乐陶冶心灵"，认为应当把斯巴达的教育制度（围绕军事体育教育而设置的主要课程）和当时雅典的教育制度（体现和谐教育思想，各个教育阶段都设置文化、艺术等课程）结合起来，他还主张教育由国家管理，强调教育具有服务于社会及政治的功能. 在他的著作《理想国》中，有他为学生们开设的数学教学大纲. 柏拉图的学生亚里士多德（Aristotle 前384—前322）被称为百科全书式的思想家，他首次提出了教育必须适应自然规律的思想，并划分了儿童教育的年龄阶段：0～7岁为第一阶段，侧重体育学习；7～14岁为第二阶段，侧重德育学习；

14～21岁为第三阶段，侧重智育学习．他认为理性的发展是教育的最终目的，主张国家应对奴隶主子弟进行公共教育，使他们的身体、德行和智慧得以和谐地发展．在教学方法上，亚里士多德重视练习与实践的作用．在师生关系上，亚里士多德认为应该在继承的基础上敢于思考、坚持真理、勇于挑战．他那"吾爱吾师，吾尤爱真理"的品格，鼓舞着他把柏拉图建立起来的教学理论推进到了一个更高的水平．对于数学，亚里士多德认为，逻辑论证是获得科学知识的唯一可靠途径，他以公理为前提来获取知识，以使用证明来获得新结论的原则，作为数学家们的范式延续至今．

（2）古罗马昆体良　昆体良（Marcus Fabius Quintilianus，约35—约100）是古代希腊、罗马教育思想和教育经验之集大成者，他的《雄辩术原理》被誉为西方最早的教学法论著．昆体良的教学法思想博大精深，主要包括分班教学、因材施教、启发引导、学休相间、适度教学和反对体罚等方面．他主张应该把学生分成班级，教师针对全班同学进行教学，相比个别教学节省了很多时间和精力；在班级教学的同时，要注意关注学生的差异性来因材施教；他继承和发扬了苏格拉底的"产婆术"思想，提出"教是为了不教"的深刻见解，认为教师应当善于针对不同情况提出问题、回答问题并正确评价；他指出学习过程中，学生应该有限定时间的休息和游戏，促进精力恢复，从而达到更好的学习效果；他是量力性原则的最早倡导者，认为应该依据学生的接受能力进行适度教学，过与不及都不正确；他尊重儿童的人格，反对体罚，认为多采用正面告诫的方式更为合适．昆体良的《雄辩术原理》在某种意义上可以认为是西方教学理论的原始雏形，可以和中国古代的《学记》相媲美．

2. 国外近代教学思想

随着科学技术的发展，社会生产力相应提高，自然科学特别是心理学有了很大发展，这些是教学理论的萌芽与确立的基础．西方近代教学理论（教学思想）的形成开始于拉特克（W. Ratke，1571—1635），完善于赫尔巴特（Johann Friedrich Herbart，1776—1841）．以近代教学思想为支撑的教学理论，一般称为传统教学论，它的理论基础就是传统知识论，属于以教为本的研究．由于其主流思想方式是偏重记忆，囿于现成知识接受这一要素主义的思想方式，所以近代西方教学论又可以称为记忆教学论．

（1）德国拉特克　第一个倡导教学理论的是德国教育学家拉特克，他致力于探求"教授之术"，认为教育是人与生俱来的天赋和权利．在《改革学校和社会的建议》中，他自称是"教学论者"（Didacticus），称自己新的教学技术为"教学论"（Didactica）．他认为必须从各学科的性质出发引申出教学方法的依据和原则，从而孕育了"教与学科对应"的思想．

（2）捷克夸美纽斯　捷克教育家夸美纽斯（Jan Amos Komenský，1592—1670），是西方近代教育理论的奠基者之一．在他的《大教学论》中，第一次确立起理论化、系统化的教学理论，是现代教学研究的奠基之作．他指出，教学论是教学的艺术，是"把一切知识教给一切人"的全部艺术．夸美纽斯从三个方面明确了现代教学的基本规定：在目的和内容上，主张使所有的人通过接受教育而获得广泛、全面的知识，从而使智慧得到全面的发展；明确提出了教学工作的基本原理和原则，如直观性原则、启发引导原则、量力性原则、循序渐进原则、巩固性原则，以及因材施教原则等，其中的"自然适应性"原则孕育了"教与学对应"的思想；论证了班级授课制这一新的教学制度，认为班级授课制是对教师产生激励作用、提高教学效率的有力手段．《大教学论》问世的意义在于，它使学科教学论从哲学中分离出来．

（3）法国卢梭　法国教育家卢梭（Jean-Jacques Rousseau，1712—1778）的教育名著《爱弥儿》，被认为是继柏拉图《理想国》之后西方最完整、最系统的教育论著．他提出了著名的"自然教育思想"：教育要符合人的年龄阶段，要以儿童身心发展的年龄特征、个性特点、性别差异等为依据来确定教育的内容、原则和方法；教育要以道德提升为根本目的，培养善良的情感、正确的判断和良好的意志；要让儿童自然发展，在教育方法上要循循善诱，利用孩子的好奇心使其自然有所收获；教育要实现人的德、智、体、美、劳全面发展．

（4）德国福禄贝尔　德国教育家福禄贝尔（Friedrich Wilhelm August Fröbel，1782—1852）被称为"幼儿教育之父"．他强调教育要适应自然的原则：一是为了对儿童进行合理的教育，必须观察和遵循自然万物发展的正确道路；二是教育要追随儿童的天性．他认为游戏是幼儿的本能，是幼儿教育的基础，他是世界上第一个承认游戏的教育价值，有系统地把游戏列入教育过程的教育家．他指出，游戏是儿童的内在本能，要遵循儿童的天性，适应自然的发展，就要鼓励儿童游戏，所以游戏和手工作业应是幼儿时期最主要的活动，而知识的传授只是穿插其中的附加部分．而教师最主要的责任，是妥善地加以指导、设计各种游戏活动．

（5）德国赫尔巴特　德国教育家赫尔巴特被称为"科学教育学之父"，是"教师中心论"的代表人物．他在 1806 年出版了《普通教育学》，在教育史上首次系统论述了现代教育学的基本思想，使得教育学拥有了使命、特性和结构．在他建构的教育体系中，教育的目标是道德；教育的手段包括管理、教育性教学和训育三个维度．第一个维度是管理，他认为，在儿童没有形成意志之前，不能对其进行道德教育，而只能对其进行管理，这种管理是要创造一种秩序，例如向儿童指出他的某一行为可能会给自己或者他人带来某种危害等；当学习者拥有了秩序，教育就可以进入第二个维度，也就是教育性教学，包括从经验、科学、艺术、交往、政治和宗教六个方面获得的知识和能力；当学习者可以独立地使用自己的理性，教育就可以进入第三个维度，也就是训育，就是鼓励学生根据自己的认识去行动；他还给出了课堂教学的五段教授法，即预备、授予、联合、结合和应用这五个环节．

3. 国外现代教学思想

现代教学论又称为思维教学论，其主流思想方式着眼于学习方法的掌握与创新精神的发挥，其理论基础是主体教育论，属于以学为本的研究．这里重点介绍美国教育家杜威（John Dewey，1859—1952）和苏联教育家凯洛夫（Иван Андреевич Каиров，1893—1978）．

（1）美国杜威　美国教育家杜威的思维教学论是现代教学论的生长点，他提出了著名的"儿童中心主义"和"教育即生长"思想．他指出，教育应该以儿童为中心，尊重儿童自己身体心理生长的规律．教育的任务就是要按照儿童本能生长的不同阶段有针对性地提供适当的材料，促进其本能的表现与发展．教育就是促进儿童本质生长的过程．他认为应当取消班级授课制，实施个性化教育．对于学习方法，他提出"从做中学"，并给出了五步教学法：创造情境——明确问题——提出假设——解决问题——检验假设．

（2）苏联凯洛夫　苏联教育家凯洛夫力图在辩证唯物主义认识论的基础上建立教学论，他把马克思主义的认识论引进了教学论．他重视书本知识、重视教师在教学中的作用，采用班级授课制．对于教学过程中学生的认知，他划分为感知教材、理解教材、巩固知识、运用知识等阶段，由此给出课堂教学的五环节：组织教学、复习旧课、讲授新课、巩固新课和布置家庭作业；对于教学任务，他认为教学就是在教师的指导下、学生自觉积极地参与，以系统的科学知识武装学生、形成技能和技巧，从而发展学生的认识能力（包括观察力、注意力、记忆力、想象力、思维力等），形成学生的科学世界观；同时，他认为教学过程与科学的认识过程不可能完全一致，中小学生的主要任务是学习和掌握这些已经发现的真理，他们并不肩负发现新的真理的任务.

（二）国内教学理论发展

1. 国内古代教学思想

我国是世界上最早有文字记述教学思想的国家之一. 商朝的甲骨文中，教学的内容和方法就可以从"教"字中形象地表现出来. 春秋战国时期是中国古代历史上发生重大变革的时期. 百家争鸣，私学兴起，儒、墨、道、法各个学派的创始人，都是著名的教育家，对教学有着深刻的见解.《学记》是世界教育史上最早论述教学的专著，比昆体良的《雄辩术原理》大约要早 300 多年，是中国儒家教学思想之集大成者，它的出现具有划时代的意义，标志着我国古代教学思想发展到了一个很高的水平，至今对教学理论的探索仍具有启迪意义. 由于《学记》是中国儒家教学思想之集大成者，孔子是儒家教学思想的创始者，所以从孔子的教学思想谈起是必要的.

孔子（前551—前479）毕生从事教育事业，在长达40余年的教学生涯中积累了丰富的教学经验，主要记载于《论语》一书中，其教学思想主要表现在如下几个方面：在教学目的上，主张"学而优则仕"；在教学内容上，主张学习六种教材（《诗》《书》《礼》《乐》《易》《春秋》）；在教学方法上，主张因材施教、启发诱导、学思结合、学行结合、温故知新等；在教师修养上，主张"学而不厌，诲人不倦".

《学记》的教学思想主要包括如下几个方面内容：关于教学目的主张"化民成俗"；在教学关系上主张教学相长，并对教师和学生提出不同的责任和要求，为师要"既知教之所由兴，又知教之所由废"，作为学生首先要立志（"士先志"），然后要学会学习（"善学"）；在课内与课外的关系上提出了课内与课外相结合的道理（"藏息相辅"）；在教学方法上主张启发诱导、长善救失、豫时孙摩.《学记》既继承了孔子的教学思想，又有所发展. 比如，在启发式教学方面，《论语》指出了启发的时机（"愤""悱"）和目的（"举一反三"），却没有指出启发的原则或把握启发诱导的尺度. 对此，《学记》弥补了孔子启发式教学思想的不足，认为启发的原则是"道而弗牵，强而弗抑，开而弗达. 道而弗牵则和，强而弗抑则易，开而弗达则思，和易以思，可谓善喻矣". 这里的"和"和"易"就是启发学生独立思考的前提条件. 此外，《学记》还给出了启发的方法：善问、善答和善待问者.

汉代董仲舒（前179—前104）提出了独尊儒术和教学优化的思想；唐代韩愈（768—824）在《师说》中发展了《学记》中的教学相长思想，认为："师者，所以传道授业解惑也""弟子不必不如师，师不必贤于弟子. 闻道有先后，术业有专攻"；宋代朱熹（1130—1200）等首创了直观教学法，重视疑问并提出了较系统的读书法，进一步丰富了启发式教学思想，北宋胡瑗（993—1059）已用实物和图形进行直观教学，朱熹对直观教法进行了论证，并继承了张载（1020—1077）"学贵有疑"的思想而提出了从有疑到无疑的思想，他的学生还概括了老师的读书法，这些教学思想都继承和发展了孔子学思关系和《学记》"和易以思"的思想；明代王守仁（1472—1529）提出"常存童子之心"的蒙养教育思想，继承和发展了《学记》中的循序渐进思想. 总体来说，《学记》以后的教学思想，超过《学记》论述水平的确实不多.

2. 国内近代教学思想

近代西方教学论传入我国可分成两大阶段：第一阶段是 1901—1919 年，中国学者主要从日本引进以赫尔巴特为代表的传统教育派教学论，或者说日本化了的教学论．比如，1901年，我国最早的教育专业刊物《教育世界》在上海创刊，从日文转译介绍了教育家夸美纽斯、裴斯泰洛齐、第斯多惠、赫尔巴特等的教育思想，突出赫尔巴特的统觉、兴味、五段教学法（也叫作启发法）等内容；第二阶段是 1919 年到中华人民共和国成立以前，主要从美国直接引进以杜威为代表的进步教育派教学论，及与之相联系的桑代克的学习律．1919年，五四运动输入了科学和民主的口号，卢梭的"适应自然"、福禄贝尔的"人的教育"的思潮得到了一定的传播；随着 1919 年杜威来华讲学，杜威的教学理论开始传入中国，并对我国近代乃至现代教学理论的发展产生了巨大推动作用．

我国学者接受这些理论并结合我国教学实际，编写教学论教材，开始建设教学论学科的独立体系．比如 1919 年以前，朱孔文（1872 年—?）教授编撰的《教授法通论》和蒋维乔（1873—1958）编的《教授法讲义》都是受赫尔巴特教学思想的影响产生的，前者属于普通教授法，后者属于普通和分科教授法；1919 年以后，罗廷光（1896—1993）编的《普通教学法》和俞子夷、朱晸旸编的《新小学教材和教学法》，都受到了杜威、桑代克、克伯屈、赫尔巴特和陶行知的影响，并以心理学为依据．这一阶段的教学论思想具有的共同特点是：洋为中用、反传统倾向、从经验走向理论、心理学化．

3. 国内现代教学思想

现代中国教学论具有与古代和近代不同的四个特点：其一，以马克思主义哲学作为方法论；其二，运用古今中外法，把古今中外的教学论融为一体，为教学实践服务；其三，总结教学经验，并上升为理论，以探索特殊规律为主，同时利用共同规律；其四，逐步走向创建具有中国特色的教学论目标．

教学论中国化经历了三个阶段：第一个阶段是"马克思列宁主义教育学与中国教育实践相结合"，代表作就是刘佛年（1914—2001）教授主持编著的《教育学（讨论稿）》；第二个阶段是对研究方法的关注，代表作是董远骞（1921—2012）等著的《教学论》，该书着重探讨教学过程中各种矛盾的本质联系，分专章论述教学相长、循序渐进、知识技能与认识能力、教学的教育性、教学与学生生理、因材施教以及认识教学过程的规律等；第三个阶段表现在综合和概括以及理论体系的改造方面，代表作是王策三（1928—2017）著的《教学论稿》，该著作具有讨论的性质和理论清理的性质．

第二节　常用数学教学理论

一、弗赖登塔尔的数学教学理论

荷兰数学家和数学教育家弗赖登塔尔（Hans Freudenthal，1905—1990）认为数学教育有五个主要特征：情景问题是教学的平台；数学化是数学教育的目标；学生通过自己努力得到的结论和创造是教育内容的一部分；"互动"是主要的学习方式；学科交织是数学教育内容的呈现方式．这些特征又可以用三个词来加以概括——现实、数学化、再创造．

（一）数学现实

弗赖登塔尔认为，数学来源于现实，存在于现实，并且应用于现实，而且每个学生有各自不同的"数学现实". 数学教师的任务之一是帮助学生构造数学现实，并在此基础上发展他们的数学现实. 因此，在教学过程中，教师应该充分利用学生的认知规律、已有的生活经验和数学的实际，灵活处理教材，根据实际需要对原材料进行优化组合. 把例题生活化，让学生易懂易学. 通过设计与生活现实密切相关的问题，帮助学生认识到数学与生活有密切的联系，从而体会到学好数学对于我们的生活有很大的帮助，在无形当中产生了学习数学的动力. 这也就是弗赖登塔尔常常说的"数学教育即现实的数学教育".

关于情景问题，弗赖登塔尔认为，数学教育要引导学生了解周围的世界，周围的世界应该是学生探索的源泉，而数学课本从结构上应当从与学生生活体验密切相关的问题开始，发现数学概念和解决实际问题，将实际问题数学化.

情景问题与传统数学课本中的例子有相通之处，即它们都被用来作为引入数学概念和理解数学方法的基础. 区别在于传统的数学课本一般都按照科学的体系展开，不大重视属于学生自己的一些非正规的数学知识的作用. 在这种直接式的结构当中，常识性、经验性的知识一般派不上用场，学生只要注重课本提供的数学题目的计算和解答就行了，完全不用考虑它们的实际意义. 而弗赖登塔尔所倡导的情景问题则是直观的、容易引起想象的数学问题，隐含在这些数学问题中的数学背景是学生熟悉的事物和具体情景，而且与学生已经了解或学习过的数学知识相关联，特别是要与学生生活中积累的常识性知识和那些学生已经具有的、但未经训练的、不那么严格的数学体验相关联.

在运用"现实的数学"进行教学时，必须明确认识以下几点：

第一，数学的概念、数学的运算法则，以及数学的命题，都是来自于现实世界的实际需要而形成的，是现实世界的抽象反映和人类经验的总结. 因此，数学教学内容来自于现实世界，把那些最能反映现代生产，现代社会生活需要的最基本、最核心的数学知识和技能作为数学教育的内容.

第二，数学研究的对象，是现实世界同一类事物或现象抽象而成的量化模式. 而现实世界事物、现象之间又充满了各种各样的关系和联系. 从而，数学教育的内容就不能仅仅局限于数学内部的内在联系. 就中学数学教学内容来讲，不能只考虑代数、几何、三角之间的联系，还应该研究数学与现实世界各种不同领域的外部关系和联系. 如与日常生活、工农业生产、货币流通和商品生产经营以及其他学科等联系. 这样才能使学生一方面获得既丰富多彩而又错综的"现实的数学"内容，掌握比较完整的数学体系；另一方面，学生也有可能把学到的数学知识应用于现实世界中去.

第三，社会需要的人才是多方面的，不同层次、不同专业所需的数学知识不尽相同. 因而，数学教育应为不同的人提供不同层次的数学知识. 也就是说，不同的人有不同需要的"现实的数学". 数学教育所提供的内容应该是学生各自的"数学现实"，即"学生自己的数学". 通过"现实的数学教学"，学生就可以通过自己的认知活动，构建数学观，促进数学知识结构的优化.

（二）数学化

什么是数学化呢？弗赖登塔尔认为，人们在观察、认识和改造客观世界的过程中，运用数学的思想和方法来分析和研究客观世界的种种现象并加以整理和组织的过程，就叫作数学化. 说简单点，数学地组织现实世界的过程就是数学化.

一提到数学化，人们就会联想到数学教学的"科学性"和"严谨性"，感觉到它距离我们很遥远. 实际上，数学化是一种由浅入深，具有不同层次、不断发展的过程. 一般来讲，数学化的对象，一是数学本身；二是现实客观事物. 对数学本身的数学化，就是深化数学知识，或者使数学知识系统化，形成不同层次的公理体系和形式体系. 对客观世界的数学化，形成了数学概念、运算法则、规律、定理以及为解决实际问题而构造的数学模型等.

事实上，在高校里，数学系的学生要学普通物理，物理系的学生要学高等数学. 研究化学反应时，把参加反应的物质的浓度、温度等作为变量，用方程表示它们的变化规律，通过方程的"稳定解"来研究化学反应. 这里不仅要应用基础数学，而且要应用"前沿上的""发展中的"数学；不仅要用加减乘除来处理，而要用复杂的"微分方程"来描述. 研究这样的问题，离不开方程、数据、函数曲线、计算机等. 正是各门科学数学化到一定程度，它们才得以发展到一个又一个新的阶段.

既然任何数学分支都是数学化的结果，各门科学的发展都有数学化的功劳，那么在数学教育过程中，让学生学会数学地思考与研究各种现象，形成数学的概念、运算的法则、构造数学模型，经历一个数学化的过程，这也就是理所当然的事了. 正如弗赖登塔尔所说："数学教学必须通过数学化来进行."

当然，我们所说的学习数学化，并不是不要数学学科的"科学性"和"严谨性". 在现实数学教育者的眼里，学习者从一个具体的情景问题开始，到得出一个抽象数学概念的教育全过程就是数学化的过程，学生对数学的"再发现"就是"数学化".

需要强调的是，数学化是一个过程，是从一个问题开始，由实际问题到数学问题、由具体问题到抽象概念、由解决问题到更进一步应用的一个教育全过程，而不是方程、函数之类的具体的数学素材. 传统数学课本是"教给"学生数学现成结果的教材，最容易忽略的就是过程. 把数学化作为数学课本内容的一部分，就是要使课本成为学生自己去"发现"一些已有数学结果的辅导书. 通过一个充满探索的过程去学习数学，让已经存在于学生头脑中的那些非正规的数学知识和数学体验，上升发展为科学的结论，从中感受数学发现的乐趣，增进学好数学的信心，形成应用意识、创新意识，从而达到素质教育的目的.

具体说来，现实数学教育所说的数学化有两种形式：一是实际问题转化为数学问题的数学化，即发现实际问题中的数学成分，并对这些成分进行符号化处理；二是从符号到概念的数学化，即在数学范畴之内对已经符号化了的问题作进一步抽象化处理.

对于前者，基本流程是：

1）确定一个具体问题中包含的数学成分.

2）建立这些数学成分与学生已知的数学模型之间的联系.

3）通过不同方法使这些数学成分形象化、符号化和公式化.

4）找出蕴含其中的关系和规则.

5）考虑相同数学成分在其他数学知识领域方面的体现.

6）做出形式化的表述.

对于后者，基本流程是：

1）用数学公式表示关系.

2）对有关规则做出证明.

3）尝试建立和使用不同的数学模型.

4）对得出的数学模型进行调整和加工.

5）综合不同数学模型的共性，形成功能更强的新模型.

6）用已知的数学公式和语言尽量准确的描述得到的新概念和新方法.

7）进行一般化的处理、推广.

不过通过数学化得到一个新的数学概念之后，还需要对已经得到的概念、模型、技巧作进一步的整理和把握，即解释和说明得出的结果；讨论新模型或方法的适用范围；回顾、总结和分析已经完成的数学化过程；应用.

可以看到，一个现实情景所提供的信息是现实数学教育的基础. 而情景问题与数学化又是结合在一起的. 在"一浪接一浪"的数学化进程中，学习者经历了一个又一个由现实的情景问题到数学问题、由不那么严格的数学体验到严格的数学系统、由数学的"再发现"到数学的具体应用.

（三）再创造

学生"再创造"学习数学的过程实际上就是一个"做数学"（Doing Mathematics）的过程，这是目前数学教育的一个重要观点. 它强调学生学习数学是一个经验、理解和反思的过程，强调以学生为主体的学习活动对学生理解数学的重要性，强调激发学生主动学习的重要性，并认为"做数学"是学生理解数学的重要条件. 弗赖登塔尔说的"再创造"，其核心是将数学过程再现. 针对实践中频频出现的"教学法的颠倒"，"将数学作为一种活动来进行解释和分析"的状况，"设想你当时已经有了现在的知识，你将是怎样发现那些成果的；或者设想一个学生学习过程得到指导时，他是应该怎样发现的". 当然，这不是简单地"由学生本人把学的东西自己去发现或创造出来，教师的任务是引导和帮助学生去进行这种再创造的工作"，也不是简单的"教师指导下的学生活动"，而是通过教师精心设计，创造问题情景，通过学生自己动手实验研究、合作商讨，探索问题的结果并进行组织的学习方式.

（四）严谨性

弗赖登塔尔认为严谨性应该是相对的，对于严谨性的评价，必须根据具体的时代、具体的问题来做出判断. 譬如说微积分，人们开始直观地用无穷小概念进行运算，工作很出色，后来人们认为，必须用"e^{-8}"才能保证其严密性，可是现在"e^{-8}"又失去了地盘，因为又有了现代化的微分算法；再如，半个世纪以前，人们认为自然数、整数、有理数和实数就构成了严密的数论基础，可是今天，却必须从公理化的定义出发，认为除了公理化体系以外，就没有严密的数学. 庞加莱指出，当数学科学变得日益严密之时，它表现出一种不可忽视的人为构建的性质. 在这个过程中，数学忘掉了自己的历史起源，只显示出问题是如何被解决的以及为什么被提出，这说明仅凭逻辑并不足以诠释科学，它提示我们应将直观作为逻辑的一个补充部分，或者说将直观作为逻辑的对立面或矫正方法. 严谨性有不同的级别，每个题材有适合于它的严谨性级别，数学家应根据不同的严谨性级别进行操作，而学生也应该通过这些不同级别的学习，来理解并获得自己的严谨性. 在学生未曾理解时，教师是无法将所谓严密的数学理论强加给学生的，学生只有通过再创造来学习数学的严谨性.

二、波利亚的数学教学理论

美籍匈牙利数学家乔治·波利亚（George Polya，1887—1985）对于数学教育的目的、价值、方法非常关注，还有其对于数学解题的研究等，对数学教育产生了深刻影响.

（一）启发法与合情推理

关于数学教育的目的，波利亚认为，中学数学教育的根本目的就是"教会年轻人思考"．那么教师应该怎样做呢？波利亚指出"学东西的最好途径是亲自去发现它"，而"学生应当获得尽可能多的独立工作的经验"．因此他提倡使用启发法，他认为教师应当站在学生的角度思考，然后使用问题和建议引导学生思维的发展．启发法的目的在于学习并掌握发现和创造的方法和规则，而启发法的核心就是一些定型问题和建议．波利亚指出，只要运用得当，这些问题和建议就可起到指导思想的作用，即能给解题者一定的启示，从而帮助他们发现好的或正确的解题方法．波利亚在《怎样解题》《数学的发现》和《数学与猜想》里给出了一些启发法的具体模式或方法，比如分组分解、笛卡儿模式、递归模式、叠加模式、特殊化方法、一般化方法、"从前往后退"、设立次目标、合情推理的模式（归纳与类比）、画图法、观察未知量、回到定义去、考虑相关的问题、对问题进行变形、找辅助元素或辅助问题、类比法等．教师不仅要教学生证明问题，也要教他们猜想问题，通过启发让学生自己发现解法，从而从根本上提高学生的解题能力．当然，他也强调数学教育中培养学生的兴趣、好奇心、毅力、意志、情感体验等非智力品质的重要性．因为，要学会解题，成为解题能手，是需要经过大量的解题实践，付出艰辛的努力，有一定的意志品质的，并不是说在玩中就能学会解题，要学好数学毕竟不是一件轻轻松松的事情.

关于数学教育的方法，波利亚给出猜测和检验的方法．他认为，数学家和科学家们的研究思路，就是通过合情推理的过程设计出各种假设性的解释，然后让这些假设经受实践的检验，所以教学中应该让学生先通过观察、猜测、归纳这样的合情推理过程，然后再进行证明．观察可以引出发现；观察可以揭示某些规律、模式或定律；在某些好的想法或某种观点的指引下，观察更有可能得出有价值的结果；观察能给出初步的归纳结论或猜测；检查你的猜测：考察一些特殊情形；不可忽略了类比，它们可以引出发现；任何特殊情形的结果被验证为正确，就增加了猜测和类比的正确度.

波利亚认为，采用合情推理的题目应该是研究性题目，这样的题目需要满足三个要求：一是，能够让学生参与提出问题；二是，题目与生活或者其他思维领域有联系；三是，蕴含着合情推理过程．这类研究性题目，能够让学生通过做独立的创造性工作品尝到数学的滋味，不仅增强了学生对数学的了解，也增强了他们对其他科学的了解.

（二）怎样解题

波利亚的《怎样解题》一书专门研究了解题的思维过程，这本书的核心是他分析解题的思维过程得到的一张"怎样解题"表（见表1-1）．这张表把解题过程分为了四个环节，每个环节都给出了多个问题，这些问题体现了指导性的思考方向．书中针对每个环节都进行了论述，并以例题表明其实际应用．他认为，这些问题具有普遍性，是"自然的、简单的、明显的"，是符合学生思维习惯的常识性操作，所以学生在得到引导后，也能够很自然地自己想到要使用这样的步骤，也就是说，能够将这样的思维方式进行迁移.

表 1-1　波利亚分析解题的思维过程

	理解问题
第一　必须理解问题	1. 未知量是什么? 已知数据是什么? 条件是什么? 条件有可能满足吗? 条件是否足以确定未知量? 或者它不够充分? 或者多余? 或者矛盾 2. 画一张图, 引入适当的符号 3. 将条件的不同部分分开. 你能把它们写出来吗
	拟定方案
第二　找出已知数据与未知量之间的联系. 　　如果找不到直接的联系, 你也许不得不去考虑辅助题目. 　　最终你应该得到一个解题方案.	1. 你以前见过它吗? 或者你见过同样的题目以一种稍有不同的形式出现吗? 2. 你知道一道与它有关的题目吗? 你知道一条可能有用的定理吗? 3. 观察未知量! 并尽量想出一道你所熟悉的具有相同或相似未知量的题目. 4. 这里有一道题目和你的题目有关而且以前解过. 你能利用它吗? 你能利用它的结果吗? 你能利用它的方法吗? 为了有可能应用它, 你是否应该引入某个辅助元素? 5. 你能重新叙述这道题目吗? 你还能以不同的方式叙述它吗? 6. 回到定义上去 7. 如果你不能解所提的题目, 先尝试去解某道有关的题目. 你能否想到一道更容易着手的相关题目? 一道更为普遍化的题目? 一道更为特殊化的题目? 一道类似的题目? 你能解出这道题目的一部分吗? 只保留条件的一部分, 而丢掉其他部分, 那么未知量可以确定到什么程度, 它能怎样变化? 你能从已知数据中得出一些有用的东西吗? 你能想到其他合适的已知数据来确定该未知量吗? 你能改变未知量或已知数据, 或者有必要的话, 把两者都改变, 从而使新的未知量和新的已知数据彼此更接近吗? 你用到所有的已知数据了吗? 你用到全部的条件了吗? 你把题目中所有关键的概念都考虑到了吗?
	执行方案
第三　实施你的方案	执行你的解题方案, 检查每一个步骤. 你能清楚地看出这个步骤是正确的吗? 你能否证明它是正确的?
	回　顾
第四　检查已经得到的解答	1. 你能检验这个结果吗? 你能检验这个论证吗? 2. 你能以不同的方式推导这个结果吗? 你能一眼就看出它来吗? 3. 你能在别的什么题目中利用这个结果或这种方法吗?

在"理解问题"环节, 教师首先应该挑选自然且有趣的题目, 这样才能激发学生的学习兴趣, 使得学生想要理解题目、完成题目; 其次, 教师需要让学生复述题目、分析题目, 从各个方面考虑题目的主要部分, 比如适当作图辅助思考. 波利亚认为, "解答一个题目的主要成就在于构思一个解题方案的思路", 因此在"拟定方案"环节, 教师需要引导学生从自己的学习经验中寻找相关的题目或者方法来辅助解决这个新的问题, 要考虑通过普遍化、特殊化等方式对题目进行修改, 使用类比、放弃一部分条件等方法用各种辅助题目进行实验.

在"执行方案"环节, 主要需要的是耐心, 需要逐一检查所有的解题细节, 教师需要对学学生强调"看出"和"证明"的区别, 要让学生把每个有疑问的关键点弄清楚, 确保每一步证明的正确性.

在"回顾"环节, 教师需要引导学生通过回顾完整的解题过程, 重新审视每个步骤和结果, 思考解题方法的其他可能性, 思考解题方法的其他应用性, 达到巩固知识和培养解题能力的目的.

在书中, 他还把寻找并发现解法的思维过程分解为 5 条建议和 23 个具有启发性的问题, 它们就好比是寻找和发现解法的思维过程的"慢动作镜头", 使我们对解题的思维过程看得见，摸得着.

三、布鲁纳的数学教学理论

美国教育心理学家布鲁纳（Jerome S. Bruner，1915—2016）的教学论思想主要内容包括："我们将教些什么？什么时候教？怎样教？"这三个方面，并总结出了四个数学学习的原理：建构原理、符号原理、比较和变式原理、关联原理.

（一）发现学习理论

1. 学习学科的基本结构

布鲁纳说："不论我们选教什么学科，务必使学生理解学科的基本结构."什么是结构？简单地说，就是事物之间的相互联系.什么是基本结构？就是更普遍的强有力的适用性结构.其具体表现，就是每门学科的基本概念、基本公式、基本原则、基本法则等.相对而言，非结构性的知识，就是单纯的事实、技巧，即时收效的课题.为什么要学习学科的基本结构？布鲁纳认为这是一个巧妙的"策略".学习者无须与每一事物打交道，而且可以独立前进.其好处主要有：使学生容易理解、便于记忆、能更好地迁移、缩小高级知识和低级知识之间的间隙，对成绩差的学生更有利.布鲁纳关于学习学科结构的教学论思想，其哲学和心理学基础是"过程—结构"论和皮亚杰的"发生认识论".人们先有一个图式，与外界接触时，把客观事物纳入主观图式，这叫作同化；同化不了就调节原有图式，使之与外界取得平衡，这叫作顺应；图式本身得到改造、丰富，形成一种新的图式，然后又去同化、顺应别的事物.这就是布鲁纳提出的重视学习学科结构，并认为它能帮助学习者更好地学习新知识.布鲁纳因此发展了学习中的迁移理论.传统上讲的迁移，主要是技能的迁移，他则强调理论的迁移.布鲁纳的新意在于将原理和概念解释为结构，并把它作为教学过程的中心.

2. 早期教学

布鲁纳在主张学习学科结构的同时，提出了一个大胆的假设，即所谓三个"任何"："任何学科的基础都可以用某种形式教给任何年龄的任何人".他想着重声明，学习科学可以提早，提倡早期教学.他论证了这种早期教学的必要性和可能性.关于必要性，他认为学习起来比较容易、对以后学习有好处、科学概念学习不能一次理解，需要反反复复回到原处.关于早期教学的可能性，他花了很大功夫，从他的过程—结构理论作了论证.如果用儿童观察事物的方式（由"动作"向"意象"再向"符号"转化的螺旋上升方式）去表现那门学科的结构，那么上述假设就能成立和实现.比如，数学的一些概念和原理，在小学阶段以直观形式学习，在中学开始论证，到大学则用公理体系的形式学习.

3. 发现学习

布鲁纳对"怎样教法"的回答就是凭发现学习，他认为发现是达到目的的最好手段，所以学习的实质在于发现，因而人们把他的理论称为认知—发现说.什么是发现学习？他说："并无高深莫测之意，发现并不限于寻求人类尚未知晓的事物，确切地说，它包括用自己的头脑亲自获得事物的一切方式".与这种方法相对照的就是"由教师先概括讲述后，要学生通过证明来进行的'断言和证明法'"，也就是通常所说的传授和接受法，或讲解—演示法.发现法的具体做法，就是提出课题和提供一定的材料，引导学生自己分析、综合、抽象、概括，得出原理.它的特点是关心学习过程甚于关心学习结果，要求学生主动参加到知识形成的过程中去.学科结构是不能简单传授的，因为它不是一个静物，必须教学生去不断构造（即必须去发现）．这就是说，学科结构必须通过发现学习的方式才能学到．关于发现法的好处，布鲁纳提到四点：提高智慧力、使外来动机向内在动机转移、学会发现的试探法、有助于记忆．布鲁纳在提到原理迁移时，也把学习态度和方法列入其中．

（二）数学学习原理

布鲁纳对数学学习和数学教学很感兴趣，他和同事们进行了大量的数学学习实验，从中总结出了四个数学学习的原理．

1. 建构原理

建构原理说的是学生开始学习一个数学概念、原理或法则时，要以最合适的方法建构其代表．针对年龄较大的学生，可以通过呈现较抽象的代表掌握数学概念．但对大多数中学生，特别是低年级的学生，应该建构他们自己的代表，特别应从具体形象的代表开始．例如，讲 $\lim\limits_{n\to\infty}\dfrac{1}{n}=0$ 这一概念时，可用"要多小有多小"的形象描述让学生理解．

2. 符号原理

符号原理表明，如果学生掌握了适合于他们智力发展的符号，那么就能在认知上形成早期的结构．数学中有效的符号体系使原理的创造成为可能．例如，当表示方程的符号形成之后，就能学习解多项式方程的一般方法．布鲁纳认为，对于中学低年级的学生，表示函数的最好方法是使用以下的符号：$\square=2\triangle+3$，其中 $\square$ 和 $\triangle$ 代表自然数．逐渐地用 $y=2x+3$ 来表示函数，最后用 $y=f(x)$ 表示函数．布鲁纳认为，应当用螺旋式的方法来建构数学中的符号体系．这里的螺旋式方法指的是以直观的方式引进每一个数学概念，并使用熟悉的和具体的符号表示数学概念的方法．简言之，符号原理就要根据学生的智力发展水平，达到相应的抽象水平．

3. 比较和变式原理

比较和变式原理表明，从概念的具体形式到抽象形式的过渡，需要比较和变式，要通过比较和变式来学习数学概念．例如，在几何中，比较圆的弧、半径、直径和弦，能使学生对这些概念理解得更清楚．况且有些概念本身就是通过比较来定义的．例如，负数是正数的相反数，不是有理数的那些数称为无理数．布鲁纳认为，比较是帮助学生直观地理解数学概念并发展其抽象水平最有用的方式之一．

4. 关联原理

关联原理指的是应把各种概念、原理联系起来，在统一的系统中学习．在数学教学中，教师不仅要帮助学生发现数学结构间的差别，而且也要帮助学生发现各种数学结构间的联系．布鲁纳认为，要使学生的学习卓有成效，就必须说明和理解数学概念间的联系．

下面来看一个应用这四个原理学习（七年级学生）极限概念的例子．应当指出，这四个原理的应用不是按照上面的顺序进行的，而是根据学生的特点和学习的内容确定的．

例1 直观例子：

1）$\dfrac{1}{2}$，$\dfrac{2}{3}$，$\dfrac{3}{4}$，$\dfrac{4}{5}$，$\cdots$，$\dfrac{n}{n+1}$，$\cdots$ 接近于1；

2）1，2，3，4，$\cdots$，n，$\cdots$ 变得越来越大．

例2 较为抽象的例子：

1）$\dfrac{1}{2}+\dfrac{1}{4}+\dfrac{1}{8}+\cdots+\dfrac{1}{2^n}+\cdots$ 其和接近于1；

2）$1 + \dfrac{1}{2} + \dfrac{1}{3} + \cdots + \dfrac{1}{n} + \cdots$ 无限地增大.

例3　再抽象一点的例子：

1）1，x，x^2，x^3，$\cdots$，x^n，$\cdots$ 分别在 $|x| > 1$，$|x| = 1$ 和 $|x| < 1$ 时的情况；

2）$1 - \dfrac{1}{3} + \dfrac{1}{5} - \dfrac{1}{7} + \dfrac{1}{9} - \dfrac{1}{11} + \cdots$ 收敛于 $\dfrac{\pi}{4}$；

3）$x - \dfrac{x^3}{3!} + \dfrac{x^5}{5!} - \dfrac{x^7}{7!} + \cdots$ 收敛于 $\sin x$.

从中可以看出，即使是七年级的学生，也能掌握极限概念. 这也说明了布鲁纳"任何学科的基础都可以用某种形式教给任何年龄的任何人"的观点的正确性.

四、奥苏伯尔的数学教学理论

美国心理学家奥苏伯尔（D. P. AuSubel，1918—2008 ）强调有意义的接受学习，并提出了四阶段解决问题模式.

（一）接受学习理论

20 世纪 50 年代，许多数学教育工作者认为，在数学教学中普遍应用的讲授法会导致学生的机械学习，而发现学习、探究学习是促进有意义学习的好方法. 因此，许多人否定了讲授法在学校教学中的地位，只有部分人认为，讲授法在过去曾经起过良好的作用，今天不应把它作为不好的教学方法抛弃. 正是在这样的形势下，奥苏伯尔提出了有意义学习理论. 他的理论属于认知心理学范畴，但他不像布鲁纳那样强调发现学习，而是强调有意义的接受学习. 因而他的理论可以称为认知—有意义接受学习理论.

奥苏伯尔把学习从两个维度上进行划分：根据学习的材料与学生认知结构的关系，学习可以分为有意义学习和机械学习；根据学生学习的方式，学习可以分为接受学习与发现学习. 无论是接受学习还是发现学习都可能是有意义学习，也都可能是机械学习，见表 1-2. 奥苏伯尔支持有意义的发现学习，抨击机械的接受学习，指出了机械的发现学习的弊端，推出了有意义的接受学习模式.

表1-2　奥苏伯尔的学习分类

	发现学习	接受学习
有意义学习	有意义的发现学习	有意义的接受学习
机械学习	机械的发现学习	机械的接受学习

1. 接受学习与发现学习

所谓接受学习是指学习的主要内容是以定论的形式呈现给学习者的. 学习只要求学习者把学习的内容内化到自己的认知结构中，以便在将来某个时候能够再现或另作他用. 例如学习对数概念，以定论的形式呈现在学生面前（这里并不排斥为便于学习而提供的一些辅助材料），学生通过把它和 $a^N = b$ 相联系，从而掌握对数概念，这种学习就是接受学习.

所谓发现学习是指学习的主要内容不是以定论的形式呈现给学习者的，需由他们自己去发现. 例如从许多不同的实例中，发现正比例函数的关系. 又如发给学生每人一个三角形纸板，要他们用拼凑的办法独立发现三角形的三个内角间的关系等.

2. 机械学习与有意义学习

机械学习是指学生并未理解符号所代表的知识，仅仅记住某个数学符号或某个词句的组合．例如关于函数符号 $y=f(x)$，学生可能知道这是函数的符号，也知道 y 代表因变量，x 代表自变量，但对它真正的含义并不十分清楚，表现在不能识别 $\mathbf{R}\rightarrow\mathbf{R}$：$y=f(x)=x^2$ 和 $u=f(v)=y^2$ 是同一个函数，或者会背函数的定义，但不知其意义，这些都是机械学习的表现．

有意义学习得以发生有以下两个先决条件：其一，学习者表现出一种有意义学习的心向，即表现出一种把新学的内容同他已有的知识建立非人为的、实质性联系的意向；其二，学习任务对学习者具有潜在意义，即学习任务能够在非人为的和非逐字逐句的基础上同学习者知识结构联系起来．任何学习，只要符合上述两个条件，都是有意义学习．这里要特别注意的是这两个联系．第一联系是非人为（或非任意性）的联系，意思是指新内容与认知结构中已有的观念之间的联系具有似乎合理或合理的基础，如要使对数概念的学习成为有意义学习，就要把对数概念与指数概念、开方概念、实指数幂的性质等建立联系，即建立所谓非人为的联系．第二个联系是实质性（或非逐字逐句性）联系，意思是指新内容的潜在意义完全不依赖只能使用一些特定的词，而不能使用其他的词．这就是说，用同义语表达同一概念或命题，实质上可以引起相同的意义，如有一个角是直角的菱形与邻边相等的矩形实质上都是正方形．

此外，关于"心向"问题也值得关注，防止学生产生机械学习的心向是教师的职责之一．学习者对有潜在意义的教学内容为什么会表现出机械学习的心向呢？奥苏伯尔认为，大致有如下三个原因：一是他们不幸的学习经历（实质性回答得不到老师的称赞）；二是对某学科总具有高度的焦虑水平或长期的失败体验；三是如果学生处于极度的压力之下，对一开始就没有真正理解这一事实无所谓或加以隐瞒，而不是承认并逐渐加以改正的话，这也会使学生表现出机械学习的心向．

3. 教学原则与策略

根据有意义接受学习理论，奥苏伯尔提出在教学中应遵循逐渐分化原则和整合协调原则．前者是指学生首先应该学习最一般的、覆盖面最广的观念，然后根据具体细节对它们逐渐加以分化，如先学习三角形概念，再学习直角三角形、等边三角形等概念．后者是指如何对学生认知结构中现有要素重新加以组合，其主要表现在上位学习和并列学习中，其实质也是认知结构的分化形式．当教材内容无法按纵向序列的形式而只得用横向序列的形式组织教材时，整合协调的原则也是适用的．例如先学习有理数概念，再学习无理数概念，就是并列学习；后学习实数概念，就是上位学习．

为了贯彻这两条原则，奥苏伯尔提出先行组织者策略．先行组织者是促进学习和防止干扰的最有效的策略．组织者就是指与新学内容相关的和包摄性较广的、最清晰和最稳定的引导性材料．由于这些组织者通常是在呈现教学内容之前介绍的，其目的在于用它们来帮助确立意义学习的心向，因此又被称为先行组织者．比如，在学习"一次函数"概念之前，先回顾"函数"的概念．采用先行组织者策略旨在操纵学生的认知结构变量，以便为学生即将学习的更分化、更详细、更具体的材料提供固着点．此外，组织者的另一功能是在学习者能够成功地学习手头的任务之前，在他已知的知识与需要去了解的知识之间架设一座桥梁，能觉察到它们之间的联系．

（二）四阶段问题解决模式

奥苏伯尔等人在 1969 年提出了四阶段解决问题模式. 这对学校的问题解决教学有一定的参考价值.

第一阶段：呈现问题情境命题. 就是说以图形、符号和文字的形式给出问题的已知条件和要求达到的目标，目的在于为问题解决者构造实际的问题情境.

第二阶段：明确问题的目标和已知条件. 问题的情境命题最初只是对问题潜在意义的陈述，如果问题的解决者具备有关的背景知识，那么能使问题情境与其认知结构联系起来，从而理解面临问题的性质和条件. 在某些领域有经验的问题解决者能直接看出命题的意义，无经验的问题解决者则需先识别各个概念的意义，才能将命题作为一个整体来把握. 了解问题情境的目的在于明确解决过程的目标或终点及问题解决者面临问题的最初状态，为进行推理提供基础.

第三阶段：填补空隙. 这是解决问题过程的核心. 此时，问题解决者必须调动认知结构中与当前问题的解决有关的背景命题，考虑到各种外显的或内隐的推理规则，并运用一定的解题策略以使问题的已知条件和目标之间的空隙得以填补.

第四阶段：检验. 检验推理有无错误，填补空隙的途径是否最为简捷等.

上述问题解决模式不仅描述了解决问题的一般过程，而且指出原有认知结构中各种成分在问题解决过程中的不同作用，为培养解决问题的能力指明了方向.

五、布卢姆的数学教学理论

美国教育家布卢姆（Benjamin Bloom，1913—1999）在以下四个领域中尤为突出：成为布卢姆研究的基础理论的教育目标分类学；为使所有学生都能达到教育目标的掌握学习理论；确定是否达到教育目标的教育评价理论；建立新的课程体系的课程开发论.

（一）目标分类学说

布卢姆的教育目标分类学具有两个主要特征. 其一，用学生外显的行为来陈述目标. 他认为，制定目标是为了便于客观地评价，而不是表述理想的愿望. 事实上，只有具体的、外显的行为目标，才是可以测量的. 比如，"培养学生的能力"就是一个太一般化的目标，不便于测量，如果改为"培养学生领会公式中各个量之间的联系的能力"这类目标才是可测量的. 其二，目标是有层次结构的. 目标分类不是简单地并列分类，而是要按层次从简单到复杂的顺序进行目标分类，并且要使分类具有系统性和结构性. 从系统性的角度看，教育目标分类主要涉及认知、情感和动作技能这三个领域. 从层次角度看，目标又可以做如下细分：认知领域的目标可以细分为知识、领会、运用、分析、综合、评价六个层次，这是教育目标中占最大比例的领域目标；情感领域目标可以细分为接受或注意、反应、价值评估、组织、性格化或价值的复合五个层次；动作技能领域，这是后来学者完成的工作. 以上三个领域的目标是互有联系的，尤其是认知领域和情感领域是紧密交织在一起的. 当然，每一层次目标还可以进一步分化，如认知领域的分析又可分化为要素分析、关系分析和组织原理分析. 此外，目标分类旨在服务于评价掌握学习的程度，是一种超越学科界限的目标分类法.

（二）掌握学习理论

布卢姆探究的掌握学习，是反映他基本教育观的重要教学理论，也是他对教学理论的一个重大贡献. 掌握学习理论以"人人都能学习"这一观点为基础，着眼于现实，以现有条件来改变现状，即以存在着个别差异的学生组成的班级为前提，以传统的班级教学方式来实施，使绝大多数（90%以上）学生都能掌握教师教给他们的东西．教学的任务就是要找到能使学生掌握该学科的手段．

首先，关于衡量掌握学习的"掌握"的标准，他认为是掌握观点意义上的绝对标准，不是竞争意义上的相对标准．他指出，必须使学生感觉到是根据实际水平，而不是根据常态曲线或其他一些任意的、相对的标准来评定学生．

其次，他提出并分析了影响学校学习结果的三个变量，认为学生对新的学习任务的认知准备状态、情感准备状态和教学质量（即教学适合学生的程度）将决定学校学习的结果，这三个量对学习结果影响的比重分别为50%、25%、25%．教师只要对上述三个变量予以适当注意，就有可能使绝大多数学生的学习达到掌握学习的水平．因为教师是不可能在短期内改变学生的一般认知水平和对整个学习的态度的，而教师通过各种手段使学生为某一具体学习任务作好认知和情感准备，相对来说比较容易．同样，对教学质量的分析，布卢姆认为，重在形成教学的环境（即教学方法），而不是教师、班级和学校的特征（这些因素是一些一时无法改变的因素）．布卢姆进一步揭示出有经验的教师的教学方法是能根据学生的需要提供指导线索、给予参与或练习的机会，并适时予以强化，他认为这种反馈—矫正过程是以微妙的、非正式的方式进行的．由此可见，布卢姆为教师提高教学质量提供了一条捷径．

最后，他分析了掌握学习的结果．学生通过掌握学习，一般获得如下几个方面的结果：第一，从认识结果看，掌握必须既是学生对他的胜任能力的主观认识，又是学校或社会的公众认识；第二，从情感结果看，掌握就是对一门学科的学习有兴趣；第三，从自我概念的发展看，掌握可以形成学生积极的自我概念，掌握学习是心理健康的源泉之一；第四，从终身学习看，掌握学习能够给予学生在校学习的热忱，并能够使他们养成终身对学习感兴趣．

（三）教学评价理论

关于教学评价，布卢姆借用了斯克里文1967年提出的形成性评价和终结性评价的概念．布卢姆侧重学习过程的评价，并把评价作为学习过程的一部分．终结性评价的结果主要被用来对学生分类，很少给学生纠正错误或重新测验的机会．在布卢姆看来，评价或测验的目的，在于如何处理所测到的学生水平和教学效用的结果．因此，测验不仅是要了解学生掌握了多少学习内容，而且是作为一种矫正性反馈系统，及时了解教学过程中的每一阶段是否有效并采取相应措施．他据此主张在教学中应更多地使用另一种评价方法——形成性评价或形成性测验．形成性评价的基本操作是把一门课程或学科分成较小的单元，每个单元倾向于包括一两周的学习活动，每当适当的学习单元学完时，都要安排一次形成性测验．对于已经掌握单元内容的学生来说，形成性测验具有强化学习的作用，使学生确信目前的学习方式和钻研方法是适宜的；对于还没有掌握单元内容的学生，形成性测验能揭示出具体难点，使学生明确需要进一步学习的观念等；对于教师的教学来说，形成性测验为教师提供教学反馈，使教师能识别出教学中需要改进的地方．

（四）课程开发理论

布卢姆的教育目标分类学、掌握学习理论、教育评价理论为课程改革提供了一种基本结构．基于这种结构，他又提出了一些课程改革建议、观点和做法，这就是布卢姆的课程开发论．关于谁来开发、开发什么、如何开发等问题，他认为，应建立课程中心来进行课程开发，转变过去的课程观，将过去认为课程只有少数人能学好的观点转变为几乎所有的学生都有可能学好的观点，将最值得学生学习的东西开发出来编入课程；在课程开发中，强调发展学生的高级心理过程，培养学生对人文主义艺术的浓厚兴趣，注重社会相互作用这类隐性课程的作用，还应培养学生学会学习的基本技能，让大多数学生都有令人激动的学习体验.

六、加涅的数学教学理论

美国心理学家、教育心理学家加涅（Robert M. Gagne，1916—2002）的教学论思想的主要内容是，教学要根据学习发生条件的引起、维持和促进学习的发生. 他提出的累积学习模式及关于学习的结果与过程的分析是其教学设计的理论基础. 关于学习观，加涅认为，学习是指人的心理倾向和能力的变化，这种变化要持续一段时间，而且不能把这种变化简单归结为生长过程. 关于引起学习的条件，加涅认为有两类：一类是内部条件，即指学生在开始学习某任务时已有的知识和能力；另一类是外部条件，即学习的环境，教学是由教师安排和控制这些外部条件构成的.

（一）学习层级理论

1. 累积学习的模式

加涅意识到，人类学习的复杂程度是不一样的，是由简单到复杂的. 据此，他按学习的复杂程度，提出了累积学习的模式，一般称之为学习的层级理论. 他的基本观点是，学习任何一种新的知识技能，都是以已经习得的、从属于它们的知识技能为基础的. 比如，学习较复杂的、抽象的知识时，是以较简单的、具体的知识为基础的. 学生心理的发展，除基本的生长外，主要是各类能力的获得过程和累积过程. 加涅通过描述八个学习层级来研究学生理智技能的累积方式，这八类学习分别是信号学习、刺激—反应学习、连锁学习、言语联想学习、辨别学习、概念学习、规则学习、问题解决或高级规则学习. 其中前四类学习是基础性的，相对说来比较简单，而且有相当一部分是在学龄前就已习得的. 因而，学校教育更关注的是后面四类学习. 为了更好地指导教学，有效设计教学策略，加涅对每一种学习发生的前提条件（内部的和外部的）又进行了细致分析，并区分了纵向迁移和横向迁移. 比如，具体概念学习的内部条件是学生已具备了辨别能力，外部条件是教师需同时呈现概念的正例和反例要求学生辨别，并提供必要的强化和练习.

2. 学习的结果

所谓学习结果，就是学生通过学习学到了什么. 加涅认为，设计教学的最佳途径，是根据所期望的目标来安排的，因为教学是为了达到特定的目标. 对教学目标的分类，也就是对学习结果的分类，即根据学生学习后所获得的各种能力分类. 加涅提出五类学习结果：言语信息、心智技能、认知策略、态度、动作技能.

3. 学习的过程与教学的阶段

所谓学习的过程，就是学习行为是如何展开的. 从加涅的信息处理模式的观点看，每个学习行为牵涉许多内在过程的作用，当教师营造的刺激情境与学习者的记忆内容以某种方式影响学习者的操作反应时，学习才能发生. 教师的主要任务是安排学习者的环境里的各个条件，使得学习过程可以得到激活、支持、增进和保持. 这样，为了教学取得成功，教师需要明了学习过程是如何展开的，以便他能对这些过程施加影响. 加涅认为，一个学习行为含有几个阶段，从根据预期而引起动机的状态，一直到得到反馈以证实这个预期为止. 根据这个见解，学习过程有八个阶段：动机、选择性知觉、预习、编码、寻找和恢复、迁移、反应的生成、反馈．每个阶段在不同程度上，以不同的方式受到教学事件的影响．相应地，和学习过程有关的教学有以下几个阶段：动机阶段、了解阶段、获得阶段、保持阶段、回忆阶段、概括阶段、作业阶段、反馈阶段．

（二）数学学习应用

加涅把数学作为实验和应用他的理论的一个媒介，所以他对数学学习有特别的见解．加涅把数学学习对象分为直接对象和间接对象，数学学习的直接对象包括数学事实、数学技巧、数学概念和数学原理；间接对象包括探究能力、解题能力和对数学结构的理解等．

加涅认为，对于不同的对象应当用不同的学习方法．数学教学中最糟糕的是，教师教的是原理，而学生却把它作为数学事实或技巧来学习．为了明确不同的学习是怎样进行的，我们来看下面关于学习一元二次方程求根公式的例子．如果学生仅仅记住一元二次方程的求根公式，那么这样的学生就只知道一个事实：能把数代入一元二次方程的求根公式中，并正确得出解答的学生就学会了一个技巧．若学生能把一元二次方程 $7x^2 + 3x - 4 = 0$ 中的7、3、4当作系数，而把 x 当作未知数，就说明他获得了一个关于一元二次方程的概念．而当某一学生能够推导出一元二次方程的求根公式，并能给出解释时，那么他就掌握了一个原理．

七、我国的数学教学理论

（一）我国数学教育理论的发展历程

通常将中国数学教育史分为古代、近代和现代三个时期，即自春秋战国以来至鸦片战争前夕（1840年）、自鸦片战争至新中国成立前（1949年）和自1949年至今．

中国古代数学教育时期的代表作品是《九章算术》，这是我国初等数学教育体系的形成标志，也是古代数学教育的教材建设基础．《九章算术》共计两百四十六个题目，都是来自生活实的具体题目，如丈量土地、租借利润等问题，在题目后面给出具体解答过程，关注计算技能教育，体现实用主义．为了更好地掌握计算技能，需要使之简化便于理解，为此创造出了口诀和珠算．

中国近代数学教育时期的代表数学教育家有徐光启（1562—1633）、李善兰（1811—1882）、华蘅芳（1833—1902）等．华蘅芳的代表作品为《学算笔谈》，是关于数学理论、数学思想和数学教育等方面的著作，关注数学知识的教育和计算技能的教育，鼓励学习者挑战难题．对于教学方法，他强调循序渐进；对于数学解题，他强调随机应变；对于解题步骤，他要求必须详载题目、解明算理、全写算式、规范书写．

中国现代数学教育时期，教育改革持续变化发展．在20世纪20年代，我国倡导"教育即生活，生活即教育"的杜威学说；在20世纪50年代则全面学习苏联，实行凯洛夫的"知识中心""课堂中心""教师中心"的教学系统；在20世纪50年代末提出"教育与生产劳动相结合"的教育革命，把课堂搬到车间和田间地头；在20世纪60年代则回到数学"双基"教学；随后又将几何学改为"画线制图"，最后由于缺乏系统的知识，削弱了基础；20世纪80年代经过拨乱反正，又回到基础；21世纪初，进行新一轮的数学教育改革，在提倡"自主、探究、合作"的模式时，又批评"基础过剩"，与此同时中国数学教育则坚持"双基"，又发展为"四基"．不同发展阶段、不同研究领域都会涌现出代表性的人物，主要代表数学教育家有傅种孙（1898—1962）、魏庚人（1901—1991）、马忠林（1914—2008）、徐利治（1920—2019）、张孝达（1920—2013）、曹才翰（1933—1999）及张奠宙（1933—2018）等. 他们都致力于建设有中国特色的数学教育，下面对每位数学教育家的数学教育思想略作介绍.

傅种孙关注学科教育的学科性，强调"数学教育不能离开数学"，对数学教师的数学背景有较高要求. 对于提高数学教师水平，他提出的建议有：

1）通过观摩和评价示范授课来进行集中备课.

2）通过教师进修对教师进行数学专业知识的集中训练.

3）通过定期组织专家讲座来学习前沿知识.

4）通过编印教师手册来辅助和指导教学.

5）组织质疑网帮助一线教师解决疑问.

6）通过全市统一考试来比较教学效果.

魏庚人数学教育思想的核心是启发式教学和"双基"教学. 对于启发式教学，他认为，首先应当把启发式教学作为教学的主导思想；其次要自觉灵活地把启发式教学应用于教学的全过程；最后要把教学活动当作师生双边活动，发挥学生的主观能动性. 他认为，对于数学概念，需要正面讲授结合反面讲授，并给出典型例子进行辨析；对于数学命题，需要分清公理和定理的区别，分清已知和未知的差异，进行"言必有据"的严谨性训练；在掌握知识的同时，要掌握思想方法. 他提倡先理解后记忆，并提倡建立科学的记忆方法，如口诀等. 他认为，数学的基本训练包括推证能力、计算能力、作图与测绘能力以及表达能力. 他在20 世纪 60 年代就已经提出了整体结构思想，认为在教学中应当把基本知识和基本训练作为一个系统的整体，全面概括理解掌握.

马忠林关注学生的差异性，他认为，学生的天资虽然不同，但是都存在求知欲，都具有可塑性，因此教师不能放弃后进生，而是应该根据学生特点来因材施教. 他指出，教育的成功在于对教学的反馈信息的利用和控制，所以教师的教学态度和教学方法非常重要，教师应当发挥主导作用，善于启发，激励学生学习. 同时，他还提出，教师知识水平的提高决定着教学质量的提高.

徐利治的教学理论包括教学观和学习观. 对于数学教学，他认为应该采用"归纳与演绎交互为用的原则"，教学生用归纳法进行猜测、用演绎法严格证明，掌握从特殊到一般归纳和由此及彼的类比等方法. 对于学习数学，他认为学习方法是懂、化、猜、析、赏：懂是指理解知识并能够用自己的语言把知识描述出来；化是指通过化简、化归和转化等方法把遇到的问题化难为易、化繁为简、化整为零、化生为熟；猜是指通过观察、类比、归纳等方法进行合情推理猜测结论；析是指分析问题解决问题；赏是指体会数学的美，感受学习数学的快乐. 他给出这样的公式：数学创造力 = 有效知识量×发散思维能力×抽象分析能力×审美能力，从多个方面对数学学习提出要求.

张孝达倡导"数学为了大众"的教育宗旨，认为义务教育阶段的数学课程应该是所有学生必须学习且能够学习的，课程体系应该开放灵活，能够满足不同层次学生的需求. 对于教材编写，他提出"内容现代化、结构层次化、表述过程化"的思路要求. 对于教育教学，他重视基础知识和基本训练，认为知识和能力有联系也有区别，教学中应该把知识传授和能力培养紧密结合起来；他重视思维培养，认为思维能力是数学诸多能力的核心，而能力培养具有时代性和发展性.

曹才翰将数学思想方法纳入数学基础知识范畴，将数学基础知识界定为：数学的概念、法则、性质、公式、公理、定理等以及由内容所反映的数学思想方法。对于教学，他认为基础知识的教学需要注重"过程"和"概括"。"过程"指的是教学中不仅要关注结论，更要重视概念的形成过程、结论的发现和推导过程、练习的思考过程以及应用的背景条件等；"概括"指的是让学生经历由表及里、由此及彼、由具体到抽象、由特殊到一般的思维过程来获取知识。

张奠宙提出了学习数学化、适度形式化、问题驱动化、思想渗透化四个数学教学原则，通过问题驱动，在解决问题的过程中渗透思想方法，用形式化的表述促进数学化的目标达成。对于教学，他指出，具有中国特色的数学教学理论包括教学导入、尝试教学、师班互动、变式教学、思想方法和四基模式。对于学习，他认为应该将接受学习与自主探究学习进行适度对接。

从这些代表性数学教育家的理论中，可以验证中国特色的数学教育的指导思想就是：兼容并包，不走极端，把国际上的各种优秀教育理念，综合地进行理论分析和实践检验，最后形成自己的特色。总的来说，中国数学教育具有六个特征：教学导入、尝试教学、师班互动、变式练习、提炼数学思想方法和双基教学。其中，"双基"被公认为中国数学教育的基本特征之一，也是我国数学基础教育的一种优势。"双基"教学理论是我国教育界几代人成功探索的理论结晶，是在我国经济落后、文化科技水平低下、教育基础薄弱的国情下，突出发展并且使我国教育质量得到迅速有效提高的教学理论。

（二）"双基"教学理论

"双基"指的是基础知识和基本技能。其中，基础知识是指中学数学教学大纲所列的数学概念、公式、定理和具体法则，具有系统性、客观性、规范性等特征；基本技能是中学数学学习过程中需要的运算（估算）技能、测量技能、识图和作图技能、基本的证明技能、简单的数据处理技能、数学语言表达技能等。"双基"教学模块的思路是：在数学学习过程中，基础知识和基本技能需要被理解掌握达到成为"直觉"的程度，这是学习结构的底层基础构成。在此基础上，各种知识点构成知识链、形成知识网，提炼出数学思想方法，最终形成立体知识模块。

"双基"教学理论有四个特征：一是"记忆通向理解"，强调记忆的重要性，可以先记忆后通过训练来加深理解，例如无理数的定义是"无限不循环小数"，教学中会通过一些具体数据例子引出该定义，依然有困惑的学生在记忆定义后，可以在后续更多的归类练习中加深理解；二是"速度赢得效率"，通过将基础知识和基本技能的使用提高到"直觉"的速度，来保证学生把时间集中到"问题解决"的高级思维上，例如用一元一次方程解决问题的过程中，如果学生没有掌握一元一次方程的概念和解题技能，就不能把精力集中在解决问题上，从而达不到模型观念和应用意识的培养提升；三是"严谨形成理性"，注重严谨，强调理性思维，例如使用规范的数学符号表达文字含义，用缜密的逻辑推理体现思维过程；四是"重复依靠变式"，针对同样的知识点，通过概念变式、过程变式、问题变式等方式，表面上看似重复，实质上不断加深理解，例如判断二次根式中 x 的取值范围，给出 $\sqrt{x-1}$、$\dfrac{1}{\sqrt{x-1}}$、$\dfrac{1}{\sqrt{x^2-1}}$ 的变化，加深学生对知识点的掌握，培养辨析能力。

"双基"教学在课堂教学形式上有着较为固定的结构，典型教学过程包括五个基本环节：复习旧知、新知引入、新知探究、新知应用、小结作业．总的来说，就是在教学进程中先让学生明白知识或技能是什么，再了解怎样应用这个知识或技能，最后通过亲身实践练习掌握这个知识或技能及其应用．每个环节都有相应的目的和基本要求：复习旧知环节，体现温故知新，为学生的旧知和新知建立联系，为后续理解新知、分析新知和证明新知做知识铺垫，避免学生思维走弯路；新知引入环节，往往是通过创设问题情境、提出疑问，形成认知冲突来激发学生的学习兴趣，顺利引入新知；新知探究环节，通常采用启发式的讲解分析，引导学生尽快理解新知内容，让学生从心理上认可、接受新知的合理性，及时帮助学生弄清是什么、弄懂为什么；新知应用环节，通过层次性例题讲解，进行知识的辨析和运用，让学生通过自己思考、与同桌交流、团队合作等方式尝试解决问题，通过训练，进一步巩固新知，增进理解，熟悉新知及其应用技能，初步形成运用新知分析问题、解决问题的能力；小结作业环节，进行核心内容的总结，并通过课外作业，进一步熟练技能、形成能力．所以，"双基"教学有着较为固定的形式和进程，教学的每个环节安排紧凑，教师在其中起着非常重要的主导作用、示范作用和管理作用，同时也起着为学生的思维架桥铺路的作用，由此产生了颇具中国特色的教学铺垫理论．

　　"双基"教学模式是一种教师有效控制课堂的高效教学模式．教师应该完成什么样的知识与技能的讲授，达到什么样的教学目的，学生应该得到哪些基本训练（做哪些题目），实现哪些基本目标，达到怎样的程度（如练习正确率），这些都基本是教师依据大纲（或课程标准）和教材、学生的情况和教学进度决定的．教师是课堂上的主导者、管理者，引领着课堂中几乎所有的活动，使得各种活动都呈有序状态，课堂时间得到有效应用．教师在整个课堂的讲授过程中，语言清楚、通俗、生动、富于感情，表述严谨，言简意赅；另外通过教师不断提问和启发，学生思维被激发调动，始终处于积极的活动状态．在训练方面，以解题思想方法为首要训练目标，一题多解、一法多用、变式训练是经常使用的训练形式，从而形成了我国教学的"变式"理论，包括概念变式和过程变式．变式练习保证了数学"双基"训练不是机械练习．大量丰富的基本练习题的编制和教学，是我们的宝贵财富．这种"双基"教学模式需要教师必须有扎实的教学技能、灵活的课堂管理与调控技能和深厚的学科知识．实践研究充分表明了：我国教师在学科知识的深刻理解上，有明显的优势．这是我国数学"双基"教学模式开展和发展的积极贡献．

　　我国数学教师积累了丰富的"双基"教学经验，比如针对常规课堂的"精讲多练"和"启发式"教学、针对后进生的"小步走、小转弯、小坡度"的三小教学法、针对复习课的"大容量、快节奏、高密度"设计等．其中，"小步走、小转弯、小坡度"的三小教学法，是对"后进"的、"慢学"的学生进行数学教学的有效方式．怎样才是符合"三小"的教学？以探究"等差数列求和公式"为例，这里分为诱导式探究设计、开放式探究设计和发现式探究设计三种来进行对比．诱导式探究设计：教师先要求学生计算 $1+2+\cdots+100$ 和 $1+2+\cdots+101$，然后要求学生探究出等差数列 $\{a_n\}$ 的前 n 项和．开放式探究设计：教师要求学生找出等差数列的基本量，接着思考等差数列的前 n 项和与哪些基本量相关，最后用这些基本量来表示出前 n 项和．发现式探究设计：直接给出"探索等差数列求和公式"的学习目标，让学生自主探究．通过对比，可以看出诱导式探究设计的坡度最小，学生最容易探究出结果来，而发现式探究设计中学生思考的自由度最大，探究的难度也最大．因此，探究坡度如何设计，需要全面考虑三个因素：问题难度、学生水平、时间成本．"大容量、快节奏、高密度"的复习课，独具特色，它是训练学生基本技能的重要手段．这其中的示范讲解、知识的系统铺展、问题的巧妙串接，都要求教师有扎实的数学基础．

（三）"双基"的发展

随着社会发展、数学发展、科技发展和学生发展，"双基"也相应有了变化和发展：大体经历了"双基"的提出（20 世纪 60 年代）、"双基"的实践和成就（20 世纪 80 年代）、强调思想方法和解决实际问题的能力（20 世纪 90 年代）、"四基"与"四能"（21 世纪初）几个阶段．2006 年国家课程标准研究团队把数学课程目标中的传统的"双基"拓展为"四基"（即基础知识、基本技能、基本思想和基本活动经验）；为了培养创新型人才，2011 年把传统的"两能"拓展为"四能"（指在分析问题和解决问题能力的基础上，再加上发现问题与提出问题的能力）；2022 年课标中提出了"三会"（会用数学的眼光观察现实世界、会用数学的思维思考现实世界、会用数学的语言表达现实世界）．这样，基于"以学生发展为本"的理念，建立了科学的数学教育目标理论："四基"为基础，"四能"为途径，"三会"为行为表现，形成"四基—四能—三会"这样一条培养学生核心素养的系统化结构．

"四基"是在双基的基础上增加了基本思想和基本活动经验．其中，数学基本思想可以分为三个层次：概念性思想（例如函数思想、方程思想、集合思想等）、策略性思想（例如化归思想、整体思想、分类思想、类比思想等）和观念性思想（例如归纳思想、演绎思想、模型化思想、公理化思想等），数学基本活动经验是指学习主体在数学活动过程中通过感知觉、操作及反思获得的具有个性特征的表象性内容、策略性内容、情感性内容以及未经社会协商的个人知识等．

"四基"教学模块的思路是：基础知识、基本技能和基本思想这"三基"构成了三维的数学基础模块，而基本活动经验是第四个"基本"，发挥着粘合剂的作用，与其他"三基"共同充盈在数学学习的全程，并且"四基"教学模式已经被看成中国数学课堂教学的一个范例，体现了中国数学教育的特色，数学的知识、技能学习是互相依存的，而数学方法的提炼需要以知识和技能为基础，数学活动经验的生成需要建立在知识、技能和思想方法之上，见图 1-1.

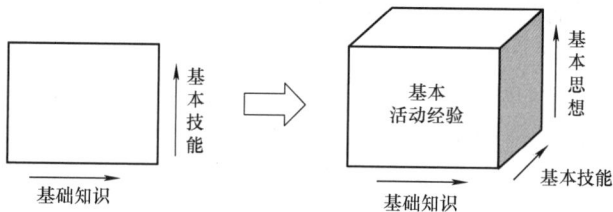

图 1-1 从"双基"到"四基"

以基础知识和基本技能为核心的数学"双基"教学，使得我国的学生在对知识本身的掌握上做得较好，但这样的教学却可能无法培养出国家所需要的创新型人才．因为创新型人才，除了需要具有坚实的知识基础外，还需要掌握思维形式和思维方法，后两者的获得恰恰需要学习者本人参与活动，而不是教师所能教授的．从这个意义上说，"基本活动经验"就是要教会学生如何思考问题，由此培养他们在相关学科中的思维方法，更进一步则是要培养他们对学科的直观理解能力．就数学而言，所有的结果应是"看"出来的，而非"证"出来的．这里提及的会看结果，凭借的是经验，是思维方法．因而，以"双基"为基础拓展成"四基"，其本质是要培养学习者的思维形式和思维方法，从而提升他们的智慧和创造力．"四基"的"活动—知识—思想"要求在教学中"既要讲推理，又要讲道理"，要让学生在数学活动中体会蕴涵在其中的思想方法，追寻数学发展的历史轨迹，把数学的学术形态转化为教育形态．

思 考 题

1. 国外教学理论发展体现了怎样的变化过程？
2. 国内教学理论发展体现了怎样的变化过程？
3. 请用自己的语言概括出弗赖登塔尔的数学教学理论.
4. 请用自己的语言概括出波利亚的数学教学理论.
5. 请用自己的语言概括出布鲁纳的数学教学理论.
6. 请用自己的语言概括出奥苏伯尔的数学教学理论.
7. 请用自己的语言概括出布卢姆的数学教学理论.
8. 请用自己的语言概括出加涅的数学教学理论.
9. 请用自己的语言概括出我国的数学"双基"教学理论.

推 荐 读 物

[1] 张奠宙，于波. 数学教育的"中国道路"[M]. 上海：上海教育出版社，2013.

[2] 卡兹. 简明数学史 [M]. 董晓波，等译. 北京：机械工业出版社，2016.

参 考 文 献

[1] 钟启泉. 课程与教学论 [M]. 上海：华东师范大学出版社，2008.

[2] 全国十二所重点师范大学. 教育学基础 [M]. 北京：教育科学出版社，2002.

[3] 卡兹. 简明数学史 [M]. 董晓波，等译. 北京：机械工业出版社，2016.

[4] 涂荣豹，季素月. 数学课程与教学论新编 [M]. 南京：江苏教育出版社，2007.

[5] 黄济，王策三. 现代教育论 [M]. 2 版. 北京：人民教育出版社，2004.

[6] 吴恺. 卢梭自然教育思想的主要内容及当代启示 [J]. 东南大学学报（哲学社会科学版），2023，25（S2）：10-13.

[7] 彭正梅，本纳. 现代教育学的奠基之作：纪念赫尔巴特《普通教育学》发表200周年 [J]. 全球教育展望，2007（2）：19-27.

[8] 张奠宙，于波. 数学教育的"中国道路"[M]. 上海：上海教育出版社，2013.

[9] 安方明. 凯洛夫与赞科夫：从传统教学论到发展性教学论 [J]. 首都师范大学学报（社会科学版），1997（5）：109-117.

[10] 程晓亮，刘影. 数学教学论 [M]. 2 版. 北京：北京大学出版社，2013.

[11] 张奠宙，宋乃庆. 数学教育概论 [M]. 北京：高等教育出版社，2004.

[12] 波利亚. 怎样解题 [M]. 涂泓，冯承天，译. 上海：上海科技教育出版社，2002.

[13] 代钦. 数学教学论新编 [M]. 北京：科学出版社，2018.

[14] 严敦杰. 中国数学教育简史 [J]. 数学通报，1965（8）：44-48.

[15] 颜秉海，文晓宇. 中国数学教育史简论 [J]. 数学通报，1988（6）：27-28；23.

[16] 刘祖希，陈飞. 当代中国数学教育史的研究假设 [J]. 数学通报，2022，61（7）：8-11；16.

[17] 张英伯. 傅种孙——中国现代数学教育的先驱 [J]. 数学教育学报，2008（1）：1-3.

[18] 傅种孙. 傅种孙数学教育文选 [M]. 北京：人民教育出版社，2005.

[19] 朱恩宽，黄秦安. 魏庚人数学教育思想评述 [J]. 数学教育学报，1993（1）：50-54.

[20] 雨辰. 为创建中国特色的数学教育而努力：评《马忠林数学教育论文集》 [J]. 数学通报，1993（5）：3-6.

[21] 沈威. 徐利治数学教育思想研究 [J]. 数学教育学报，2019，28（1）：74-78.

[22] 李海东. 数学教育改革的战略家和实践者：张孝达先生的重要贡献和主要数学教育思想 [J]. 中小学数学（高中版），2014（9）：1-6.

[23] 章建跃. 立足中国国情，积极稳妥地进行数学教育改革：为《曹才翰数学教育文选》出版而作 [J]. 数学教育学报，2006（2）：93-96.

[24] 杏永辉. 张奠宙数学教学思想研究 [D]. 镇江：江苏大学，2020.

[25] 秦德生，刘鹏飞. 探索数学教育的中国道路：史宁中教授数学教育思想述要 [J]. 中国教育科学，2024，7（1）：12-23.

[26] 朱黎生，沈南山，宋乃庆. 数学课程标准"双基"内涵延拓的教育思考 [J]. 课程·教材·教法，2012，32（5）：41-45.

[27] 朱雁，鲍建生. 从"双基"到"四基"：中国数学教育传统的继承与超越 [J]. 课程·教材·教法，2017，37（1）：62-68.

第二章　数学教学原则

章前导语

　　本章首先分析教学原则的含义和特性，然后探讨教学原则在国内外的形成与发展的历史脉络，最后简要介绍常用的数学教学原则.

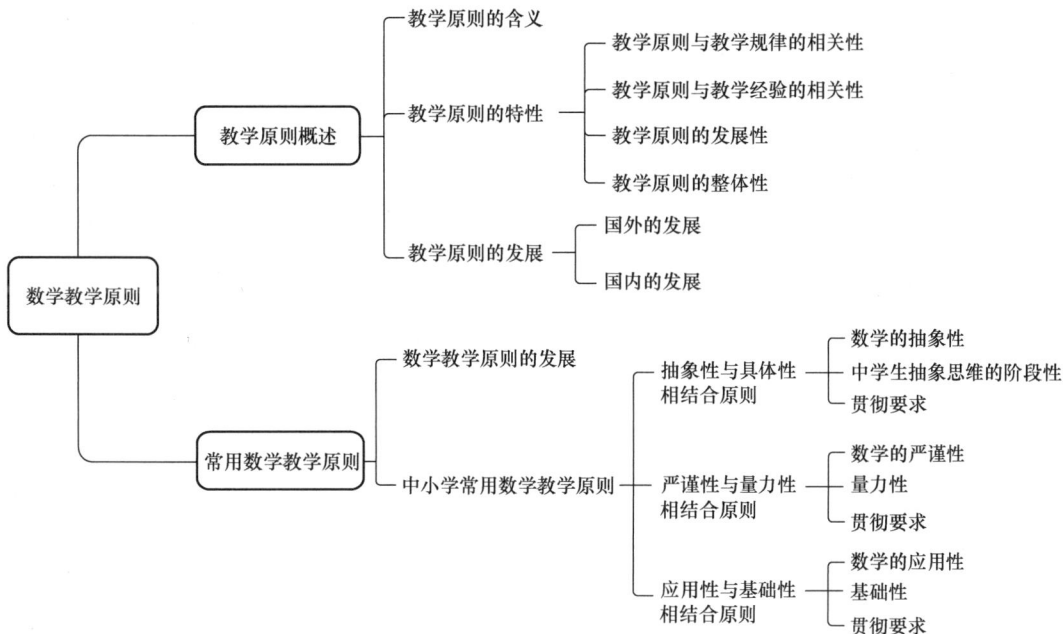

数学教学原则
- 教学原则概述
  - 教学原则的含义
  - 教学原则的特性
    - 教学原则与教学规律的相关性
    - 教学原则与教学经验的相关性
    - 教学原则的发展性
    - 教学原则的整体性
  - 教学原则的发展
    - 国外的发展
    - 国内的发展
- 常用数学教学原则
  - 数学教学原则的发展
  - 中小学常用数学教学原则
    - 抽象性与具体性相结合原则
      - 数学的抽象性
      - 中学生抽象思维的阶段性
      - 贯彻要求
    - 严谨性与量力性相结合原则
      - 数学的严谨性
      - 量力性
      - 贯彻要求
    - 应用性与基础性相结合原则
      - 数学的应用性
      - 基础性
      - 贯彻要求

第一节　教学原则概述

一、教学原则的含义

　　教学原则是教学过程客观规律的反映，是教学规则的统一整体，是教学实践经验的高度概括. 教学原则是根据教学目的和任务，反映教学规律而制定的对教学工作的基本要求，用以指导教学活动. 教师要顺利地进行教学工作，除了明确教学过程的特点和认清教学规律之外，还必须研究和掌握教学活动中应遵循的一系列教学原则.

　　我国社会主义的教学原则是根据党和国家的教育方针，并依据教学过程的客观规律制定的，也是在广泛总结古今中外教学经验的基础上丰富和发展起来的．它以马列主义、毛泽东思想为指导，并以教育学、心理学、控制论、信息论等学科的基本原理为其理论基础，具有明确的社会主义方向性、理论基础的科学性和逻辑体系的完整性等特点，因而它既是对教学的基本要求，又是指导教学工作的基本原理．

需要指出的是，教学原则虽然是教学过程客观规律的反映，但它并不完全等同于教学规律．教学过程的内在规律是一种客观存在，具有必然性，教学原则是教学规律的反映，但主要来自教育理论和教学实践经验，因而带有一定的主观色彩．由于对教学规律的研究角度和对教学经验概括水平的不同，就出现了教学原则的不同表述和不同体系．一般来说，任何准确地反映了教学过程客观规律的教学原则都是正确且有效的，对于指导教学工作和教学改革都具有重要的作用．

二、教学原则的特性

教学原则由教学经验抽象概括而来，反映着客观的教学规律．这些原则能够随着实践的发展而持续改进和完善，多个教学原则相互关联，共同构成一个完整的体系，可以从以下四个方面掌握其特性．

（一）教学原则与教学规律的相关性

教学原则虽然是人们主观制定的，但是它必须反映教学过程的客观规律．许多教育家之所以能从教学实践中总结出正确的教学原则，用于有效地指导教学实践，就是因为这些原则是合乎教学规律的．教学原则是教学规律的反映，但又不等同于规律．古今中外的学校活动，尽管形形色色，差异很大，但是教学过程作为一个特殊的认识过程，存在一些共同的、不以人的主观意志为转移的客观规律，这些规律说明了教学活动过程中"必然存在"的现象与关系．比如，社会对数学教育的需求、数学学习的特点、学生心理特征与认知规律、数学教学中理论和实践的辩证关系、教学内容必须符合学生身心发展规律等．人们是依据客观存在的教学规律来制定教学原则、指导教学工作的．而教学原则是人们为反映教学规律而作的一种规定，说明了教学过程中"必须遵循"的规定与要求，因此教学原则具有一定的主观性和明确的目的性．

（二）教学原则与教学经验的相关性

实践是检验真理的唯一标准，也是产生真理的土壤所在．规律正是蕴涵在实践活动和事物的相互联系之中的．离开了教学实践活动，也就不可能产生和认识教学规律，从而也就无法得出指导教学活动的教学原则．人们在长期的教学实践活动中，不断探索出一些成功的经验或失败的教训．对这些经验或教训反复认识，不断深化，由感性认识上升为理性认识，经过概括抽象，对教学规律有所认识，从而制定了教学原则．例如，我国古代教育家孔子在长期教学实践活动中，概括出"学思结合""学而时习之""因材施教"等教学原则．这些教学原则，都是前人长期从事教学活动的经验总结和概括．它们来自于教学实践，反过来又指导教学实践．可见，教学原则是教学经验的提炼与概括，但又不同于教学经验，它比教学经验更具一般性，具有普遍的指导意义．教学经验、教学原则与教学规律的关系见图 2-1.

（三）教学原则的发展性

由于教学原则是根据人们对教学规律的认识而制定出来的，因此，它也受到人们认识的制约．人们对教学规律的认识有全面与不全面、深刻与不深刻的差别．认识的全面、深刻，

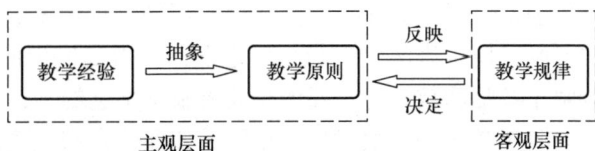

图 2-1 教学经验、教学原则与教学规律的关系

就有可能制定某些教学原则，认识的不全面、不深刻，就没有达到制定教学原则的阶段．所以，教学原则既有它的客观规律性，又具有时代的特点．可见，随着科学技术的发展和人们对教学规律认识的不断深入，教学原则亦将会不断得到发展和完善．

（四）教学原则的整体性

教学原则是教学规律的反映，规律决定教学原则．但是，这并不等于说一条规律对应一条原则．人们依据教学规律制定教学原则有几种不同的情形：有的原则主要是以某个教学规律为依据；有的原则是以几个教学规律为依据；也有几个教学原则以某几个共同的规律为依据．所以，我们常常看到一条原则反映了多条规律的要求，或一条规律体现在多条原则上．因此，在将教学原则运用于课堂教学时，不能仅仅注意其中的一两条，而应将一套教学原则应用于教学过程各个环节之中，这样才能提高教学的有效性．

三、教学原则的发展

教学原则并不是亘古不变的．一般来说，随着时代的发展和社会的进步，教学原则的内容和逻辑体系都会发生变化．有些教学原则在过去的历史条件下曾经发挥过积极的作用，但它们不适合当今时代的要求．随着现代教育学和心理学的发展，人们对教学过程规律性的认识不断深化和提高，一些新的教学原则会不断出现．教学原则的这种新陈代谢式的发展，是社会不断进步和人们对教学规律性认识不断深化的必然结果．

（一）国外的发展

历史上第一个系统地论述教学原则的是捷克教育家夸美纽斯，他在《大教学论》中提出了教学的直观性、自觉性、系统性、循序性、巩固性等原则．夸美纽斯认为，教学应该先示实物，后教文字；先举例证，后讲规则；先求理解，然后记忆；从具体到抽象、从特殊到一般、从简单到复杂；要适合学生的年龄特征，对于超过他们理解能力的东西，就不要学习等．这些教学原则对后来教学原则体系的探讨产生了重要影响．

俄国教育家乌申斯基认为"教育的主要活动是在心理和生理现象的领域内进行的"，因此，教学原则和规则必须符合心理学、生理学的要求．据此，他提出了量力性、连贯性、直观性、自觉性、彻底性、巩固性和教育性等教学原则．

苏联教育家凯洛夫在他主编的《教育学》中提出了七条教学原则：直观性原则；自觉性和积极性原则；巩固性原则；系统性和一贯性原则；可接受性原则；理论和实际相结合的原则；在集体教学的条件下，对学生进行个别指导的原则．凯洛夫的教学原则，在很大程度上继承了夸美纽斯的教学原则，强调以传授知识为主要任务，并重视教师在向学生传授知识过程中的作用，而对如何积极地培养学生的能力和发挥学生的主观能动作用方面有所忽视．

苏联教育家赞可夫大力倡导发展学生的智力和能力，提倡"以最好的教学效果来达到学生最理想的发展水平"的教学与发展的教学思想．他于 1970 年提出了五条"新教学原则"：以高难度进行教学的原则；以高速度进行教学的原则；理论知识起指导作用的原则；使学生理解学习过程的原则；使全班学生（包括后进生）都得到发展的原则．赞可夫认为，所有教学原则不仅要着眼于教师的教，更重要的是要着眼于学生的学；不仅要着眼于使学生掌握知识，更重要的是着眼于学生的一般发展．正因为如此，人们把凯洛夫的教育学理论称之为"传统教育学"，而把赞可夫的教学理论称之为"新教学体系"．

巴班斯基在他所研究的"教学过程最优化"的理论和实践经验基础上，提出了一个较为完整的新的教学原则体系：教学与生活、共产主义建设实践相联系的原则；教学的方向性原则；教学的科学性原则；教学的系统性、连贯性原则；可接受性原则；为教学创造最优条件的原则；各种教学方法最优结合的原则；各种教学形式最优结合的原则；学生的自觉性和积极性原则；教养、教育和发展成果的巩固性和效用性原则．巴班斯基还指出，不能把上述这些原则中的这个或那个绝对化，而应该总体地实施这些原则，才能保证工作有成效．

美国教育家布鲁纳认为教学要培养学生的探索和创造能力，其核心是思维能力，这种思维能力大体包括分析思维（逻辑思维）与直觉思维（创造思维）两个方面，并强调培养学生的直觉思维．这样，课程结构、发现法、直觉思维构成了布鲁纳教育理论的核心．他的基本主张是：通过学科基本结构的教学，运用发现法培养学生的思维能力和创造发明的才能．从他的结构课程理论出发，强调和提倡学习学科的基本结构、早期学习和发现学习等主张，由此引出了他的四条教学原则：动机原则、结构原则、程序原则、反馈原则．

（二）国内的发展

在我国教育史上，关于教学原则的论述早就有之．早在先秦时期，孔子就提出"学而时习之""温故而知新""不愤不启，不悱不发"等教学要求．"愤"是学生发愤学习，积极思考，想搞明白而没有搞明白的心理状态；这时正需要教师去引导他们解除疑团，把问题搞明白，这叫作"启"；"悱"是经过思考，想要表达而又表达不出来的窘境，这时正需要教师去指导学生把事情表达出来，这就叫作"发"．"愤"和"悱"是启发的前提，"不愤不启，不悱不发"说的是，如果不具备这个前提，即使"启""发"也难有好的效果．

《学记》中则提出："教学相长，乐学善教，循序渐进，循循善诱，启发问难，触类旁通，反复练习，长善救失""道而弗牵，强而弗抑，开而弗达"等教学要求．南宋教育家朱熹吸取了我国历史上有关教学的主张，并结合他自己的教学实践，提出了"循序渐进，熟读精思，虚心涵泳，切己体察，着紧用力，居敬持志"的教学要求（即教学原则）．我国古代历史上的教育家关于教学原则的论述，概括起来大致有以下几条：循序渐进原则；启发引导原则；复习巩固原则；学以致用原则；因材施教原则；教学相长原则．

新中国成立初期我国曾引进了苏联教育家凯洛夫的教学原则，包括自觉性原则、直观性原则、理论联系实际原则、系统性原则、巩固性原则和量力性原则等．但由于凯洛夫教育理论的核心是传授系统的科学知识，这种传统的教学观显然已不适应20世纪50年代以来知识急剧增长和科学技术迅猛发展的新形势对培养创新性人才的需要，因而凯洛夫的教学原则中有些已被修正或被淘汰．之后，人们应用的是美国教育家布鲁纳和苏联教育家赞可夫等代表的现代教育思想与教学原则．随着我国学校教学改革的发展，教学实验的不断深入，教学理论研究的日益繁荣，教学原则的理论研究趋向全面化、具体化、科学化，其内容不断丰富．自20世纪80年代以来，在总结中外教学实践经验，批判地继承教育史上教学原则遗产的基础上，根据我国的教育方针和马克思主义教学论揭示的教学过程的客观规律，我国教育学建立了包括以下八个原则的教学原则体系.

（1）科学性与思想性统一的原则　教学要以马列主义、毛泽东思想和邓小平理论为指导，以文化科学知识武装学生. 结合知识教学对学生进行品德教育，做到教书和育人这两个目标的统一实现.

（2）系统性原则　系统性原则即渐进性原则，要求学校各个学科的教学都要严格按照学科的逻辑顺序系统，连贯而循序渐进地展开，使学生系统地掌握学科的基础知识与基本技能.

（3）传授知识与发展智能统一的原则　教师在教学中既要传授知识，又要开发学生的智力、培养学生的能力，特别是创新意识和实践能力，同时需要将知识的传授与能力的培养紧密结合.

（4）教师主导作用与学生主动性相结合的原则　在教学中，既要充分发挥教师的主导作用，又要充分调动学生学习的积极性和主动性，课堂教学要以学生的活动为中心进行组织，并要把教师主导与学生主体两种作用有机地结合起来.

（5）因材施教原则　该原则又称为可接受原则或量力性原则，要求教师从实际出发，依据学生的年龄特征和个体差异，有的放矢地进行教学.

（6）理论联系实际原则　教师要在理论与实际的结合中进行教学. 并在运用所学知识解决实际问题的过程中使学生掌握基础知识和基本技能，培养学生分析和解决实际问题的能力.

（7）直观性原则　教学中要利用学生的各种感官和已有的知识经验，为学生提供丰富的感性知识和直接经验，通过各种形式的感知，为学生掌握教材和科学知识奠定基础.

（8）巩固性原则　教学要使学生巩固地掌握基础知识与基本技能，使之能及时和准确地再现和运用.

第二节　常用数学教学原则

数学教学原则是依据数学教学目的和教学过程的客观规律而制定的指导数学教学工作的一般原理，是进行数学教学活动应遵循的基本要求，是对数学教学经验的概括总结，来源于实践，又对有效地开展数学教学具有指导作用. 数学教学原则既符合一般教学原则的原理，又反映数学教学自身的特殊性要求.

一、数学教学原则的发展

在发展过程中主要出现五种数学教学原则体系类型：第一类是移植型体系，往往是将一般教学论中的教学原则直接移植到数学教学中，只是把一般教学论中的教学原则在数学教学中的具体应用做了说明，很少反映出数学教学的特性，如科学性原则、积极性原则、直观性原则等；第二类是层次型体系，如把数学教学原则分为三个层次——目的性原则、准备性原则、技术性原则，其中，目的性原则包含思想性原则、科学性原则、教学与发展相结合的原则，准备性原则包含自觉性和积极性原则、可接受性原则、提供丰富直观背景材料原则、整体性原则、以广度求深度原则、理论联系实际原则、教师主导作用和学生主动性统一的原则、因材施教原则，技术性原则包括具体与抽象相结合的原则、严谨性与量力性相结合的原则等；第三类是心理学型体系，如主动学习原则、最佳动机原则和阶段循序原则，但是仅从心理学方面抽象出数学教学的原则体系，显然是不全面的，起码数学教育目的方面的要求就没有反映出来，而且这种体系也不完全符合我国的教育实际；第四类是数学化型体系，就是直接从数学的特点、数学思维和方法的特点等方面出发，提出其具有浓郁数学气息的数学教学原则体系，如"数学现实"原则、"数学化"原则、"再创造"原则、"严谨性"原则、现实背景与形式模型互相统一原则、解题技巧与程式训练相结合的原则、学生年龄特点与数学语言表达相适应的原则等，但是它不能反映出数学教育总目的方面的要求，对数学教学中非智力因素方面的心理要求考虑不足；第五类是结合型体系，就是在一般教学原则的指导下，根据数学教学目的、教学规律、数学的特点等确立若干条数学教学的一般原则，这种体系往往出现在数学教育的教材中，因此对数学教学原则的阐述比较注重于经验的论述，应用大量的例子来说明数学教学中为什么要遵循这些原则，便于学生的学习、理解和应用，对数学教学有很强的指导性和可操作性.

国内外学者对数学教学原则的概念、体系、依据、科学性标准、名称提法等方方面面都进行了分析，并给出了各种教学原则，下面给出一些影响较大的体系. 具体内容见表 2-1.

表 2-1　国外部分代表性学者提出的数学教学原则

序号	数学教育家	国籍	数学教学原则
1	奥加涅相	苏联	科学性 教育性 自觉性 积极性 巩固性 系统性 渐进性 可接受性
2	斯托利亚尔	苏联	教学的科学性原则 掌握知识的自觉性原则 学生学习的积极性原则 教学的直观性原则 知识的巩固性原则 个别指导原则
3	弗赖登塔尔	荷兰	数学现实原则 数学化原则 再创造原则 严谨性原则
4	波利亚	美国	主动学习原则 最佳动机原则 阶段序进原则
5	布鲁纳	美国	动机原则 结构原则 程序原则 强化原则

　　国内数学教学原则经历了移植引进、审视与反思、体系的开发与研究的多样化这三个阶段，第一个阶段是直接引进使用国外已有的数学教学原则，或者稍加改造，存在模仿痕迹明显和经验总结化倾向；第二个阶段开始质疑教学原则的简单平移、辨析教学原则的内容与表述，并反思自身的建设；第三个阶段提出以结构的形式构建数学教学原则体系，并呈现出多样化的研究视角. 近些年来，随着数学教育学研究的蓬勃发展和数学教学理论研究的不断深入，许多数学教育理论工作者在总结数学教育教学实践经验的基础上，结合自身的理论研究和反思，从不同的角度，各自提出了一系列的数学教学原则（见表2-2）.

表2-2　国内部分代表性学者提出的数学教学原则

序号	主编	教材名称	出版年份/年	数学教学原则
1	张奠宙 唐瑞芬 刘鸿坤	数学教育学	1991	现实背景与形式模型互相统一原则 解题技巧与程式训练相结合的原则 年龄特征与数学语言表达相适应的原则
2	田万海	数学教育学	1993	具体与抽象相结合原则 归纳与演绎相结合原则 形数结合的原则
3	涂荣豹	数学教学 认识论	2004	把握数学抽象性的淡化的原则 摆脱数学严谨性的束缚的原则 突出策略创造精神的原则 加强数学语言训练的原则
4	涂荣豹 季素月	数学课程与 教学论新编	2007	抽象性与具体性相结合原则 严谨性和量力性相结合原则 培养双基与策略创新相结合原则 精讲多练和自主建构相结合原则
5	曹一鸣 张生春	数学教学论	2017	模型抽象与现实背景相统一的原则 实际运用与思维训练相结合的原则 独立钻研与合作探讨相结合的原则
6	韩明莲 李春玲 卢书成	数学教学论	2017	严谨性与量力性相结合原则 抽象与具体相结合原则 理论与实际相结合原则 巩固与发展相结合原则
7	代钦	数学教学论 新编	2018	科学性与思想性统一的原则 理论联系实际的原则 教师的主导作用与学生的主动性相结合的原则 教学与发展相结合的原则 系统性原则 直观性原则 巩固性原则 统一要求与因材施教相结合的原则 反馈调节原则 严谨性与量力性相结合的原则 具体与抽象相结合的原则

应当说，这些理论的探索和构建是积极的、有益的，成果也是喜人的，反映了我国数学教育研究目前所达到的水平和状态．这些研究为我国数学教学实践提供了积极的指导，为我国数学教学原则的构建乃至数学教育理论的研究做出了重要贡献．

二、中小学常用数学教学原则

基于数学本身的三个特性：抽象性、严谨性和广泛的应用性，针对中小学数学教育，给出三条常用的教学原则：抽象性与具体性相结合原则、严谨性与量力性相结合原则和应用性与基础性相结合原则．

（一）抽象性与具体性相结合原则

义务教育数学课程标准（2022 年版）的"课程理念"中指出"重视数学内容的直观表述，处理好直观与抽象的关系"．抽象性与具体性相结合原则是根据数学抽象性的特点与学生认识的基本规律提出的，它是数学教育中基本而又普遍的要求．

1. 数学的抽象性

数学的研究对象是现实世界的空间形式和数量关系．为了在一个比较纯粹的状态下进行研究，才舍去其研究对象的所有其他属性而抽象出空间形式和量的关系，例如，函数概念描述了两个数集之间的对应关系，而舍弃了集合中元素实际代表的具体事物．这决定了数学具有非常抽象的形式，具体地讲有以下特点．

第一，数学中不仅概念、结论是抽象的，而且思想方法也是抽象的，并且运用了大量抽象符号．

第二，高度抽象性表现出高度概括性．所谓概括就是把从部分对象抽象出的某一属性推广到同类对象中的思维过程．数学中抽象与概括相互联系，相辅相成，在数学活动中互为条件，协同发挥作用．一般来说，抽象侧重于分析、提炼，概括侧重于归纳、综合．抽象程度越高的理论越有可能、也越有必要推广到更广泛的对象之中．因此，数学的高度抽象性必然带来高度的概括性．比如对于三角函数，先有锐角三角函数，这是相对具体的抽象概念，概括性也较弱，推广到任意的三角函数时，它所涉及的具体对象就扩展到一般的"圆运动"，再进一步扩展为以任意实数为自变量的三角函数时，其涉及的具体对象又包括了相应的周期运动．又比如数学中群这一概念，它是一个非常抽象的代数结构，具有极强的概括性，像整数加群、模的剩余类加群、线性群等．

第三，数学的抽象还有逐级抽象的特点，即后一次的抽象是以前一次的抽象材料为具体背景的，后一次的抽象是一个再抽象的过程．在数学发展或数学教学中都需要经常反复地进行再抽象．比如从数到式，从式到函数，从函数到映射的过程中，这种逐级抽象体现出较明显的顺序性．如果对某一具体步骤缺乏理解，势必会影响到对下一过程的理解．

第四，抽象能达到感知所达不到的境地．比如讨论极限过程的数学性质只能在头脑中运用抽象思维进行．

数学的上述抽象性特点必然在教学中反映出来，因此，在教学中我们应善于发挥数学抽象的积极作用，使学生的逻辑思维能力得以提高和发展．

数学抽象具有相对性：

首先，数学的抽象性是以具体性作为基础的．数学内容的抽象性，往往掩盖了与具体内容的关系，比如定积分的概念，对学生来说，名词生疏，形式抽象．但在定积分概念的形成过程中，是以大量的具体问题，如求曲边梯形面积、旋转体体积、水的流量、液体中物体所受压力等作为基础的，只是在定积分概念最终抽象形成以后才给学生以如此抽象的印象的，但其形成过程是以具体的内容为基础的. 可见，数学的抽象性并不排斥具体性. 恰恰相反，现实的具体素材，是认识空间形式和数量关系的基础，是过渡到抽象的概念和命题必不可少的初始环节.

其次，数学的抽象性是逐步深入，不是"一次到位"的，有一个循序渐进的深化过程. 数学内容逐次抽象的特点，一方面表明数学内容抽象程度高，另一方面说明数学内容的高度抽象性不是一下子达到的，它需要有一个从具体到抽象，又从相对来说比较具体再上升到日益抽象的过程. 由此可见，再抽象也以"具体"内容作基础. 不过，这时所利用的"具体"素材，其实已经是比较抽象，甚至是十分抽象的数学结论了. 普通高中数学课程标准（2017 版 2020 年修订）在教学提示中举例说明："函数概念的引入，可以用学生熟悉的例子为背景进行抽象. 例如，可以从学生已知的、基于变量关系的函数定义入手，引导学生通过生活或数学中的问题，构建函数的一般概念，体会用对应关系定义函数的必要性，感悟数学抽象的层次."

最后，高度的抽象性与广泛的具体性. 正如前面所述，抽象程度越高，概括性越强. 所谓概括性强，就是说抽象出来的结论，是最广泛的具体内容共有的属性. 比如，锐角三角函数，它是相对具体的抽象概念，其概括性也较弱，它所能联系的具体内容也少；而上升到任意角的三角函数时，它表现为"圆函数"，所涉及的内容一下子扩展到一般的"圆运动"；再进一步扩展为数值函数，即以任意实数为自变量的三角函数时，其涉及的内容又包括了相应的周期运动.

2. 中学生抽象思维的阶段性

根据皮亚杰的儿童思维发展理论，处在中学阶段的学生的思维发展正处于具体运演与形式运演过渡阶段，思维由具体思维向抽象思维发展，其思维运演还需要直观的支撑，他们的抽象能力仍处于初级水平. 美国有研究表明，美国人口中仅仅有 40% ~ 60% 的人达到最后的形式运演阶段. 我国数学教学实践也表明，中学生的抽象思维的水平在不同的年龄阶段有着差异性. 在初中阶段，特别是低年级的学生，表现为对具体素材的过分依赖性，这些学生对十分相近的数学内容或类型，不会进行简单的推广，对比较抽象的数学结论难以理解与掌握. 因此，教学中不区分学生的年龄特征，一味地追求概念化、形式化是不可取的.

3. 贯彻要求

人们对事物的认识总有一个从具体到抽象，再从抽象到具体的过程，即具体→抽象→具体. 在教学中，学生是在教师的指导下，学习前人已经总结积累的系统知识，但学生是处在第一次发现数学知识的地位，与前人在认识规律上是相一致的. 因此，教学中必须体现出两个过程，即把具体材料抽象化和把抽象材料具体化的过程. 概括地讲，就是由具体实例出发，抽象出本质特征，概括到同类对象中，再运用于实际. 为了从具体认识抽象，需要运用直观教学、数形结合，这是认识过程的一个阶段，即从感性认识上升到理性认识阶段，但整个认识过程并没有完结，学生要真正掌握抽象的数学知识，更重要的阶段还在于运用数学理论去解决问题（包括实际问题），即从抽象再到具体. 从逻辑意义上看，前者是归纳过程，后者是演绎过程.

从具体到抽象的过程. 第一，直观教学. 相对于抽象，具体的对象就是感性材料或直观材料. 它主要指一些看得见、摸得着的东西, 如直观材料可以是实物、模型、实例等; 如讲授几何图形及性质时, 可先引导学生观察, 比较周围物体, 或制作有关模型, 从中发现几何元素之间存在的某些关系, 然后进行系统讲授. 不过还应指出, 教学上所能提供的直观材料在数量和种类上总有一定的限制, 有时表现得不够明显或不易使学生从中对抽象理论获得全面认识, 此时教师要注意选择并变换作为直观对象的事例, 即变换对象的非本质要素, 突出其本质特征, 在最大限度上把本质要素反映准确、全面. 由于教材中有时习惯采用所谓的标准图形, 因此学生就有可能把非本质的属性 (如图形的位置、大小) 看作本质属性, 因此缩小了概念的外延, 造成不正确的理解.

重视直观教学, 要求教师提供学生感兴趣的、熟悉的, 以及与生活实际、已有的学习经验和知识背景密切相关的素材, 要让学生有比较充分的时间、空间经历观察、实验、猜测、推理、交流、反思等活动过程, 促进学生对数学概念和结论本质的真正理解. 这样通过实物直观、模型直观、图形直观、言语直观, 以形成学生鲜明的表象, 为他们掌握抽象的数学概念提供必要的感性材料. 这些感性知识越完善、越丰富, 学生形成抽象的理性知识也就越顺利、越牢固. 心理学的研究表明, 视觉表象、心智图像对于抽象内容的学习是有显著作用的. 当然, 我们强调直观教学, 并不是取代严格的、抽象的、系统的论证, 所以进行直观教学时, 要关注教学目标的达成情况. 比如, 在进行实物直观、模型直观、图形直观教学 (包括计算机多媒体的演示) 时, 要注意数学知识的原发性、数学思想的实质性, 突出数学概念、结论的本质. 直观具体的材料要蕴涵着数学抽象概括的内容, 以便把直观得到的感性认识提高到抽象的理论水平; 直观教具演示的时机也要适当, 直观演示过程中要引导学生观察、分析、综合、概括、抽象, 不要在细节上分散了学生的注意力, 要引导他们抓住本质的数学特征. 例如, 通过新闻中的 "降水率"、西瓜的 "成熟率" 等实际生活中常见的生活现象引入 "概率" 内容, 使学生正确理解随机事件发生的不确定性及频率的稳定性, 澄清日常生活中一些错误认识, 如 "中奖率为万分之一的彩票, 买一万张一定中奖", 并让学生解释广告可靠度、天气预报的可信度等.

又比如, 在运用言语直观教学时, 要为透彻地讲授知识服务. 为了让学生能准确地理解数学教材中文字的含义, 教师要注意言语表达的直观性、具体性. 言语直观要照顾到学生的年龄特征和知识水平, 以他们已有的记忆表象为基础, 使其再现并重新组合, 形成新的高层次的表象. 要防止脱离学生经验, 单纯追求言语的形象性. 言语直观要求教师语言通俗、有趣、易懂, 并配以节奏感和鼓动性, 富于启发性和感染力, 让学生展开想象.

【案例2-1】 反比例函数的引入

尝试由 $xy=k(k\neq0)$ 所表示的关系过渡到反比例函数 $y=\dfrac{k}{x}$ ($k\neq0$, $x\neq0$).

案例分析 因为小学阶段不讲反比例关系, 所以初中阶段最好能通过实例, 让学生感知由反比例关系过渡到反比例函数的过程. 反比例关系要求两个变量 x 和 y 一起变化, 以保证乘积不变; 反比例函数表达的是一个量变化, 另一个量随之变化.

例如, 可以用 x 表示矩形的长度、y 表示矩形的宽度, 那么乘积不变意味着这个矩形的面积 $xy=k(k\neq0)$ 不变, 如果 x 增大 y 就要减小, y 增大 x 就要减小, x 与 y 是成反比例关系的; 而表达式 $y=\dfrac{k}{x}(k\neq0$, $x\neq0)$ 意味着矩形的宽度 y 等于面积 k 除以长度 x, 当长度 x 变化时宽度 y 随之变化, y 与 x 是函数关系. 因此, 反比例函数比反比例关系更为一般化.

第二,数形结合.数形结合既是数学教学的重要方法,也是数学中的重要思想方法.我们在贯彻抽象性与具体性相结合的原则时,可以根据数学内容本身的特点,采用数形结合的方法.许多数量关系方面的抽象概念和解析式,若赋予几何意义,往往变得非常直观、形象,并使一些关系明朗化、简单化;同样,一些图形的性质,又可以赋予数量意义,寻找恰当表达问题的数量关系式,将几何问题代数化,以数助形,用代数的方法去解决几何问题.数形结合,其实质是将抽象的数学语言与直观图形结合起来,使抽象思维与形象思维结合起来,发挥数与形两种信息的转换及其优势互补与整合功能.关于数形结合,华罗庚教授评价说:"数无形时少直觉,形少数时难入微;数形结合百般好,隔离分家万事休."

【案例2-2】 借助图形发现运算规律

在表2-3中,标出横排和竖排上两个数相加等于10的格子,再分别标出相加等于6,9的格子,你能发现什么规律?

表2-3 案例2-2表

9									
8									
7									
6									
5									
4									
3									
2									
1									
+	1	2	3	4	5	6	7	8	9

案例分析 通过这样的活动,不仅可以帮助学生熟练掌握20以内数的加法,还可以让学生感悟加数与和之间的关系,让学生感悟数值与图形的结合,有利于为后续学习图形的位置等内容做准备.教师可以根据实际情况灵活地设计教学活动.例如,可以根据上表,让学生判断:出现次数最多的和是几?最少的是几?

从抽象到具体的过程.从抽象到具体,并不是回到原来抽象时赖以为基础的具体,这两个"具体"在认识意义上有质的区别.认识第一阶段的"具体"是感性材料,其作用是为上升到理性认识提供基础;第二阶段的"具体"则不能看作感性材料,而是理性材料的具体化,其作用是理性认识的进一步深化.从抽象再到具体,更确切地说,应该是从抽象再上升到具体.因为在这一认识阶段,可以形成技能,并进一步培养提出问题、分析问题、解决问题的能力.

在中学数学教学中,当学生掌握了抽象的数学概念的定义、定理和公式以及法则的意义之后,教师应及时提出新的任务,要求学生将这些数学理论运用于新的问题情境中或是去辨认同类的有关事物;或者去说明、解决同类事物的有关现象;或是去完成相应的智力操作等.

解数学题就是从抽象再到具体的一种重要途径.一般数学题的解答过程,主要是抽象的数学概念、定理、公式、公理等的运用过程,是形成相关的数学技能的过程.当然,同时也具有进一步培养学生的观察能力和分析、综合等数学思维能力的作用. 解较难的数学题时，除了抽象理论的运用外，还可能学到一些新的数学思想与方法，对于培养学生的创造性思维能力有一定的作用.

【案例2-3】 二次函数的最大值或最小值

如图，计划利用长为 a m 的绳子围一个矩形围栏，其中一边是墙（见图2-2）. 试确定其余三条边，使得围栏围出的面积最大.

案例分析 设矩形围栏与墙平行的边的长度为 x m，则另外两条边等长，均为 $\frac{1}{2}(a-x)$ m，于是，矩形的面积为

$$y = \frac{1}{2}x(a-x) = -\frac{1}{2}\left(x - \frac{1}{2}a\right)^2 + \frac{1}{8}a^2$$

图2-2 案例2-3图

因此，当 $x = \frac{1}{2}a$ 时，围成的矩形面积最大.

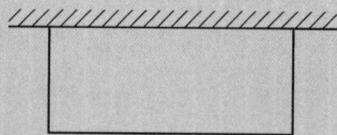

学生通过这个实例分析，可以进一步熟悉求二次函数最大值的方法，感悟如何用数学的思维思考现实世界.

综上，在数学教学中贯彻抽象性与具体性相结合的原则，就是要坚持循序渐进、逐步深入，对抽象的数学概念、形式化的数学结论的教学要求不能一步到位，要克服急于求成、急功近利的思想，要注重从特殊到一般、从具体到抽象，淡化形式，注重实质.

（二）严谨性与量力性相结合原则

1. 数学的严谨性

严谨性是数学学科的基本特点之一，所谓严谨性就是逻辑的严格性和结论的确定性. 表现在数学概念的定义、数学结论的阐述、推理论证的进行、运算的要求、体系的建构等各个方面. 具体来说，表现为以下几个方面：

① 数学概念. 数学概念可分为两类，即原始概念和被定义的概念. 原始概念就是从大量的数学名词中挑选出来的那些最基本、最常用的不加定义的概念，并作为定义其他概念的出发点，其本质属性用公理来揭示. 被定义的概念都必须有确切的符合逻辑要求的定义、符合定义的规则，即概念和概念体系是严谨的.

② 真命题. 数学中所包含的真命题也分为两类，即公理和定理. 公理是这个学科中挑选出来作为证明其他真命题的真实性的原始依据，它们本身的真实性不加逻辑证明而被承认，但是，它们作为一个体系，必须满足相容性、独立性和完备性；而定理都是经过逻辑证明为真的命题. 任何未得到逻辑证明为真的命题都不能作为正确的结论而被承认和使用，至多只是一种猜想.

③ 公理化的体系. 每个数学分支都是从原始概念和公理出发，按照一定的逻辑演绎构成的一个公理体系. 在该体系中，每个被定义的概念必须用前面已知的概念来定义，每个定理必须由前面已知其真实性的命题推导出来，绝对不容许前后颠倒、逻辑混乱.

④ 数学语言的表述. 概念和命题的陈述以及命题的论证过程日益符号化、形式化. 数学的符号语言表述简练、正确、科学，不会产生歧义.

⑤ 数学运算. 数学运算要求必须按运算的法则、运算的原理进行，而不是只看最终运

算的结果.

从数学发展的历史进程中可以看到, 严谨性并不是在数学建立初期就形成的, 它有一个逐步发展完善的过程. 如数的概念产生于原始公社制社会, 处于一种不严谨的状态, 直到 19 世纪末期才达到一个严谨的程度. 几何学也是如此. 在二千多年前, 古希腊著名几何学家欧几里得的原著《几何原本》中就给出了对当时几何学知识的系统论述, 这是一个非常了不起的成就. 欧几里得所完成的几何逻辑结构对他所处的时代来说, 应该是足够严谨了. 直到 19 世纪末, 由希尔伯特所建立的几何公理系统, 才真正达到对几何逻辑结构的完整认识, 按该公理系统而不借助任何直观图像, 便可导出全部几何定理. 微积分的发展也不例外. 另外, 侧重于理论的基础数学与侧重于应用的应用数学, 在严谨性的要求上也有较大不同. 例如, 作为数学基础的实数理论, 只是到了 19 世纪末才达到当前的严谨程度, 在此之前的几千年内, 它一直处于不严谨的状态; 又如微积分, 在它的发展初期并不严谨、严密, 贝克莱悖论曾使当时的数学家们惶惶不可终日, 由此引发了所谓的"第二次数学危机". 直到 19 世纪极限理论的建立, 才使得微积分的基础得到完善.

中小学的数学教学中要理解严谨的相对性. 例如, 面积在小学阶段定义为"物体的表面或围成的图形表面的大小", 对于该阶段的学生而言这就是个严谨的定义; 到大学阶段学习《测度论》时才得到更加严谨的定义: 面积是一个有限可加、运动不变、单位正方形取值为 1 的平面点集类上的函数. 再比如, 对于问题 $\square \times \square = 4$, 在学生只学到自然数时, (1, 4)(2, 2)(4, 1) 这三个数对就是严谨的答案; 当学生学到整数时, 就需要增加 (-1, -4)(-2, -2)(-4, -1) 这三个数对了; 当学生学到分数后, 就有更多需要增加的答案了. 这些都是体现了严谨性的相对性.

总之, 严谨性具有相对性, 对于任何数学课程都必须达到一定的严谨程度, 但究竟应达到什么程度, 还要由该课程的性质以及所开设的目的决定, 并且对于严谨性的要求需要一个适应的过程.

2. 量力性

量力性是指数学教学的目的、内容、方法和组织形式要符合一定年龄阶段学生的知识水平和身心发展水平, 教师既不能不考虑学生思维水平的局限, 一味追求"高标准", 也不能一味迁就学生, 随意降低教材的理论要求, 即需要一种既能适应学生认识水平, 又有利于促进学生水平发展的最佳途径, 在学生的能力范围内, 使数学教学达到充分的严谨程度.

量力性具有发展性. 根据皮亚杰的儿童智力发展理论, 处于中学阶段的中学生的思维正经历着由具体运演阶段向形式运演阶段的过渡发展时期, 他们思维发展的抽象概括水平、形式运演能力、严谨周密程度等方面都还处于发展的初级阶段, 从小学到中学要有一个过渡和适应时期, 教学中考虑到数学学科的严谨性的同时, 也必须注意中学生身心发展的实际情况.

首先, 对中学生数学严谨性的要求, 需要逐步适应. 要理解和掌握数学的严谨性, 必须具备很强的逻辑思维能力和一定程度的数学基础知识. 根据中学生的年龄特征和认识的发展水平, 上述能力和知识只能在他们由低年级到高年级的学习过程中逐步获得, 不可能马上达到. 比如, 一些学生对数学语言的理解和运用存在困难. 中学数学中出现了很多小学数学里没有的新术语和新概念, 如"互为相反数""互为余角""任意非零整数""当且仅当""充要条件""否命题"与"命题的否定"等, 学生对这些术语和概念的含义往往缺乏足够的理解. 数学中对定义、定理、法则的叙述十分精练, 学生往往只限于背诵条文, 弄不清它们的适用范围，在应用时机械地模仿范例，稍有变化，就往往顾此失彼，以偏概全．学生用自己的语言叙述概念、定理、公式、法则时，常常不准确，甚至出现错误．比如，一些学生推理不严谨．小学阶段，没有受过严格的逻辑论证推理训练，一些数学结论主要靠观察、实验的方法获得．因此，进入中学后，他们对推理论证的严谨性要求不能很快适应，既认识不到论证的必要性，又经常"创造出"似是而非的所谓论据，得出一些想当然的结论．例如，他们会根据加法对乘法的分配律 $a(b+c)=ab+ac$，错误地类比推出 $\lg(a+b)=\lg a+\lg b$，$\sin(\alpha+\beta)=\sin\alpha+\sin\beta$．即使经过了相当长时间的推理论证训练以后，学生在解题时，仍然容易出现类似的不严谨现象．

根据上述实际情况，要想使学生在刚进入中学阶段就完全接受数学的严谨性，这是不现实的．教学必须顺应学生的认识发展规律，螺旋式地安排抽象内容的学习，有计划、有步骤地逐步要求，逐步提高，这样，他们才能达到逐步理解和掌握数学严谨性的要求．

其次，数学的严谨性具有相对性．人类认识数学的严谨性经历了一段漫长的过程．中学数学是人类已经获得的认识成果，虽然不必重复这个过程，但是，学生个体数学理解的发展仍需遵循数学思想的历史发展顺序．因为个体学习本身是一种认识活动，符合"历史发生原理"，即"个体知识的发生遵循人类知识发生的过程"．因此，要求学生从学习的一开始就接受、理解和掌握课本中形式化呈现来的严谨的数学知识，是违背个体认知的"历史发生原理"的，学生的数学认知应当遵循由低级到高级、由简单到复杂、由浅入深、逐步深化的一般认识规律．加上中学的学时有限以及学生原有的知识和能力等因素，因此，中学阶段学生只需要学习数学的基础知识，掌握基本技能，相应地，对数学严谨性的认识也只能是基本的、初步的．正因为如此，20世纪90年代陈重穆先生发出倡议：数学学习要"淡化形式，注重实质"．高中课程标准也强调数学教学要"强调本质，注意适度的形式化"．

最后，在尊重学生可接受性的同时，也应当充分估计学生认识上的潜力．处于一定年龄阶段的学生，接受知识的能力是有局限的，这是中学生可接受性的主要一面．但是，我们也应该看到，中学阶段是青少年智力迅速发展时期，他们具有很大的可塑性．数学教学不应该只是消极地、被动地适应他们的原有知识和思维水平，而应该促进他们的思维发展．赞可夫的发展教学理论提出的教学高难度、高速度原则，其着眼点正在于以教学促进发展的这一目的．因此，在考虑中学生的可接受性时，不能忽视教学促进发展．

3. 贯彻要求

数学科学是严谨的．中学生在学习数学时，由于其思维发展水平的限制，对数学科学的严谨性理解可能存在局限．因此，在数学教学过程中，既要充分展现数学科学的严谨特色，又要紧密贴合学生的实际认知水平．这便是严谨性与量力性相结合原则对数学教学提出的总体要求．

在我国，由于长期受苏联关于数学的特点是抽象性、严谨性和应用性的思想影响，在教学内容上往往追求抽象化、形式化的严密的逻辑演绎结构，在教学思想上偏重和强调学生的逻辑推理能力的培养，因而在数学教材里、课堂教学中，呈现给学生的是用逻辑链条连接起来的一串形式化定义、定理、法则、公式和符号．这条逻辑的链条的确使数学变得十分严格、无懈可击，但数学在这条逻辑链中也变成了僵化的教条，学生从中体会不到学习数学的乐趣，也看不见数学中出神入化般的创造性思想活动，因而也正是这根逻辑链条锁住了学生的"手脚"，束缚了学生的思想．有人把"严谨性"描绘成一把双刃剑，它既能砍去那些不合逻辑的错误，以便保持数学的纯洁性，同时它也会砍去数学中天马行空的想法，用冰冷的美丽掩盖了火热的思考. 这种描述是十分形象和有道理的. 我们在这里提出严谨性与量力性相结合原则的贯彻要求,在一定程度上是要克服过去那种强调数学严谨性的极端的倾向,要"摆脱数学严谨性的束缚",在两者之间"寻找中间地带".

第一,认真了解学生的学业基础水平与认知水平,这是贯彻量力性原则的基础. 美国心理学家奥苏伯尔曾经这样说过:"假如让我把全部教育心理学仅仅归结为一条原理的话,那么,我将一言以蔽之,影响学习的唯一最重要的因素,就是学习者已经知道了什么,要探明这一点,并应据此进行教学." 在教学过程中,要对学生的知识基础、年龄心理特征、认知水平、兴趣爱好等情况做到心中有数;对于教学内容与学生的接受能力有较大差距的内容(即教学难点)要设法分散,将其转化为学生容易接受的知识,及时解决疑难,扫清障碍.

第二,根据数学课程标准制定恰当、合理的课堂教学目标. 这就要妥善处理好数学知识体系、学生的年龄特征、课程目标三者之间的关系,根据严谨性与量力性相结合的原则,制定符合本班学生认知水平的教学目标. 一节课的教学内容的选择要恰当,例题、习题的难度与数量要符合学生的特点,既适应学生的现有水平,又要有一定的智力挑战性. 学生的课内作业与课后作业也要量力而行,不能对学生构成太重的生理与心理负担.

第三,螺旋式地处理教材内容. 数学知识的发生不是按逻辑方法建立的,而是采用实验归纳、类比联想、直觉猜测得到的,严格的逻辑证明和演绎体系常常是后来补上的,这也是人类的认识规律. 为了符合学生的认识规律,适应学生原有的知识基础和认识水平,某些数学课题的学习也是分成几个阶段逐步深化的. 对于这样的课题,第一次讲授可以是不完整的知识,但决不应该是在今后的进一步学习中遭到否定的知识. 初步讲授某些数学知识时,可以用经验的验证(但不能代替逻辑证明)来暂时使学生信服. 比如,关于"三角形内角和为180°",在小学只要求通过实验获得结论,到初中就必须达到通过逻辑证明结论. 在高中,立体几何的内容也分为几个层次:认识空间几何体;认识点、线、面的位置关系;会证明位置关系的性质定理;把判定定理的证明作为理科选修内容. 高中导数内容的安排,不要求学生必须先学习极限再学习导数,而是通过对大量实例的分析,经历由平均变化率过渡到瞬时变化率的过程,了解导数概念的实际背景,知道瞬时变化率就是导数,体会导数的思想及其内涵,从而学习导数的运算,掌握导数的简单应用. 从逻辑体系来看,这样的安排是不严谨的,但它符合导数产生的实际过程,符合学生的认知特点和水平,能使学生较早地掌握和利用导数来研究、解决有关函数问题,适应学习和当今社会生活发展的需要.

第四,注重数学语言的教学. 数学中的每一个名词、术语、公式、法则都有精确的含义,学生能否确切地理解它们的含义是能否保证数学教学的严谨性的重要标志之一. 而学生理解的程度如何,又常常反映在他们的语言表达之中. 因此,应该要求学生逐步掌握精确的数学语言.

数学语言是严谨的、抽象的、精确的. 而上述提及的中学生的可接受性表明,刚进入中学的学生常常不能用自己的语言准确地表达数学概念和结论,一方面是由于他们在小学阶段所受到的数学语言的表达训练不够,另一方面还因为学生没有真正认识到语言精确化的重要性. 在中学数学教学中,教师首先应该使学生了解他们自己在语言精确化方面存在哪些问题、有什么危害,从而使他们认识到语言精确化的必要性. 在这个基础上,再要求学生细心地理解数学课本中一些概念、定理的精确叙述,并逐步学会准确地用数学语言叙述课本中的结论和解题过程.

要求学生语言精确，教师应对下述情况做到心中有数：新教材中有哪些新概念和新术语？学生比较生疏的术语、概念与已学教材中哪些术语、概念有着密切的关系？如何通俗易懂地解释？同时，教师还必须结合教材对数学语言的精确化作典型的分析．例如，为了让学生弄清"-2^2"与"$(-2)^2$"的差异，先要求会把"-2^2"念成"2的平方的相反数"，"$(-2)^2$"念成"负2的平方"，再问学生二者的运算结果有什么区别．用这样的对比方法，使学生灵活运用数学语言，准确地反映二者的差异；再如$(a+b)^3$、$\sin^2\theta$应分别读作："a加b括号的三次方"（或"a与b之和的三次方"）"角θ正弦的二次方"，若读作"a加b的三次方""$\sin$平方θ"就错了；书写上不要把"圆"写成"园"等．

为了培养学生语言准确，首先要求教师应有较高的数学语言修养．新教师在语言上要防止两种偏向：一是滥用学生还接受不了的数学语言与符号，二是把日常流行但不太准确的习惯语言带到教学中去．数学教师的课堂教学语言应力求规范化，既简练、精确，又适应学生的水平．

需要注意的是，我们这里要求概念讲解准确，并非是指一味追求概念表达的形式化、严谨化，而是指要在抓住概念本质的基础上，要求学生能够正确地叙述和表达数学概念、结论，不出科学性错误．

第五，周密思考，推理有据．推理有据是思维严谨性的核心要求．在一般解题过程中，除证明题要有论证的根据外，计算题、作图题也都包含推理过程，都要强调每一步骤的根据．

在计算过程中，算理是算法的依据．在算理指导下解题，学生才能真正理解算法，灵活地运用算理，算法才能熟练自如．

画图也要有根据．教学中要正确处理画法与画理之间的关系．画图时还要注意处理好一般与特殊的关系，不能把任意三角形画成等腰三角形，把一般的平行四边形画成矩形或菱形．

在要求学生做到推理有据时，有时可以借助于直观或猜想去探寻所需的根据．例如，要证两个角或者两条线段相等时，从观察图形出发，利用直观可以先猜测与它们相关的两个三角形全等．当然，这种直观性只是入门的向导，只能起到一种启示作用，而不能作为根据．利用猜想去找解题的根据也是如此，猜想也只能起到一种启示作用，必须使猜想得到证明以后才能作为根据．归纳、猜测用于发现，逻辑用于证明．因此，推理有据并不排斥直观与猜想．强调思维的严谨性时，必须辩证地处理好推理有据与善于利用直观、归纳、猜想的关系．

（三）应用性与基础性相结合原则

1. 数学的应用性

早在古希腊时代，柏拉图就把世界区分为"观念世界"和"现实世界"，"观念世界"是完美的、永恒的、真实的，而"现实世界"则是"观念世界"的不完善的体现，因而是不真实的、暂时的、不完美的．"观念世界"的作用是至上的，而"现实世界"只不过是"观念世界"的反映．在这种观念的指导下，古希腊的数学充分发展演绎推理的思想方法，使数学成为人类直接应用逻辑的力量探索现实世界的独一无二的科学，对整个人类产生了巨大的影响和推动作用．

这种数学观从根本上影响和制约了他们的数学教育观．古代西方数学教育通常作为心智训练、形式陶冶之用. 公元前 386 年，柏拉图创办了一所学校，教学内容为"四艺"，特别重视数学. 传说在学校门口写着这样几个字，"不懂几何的人不要入内". 柏拉图之所以这样推崇数学，把它列为"四艺"之首，不是因为数学特别有用，而是为了最高形式的理性训练.

A. D. 亚历山大洛夫等在《数学——它的内容，方法和意义》中指出："数学生命力的源泉在于尽管它的概念和结论极为抽象，但却如我们所坚信的那样，它们是从现实中来的，并且在其他科学中、在技术中、在全部生活实践中都有广泛的应用；这一点对于了解数学是最重要的." 数学的抽象性，保证了它应用的广泛性. 数学的对象——量与量的变化及其关系，不仅存在于某种个别的物质结构层次和物质运动状态之中，而是普遍地存在于各种物质结构层次和物质运动状态之中. 高度抽象的数学概念，反映着各种不同类型的具体对象中量的共同规律. 这决定了数学可以广泛地应用于各种不同的对象和各种物质运动形态的研究之中. 从这个意义上讲，它是一切科学的工具. 首先，我们几乎每时每刻地在生产中、日常生活中以及社会生活中运用着最普遍的数学概念、方法和结论；其次对于力学、物理学、天文学、化学等自然科学，数学已成为无可争辩的有效工具，并且数学的应用范围在日益扩大，正如培根所说的，"数学是通向科学大门的钥匙".

计算机的广泛运用，为数学的应用提供了更为广阔的天地. 加强数学应用教学，提高数学教学解决实际问题的能力成为近年来课程改革中一个响亮的口号. 在科技高度发达的今天，数学的应用呈现了更加广阔的前景，许多抽象的数学理论得到了应用，数学向其他科学渗透又形成了许多新的交叉学科. 一些过去与数学"无缘"的人文学科也与数学产生了联系，各门学科向着"数学化"发展，已成为当今科学技术发展的一个重要趋势. 数学与社会及人们生活的关联也从来没有像今天这样紧密. 比如：把数学方法引入史学研究产生了一门新学科——史衡学，开拓了史学研究的新领域. 甚至，傅里叶级数在医学领域里发挥了意想不到的作用. 近年来发展的一门新学科——计量诊断学，可以对各种疾病做出正确的诊断，心电图、脑电波都是随时间变化的周期函数，其分析推理都要用到傅里叶变换. 数学与语言学的结合，产生了新兴的学科——数理语言学、计算语言学. 把演绎方法引入到语言学，则建立了代数语言学，特别是借助计算机，对语言进行整理、编撰辞书已经比较普遍.

近 50 年来数学在经济学中的位置越来越重要，它帮助人们在经营中获利，以至于今天，不懂数学就无法研究经济. 当今世界，运用数学方法建立经济模型、寻求经济管理中的最佳方案，组织、调度、控制生产过程，从数据处理中获取经济信息等，使得代数学、分析学、运筹学、概率论和统计学等数学思想方法进入到经济学科中，并反过来促进了数学学科的发展. 今天，一位不懂数学的经济学家是不会成为一位杰出经济学家的.

数学与高科技的相互渗透，在今天已经非常广泛、深刻. 美国科学院院士 J. G. Glimm 曾幽默地说过，40 年前中国有句名言"枪杆子里面出政权"，而从 1990 年起，在全球应是"科学技术里面出政权"，高新技术本质上是一种数学技术. 例如 20 世纪的中东战争、海湾战争、科索沃战争以及 21 世纪初的伊拉克战争就是数学战争. 以美国数学科学委员会主席 Phillip Griffiths 为首的许多专家撰写的一份关于数学科学、技术和经济竞争力的报告中，特别强调："数学科学对经济竞争力至关重要，数学科学是关键的、普适的、培养能力的技术." 他们认为："生产周期的每一环节和整个技术基础都离不开数学科学的应用." "数学科学的各个不同领域都有广阔的用武之地，数学科学的研究活力是这些应用赖以生存的基础.""数学科学是经济过程的一个十分重要的技术基础."在这份报告中,还附录了美国商业部提出的12项新兴技术,这12项新兴技术中的一大半直接与数学模型有关.

正如华罗庚先生在他的著作《数学的用场与发展》一书中说过的那样:"宇宙之大,粒子之微,火箭之速,化工之巧,地球之变,生物之谜,日用之繁,无处不用数学."用他的话来描述数学的广泛应用一点也不为过,也正如马克思指出的:"任何科学只有当它能够成功地运用数学时,它才能达到完善的程度,才算是真正发展了."

从其人文意义上看,数学不仅可以作为探索真理的事业,同时它还造就数学家一种独特的人格气质.在数学的探索过程中,数学家尊重事实、实事求是的求实精神;勇于坚持真理、勇于怀疑、自我否定的批判精神;勇于创新为真理而献身的精神,蕴含极其丰富的文化教育价值.科学精神也并非只是自然科学的精神,而是整个人类文化精神不可缺少的组成部分.它同艺术精神、道德精神等其他人文精神不仅在追求真、善、美的最高境界上是相通的,而且不可分割地融合在一起.这也表明了以"问题解决"为核心的教育价值观的局限性.新课标改变了传统的以演绎体系为核心的数学,重视数学中算法体系的构建,以及信息技术的整合、对概率统计等内容的加强,让学生从不同的侧面更好地认识数学的本质.数学教育的科学价值和文化价值同时受到了重视,发展、完善了对数学教育的价值认识.高中数学中的选修系列,为实现"人人都能获得必需的数学"提供了保障.

2. 基础性

基础性是基础教育的本质属性,世界各国都很关注数学教育的基础性.以美国为例,历经"新数运动""回到基础""问题解决""课程焦点"等阶段,围绕数学教育的基础性问题进行了激烈而持久的论战,即"数学战争".其中主要有两个阵营的观点,一方以数学教育家为代表,他们主张以建构主义为出发点,强调从学生自身经验中所建构出的知识,才有助于培养其解决问题的能力,才是有意义的学习;另一方以数学家为代表,他们以重视基础为出发点,强调基本的数学知识内容与运算技能的重要性.基于2005年发表的《K-12数学教育的共同基点》,2006年全美数学教师理事会出台了长达40页的报告《幼儿园学龄前到八年级数学课程焦点:寻求一致性》,描绘了数学基本概念与技能框架,体现出对数学基础性的关注.

我国数学教育一直拥有重视基础的优良传统,最新的数学课程标准也是着重关注着基础性:《义务教育数学课程标准(2022年版)》指出义务教育数学课程具有基础性;《普通高中数学课程标准(2017年版2020年修订)》指出高中数学课程具有基础性,即中小学数学课程均关注基础性,均关注学生对适应现代生活及进一步学习所必需的基础知识、基本技能、基本思想和基本活动经验的获得和发展,要求教师通过组织丰富有效的教学活动,促进学生理解和掌握基础知识和基本技能,体会和运用基本思想,获得基本活动经验.

3. 贯彻要求

应该指出,中学数学教学中运用这条原则需要正确处理教材与实际间的关系.学生所学习的书本知识是主要的,能在学习理论知识的同时与实际有机地结合,使学生既巩固所学理论又能初步学会利用理论解决实际问题的方法.为了在教学中贯彻好这一原则,需要注意以下几个方面:

首先,关注基础性,落实四基教学.义务教育阶段和高中阶段的数学课程标准都指出,课程目标的第一个方面就是让学生获得必需的四基.因此,在日常教学中,要以数学课程标准为依据，通过讲授让学生掌握基础知识；通过示范让学生熟练基本技能；通过创设活动引导探究让学生经历数学知识的产生、发展、应用的过程从而获得数学思维方式方法、感悟数学内容自身蕴含的思想性和教育价值、积累数学活动经验，这样才能真正使教学与评价做到科学、有效，保证素质教育各项工作的顺利实施. 教学中需要注意以下几个方面，一是教学中要体现数学知识发生发展过程，挖掘数学思想方法，促进知识向能力转化；二是数学知识教学要注意问题驱动，创设合适的问题情境，为学生探究问题、尝试发现和创新提供空间；三是，注意改善数学知识结构，促进学生认知结构的改善；四是，发扬传统，加强数学知识的运用和训练，这是数学能力形成的决定性环节，但要改变过去忽视数学知识应用、数学知识创新、数据处理、数学交流等方面能力训练的情况.

其次，关注应用性，培养应用意识. 在日常教学中，要加强对学生应用意识的培养，建议从以下几个方面着手：第一，使学生认识到，现实生活中蕴含着大量的数学问题，数学在现实世界中有着广泛的应用；第二，面对实际问题，可以尝试从数学的角度，运用所学的知识和方法，寻求解决问题的策略；第三，面对新的数学知识，可以寻找其实际背景，并探索其应用价值，从而促使学生更加关心生活、关心社会、关注身边的数学问题. 一方面需要引导学生从理论与实际的联系中去理解和掌握抽象的理论，如在建立代数式概念之前，先让学生用字母写出表示某些数量关系的实例，然后给出代数式的定义，并要求学生做有关练习；又如方程（组）的教学，提出一些问题，引导学生列出求解算式，然后给出方程（组）的定义，进一步探求该方程（组）的一般解法，并要求学生会解决相关问题. 另一方面，指导学生会综合地运用有关知识和技能去分析和解决实际问题，如学习了相似可用于测量不可抵达底部的物体的高度，学习了统计知识可用于检验产品质量等. 在解决具体问题时有利于加深对理论知识的理解，形成技能，同时也为把实际问题归结为数学问题，为探索数学规律、建立数学模型打下一定的基础.

最后，注意理论与实际相结合. 为贯彻基础性与应用性相结合的原则，要注意一般教学原理与数学教学实际相结合，又要注意数学理论与实际相结合. 特别是如何从实际中提炼出数学问题，是数学教学中培养学生数学建模意识的关键，也是培养学生应用意识的重要保障. 过去的数学教学往往是"掐两头，留中间"，即不考虑数学知识的产生、发展和它的应用，仅仅强调数学知识自身的理论. 而近年来许多数学教育家提出应加强对学生进行"数学应用意识"的教育，在新教材中对数学概念、定理等知识的产生、发展及数学的应用也有一定的体现，这些说明要想培养学生的数学能力，提高学生的数学素质，必须加强理论与实际相结合的教学原则. 因此，在教学时应将每一个数学概念、定理、公式等的产生、发展过程进行简单的介绍，使学生对这些数学知识的产生背景、产生和发展过程中体现的数学思想、完善这些内容时采用的数学方法等有所了解. 同时要将这些数学知识应用到现实生产生活中，使学生感到学有所用. 特别是在应用时，一定不要像讲传统的应用题那样，由老师将相关的应用题分门别类地一一讲解，并归纳出各类情况应套用什么公式或按照什么思路解决，这样就完全失去了培养学生应用意识的教育功能.

思 考 题

1. 通过对教学原则发展过程的学习，你有哪些感悟？

2. 试以中小学数学一个具体知识点为例，说一说教学中应该怎样体现三个常用的数学教学原则？

推 荐 读 物

[1] 弗朗西斯·苏. 数学的力量 [M]. 沈吉儿，韩潇潇，译. 北京：中信出版社，2022.

参 考 文 献

[1] 涂荣豹，季素月. 数学课程与教学论新编 [M]. 南京：江苏教育出版社，2007.

[2] 韩明莲，李春玲，卢书成. 数学教学论 [M]. 哈尔滨：哈尔滨工程大学出版社，2017.

[3] 曹一鸣，张生春，王振平. 数学教学论 [M]. 2版. 北京：北京师范大学出版社，2017.

[4] 戚绍斌. 关于数学教学原则的研究及其思考 [J]. 数学教育学报. 1999，8（2）：21-25.

[5] 李伟军. 数学教学原则研究20年：回顾与前瞻 [J]. 内蒙古师范大学学报（自然科学版），2004
（2）：222-226.

[6] 曹才翰. 中学数学教学概论 [M]. 北京：北京师范大学出版社，1990.

[7] 代钦. 数学教学论新编 [M]. 北京：科学出版社，2018.

[8] 童莉，宋乃庆. 彰显数学教育的基础性：美国数学课程焦点与我国"数学双基"的比较及思考 [J].
课程·教材·教法，2007，27（10）：88-92.

[9] 张红. 论新课改背景下的数学教学原则 [J]. 课程·教材·教法，2010，30（7）：46-50；55.

第三章　数学教学模式

章前导语

本章首先分析教学模式的含义，然后探讨教学模式在国内外的形成与发展的思想脉络，最后简要介绍常用的数学教学模式.

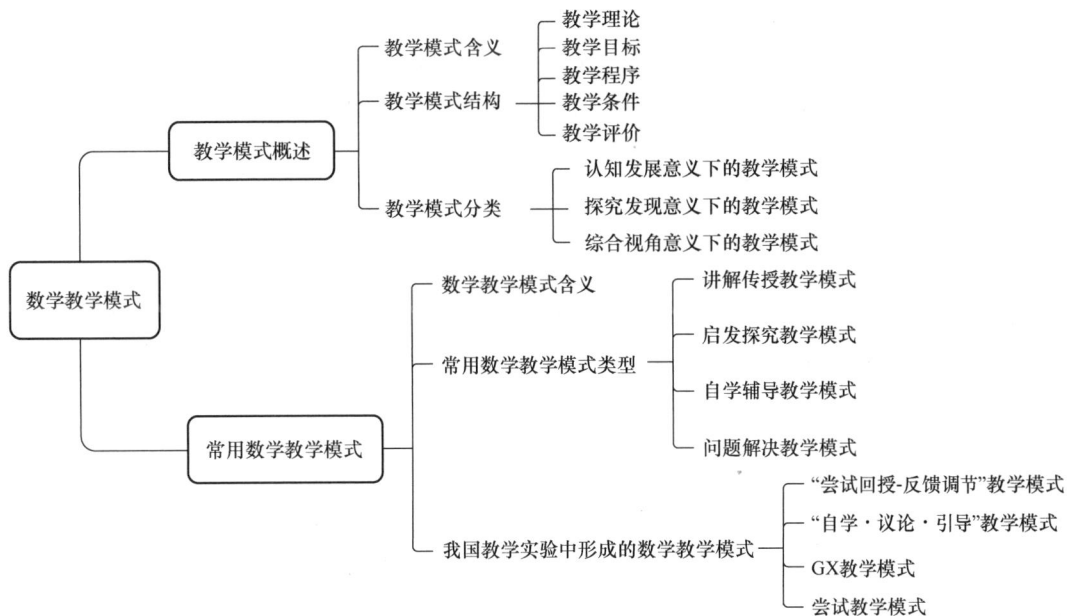

```
                                    ┌─ 教学理论
                                    ├─ 教学目标
                     ┌─ 教学模式含义  │
                     │               
           ┌─ 教学模式概述 ─ 教学模式结构 ─┼─ 教学程序
           │         │               ├─ 教学条件
           │         │               └─ 教学评价
           │         │
           │         │               ┌─ 认知发展意义下的教学模式
           │         └─ 教学模式分类 ──┼─ 探究发现意义下的教学模式
数学教学模式 ─┤                        └─ 综合视角意义下的教学模式
           │
           │         ┌─ 数学教学模式含义
           │         │               ┌─ 讲解传授教学模式
           │         │               │
           │         │   常用数学教学  ├─ 启发探究教学模式
           └─ 常用数学教学模式 ─ 模式类型 ─┤
                     │               ├─ 自学辅导教学模式
                     │               │
                     │               └─ 问题解决教学模式
                     │
                     │                        ┌─ "尝试回授-反馈调节"教学模式
                     │   我国教学实验中形成的 ──┤─ "自学·议论·引导"教学模式
                     └─ 数学教学模式           ├─ GX教学模式
                                              └─ 尝试教学模式
```

第一节　教学模式概述

一、教学模式含义

教学模式是指在一定的教学思想、教学理论、学习理论指导下，在大量的教学实践的基础上，为完成特定教学目标和内容而围绕某个主题形成的稳定、简明的教学结构理论框架及其具体可操作的实践活动方式. 它是教学思想、教学理论、学习理论的集中体现.

教学模式是教学理论与教学实践相结合的产物，是教学理论运用于教学实践的中间环节和桥梁. 一名合格的教师要能根据已有的教学条件对教学模式做出适当的选择，并加以变通与组合，以提高教学效率. 研究和学习教学模式，不是为了"套用模式"，而是为了"运用模式", 最终实现教师从"有模式"向"无模式"的教学转化.

二、教学模式结构

教学模式的结构是指发生在教学过程中, 构成教学的诸多要素以及相互关系. 这些要素在构成教学模式中具有不可或缺、不可替代性. 一个教学模式应包括教学理论、教学目标、教学程序、教学条件和教学评价等几个方面 (见图3-1).

(一) 教学理论

任何教学模式都有一定的教学理论或教学思想依据, 它决定着教学模式的方向和独特性, 并渗透在教学模式的其他因素中, 制约着它们之间的关系, 是建立其他诸因素的依据和基础. 影响和制约教学模式的理论基础主要有:

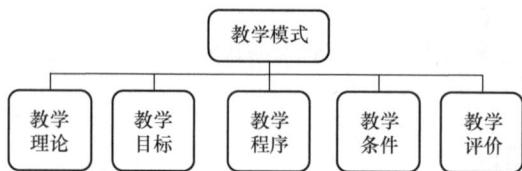

图3-1 教学模式的结构图

1. 认识论

不同的教学模式基于不同的哲学认识论基础. 赫尔巴特四阶段教学模式基本上是他的认识的反映; 杜威教学模式基本上是他的经验主义认识论的反映; 皮亚杰的发生认识论、西方分析哲学、存在主义哲学都因此而派生出不同的教学模式.

2. 教育心理理论

现代教育心理学的最新成果推动了教学理论的发展, 并指导教学改革实践. 因此, 每一种教学模式都有相应的教育心理理论作为其基础. 比如, 程序教学模式的理论基础是行为主义心理学; 目标导控教学模式的理论基础是布鲁纳的掌握学习理论; 非指导性教学模式的理论依据是人本主义教育心理学; 信息加工教学模式的理论依据是信息加工理论. 布卢姆的概念获得教学模式、加涅的累计性教学模式、奥苏伯尔的先行组织者教学模式, 其理论基础都是现代认知心理学理论.

教学理论成为贯穿整个教学模式的一条主线, 体现于教学模式的每个过程以及各个方面. 一种教学模式是否成熟, 可以从其理论基础的完善程度中窥见一斑.

(二) 教学目标

课堂教学目标是对课堂教学中学生所发生变化的一种预设; 是完成课堂教学任务的指南; 是构成教学模式的核心要素; 是进行课堂教学系统设计的一个重要组成部分. 每一种教学模式都是为了完成特定教学任务而设计并创立的. 教学目标是教师对教学活动在学生身上所能产生效果的一种预期估计, 是进行课堂教学设计、进行课堂教学活动的出发点和归宿. 教学目标的确立在于能使活动具有明确的方向, 克服教学活动中的盲目性和随意性, 它制约了教学程序、实施条件等因素, 是教学评价尺度和标准.

一种先进的教学模式, 其目标的制定应是科学合理的、具体的、可测量的、便于操作的, 而不是笼统的、抽象的, 教学目标应包括基础知识与基本技能、过程与方法、能力与情感发展等方面. 教学目标应具有层次性和渐近性, 具有从识记、理解、应用到综合, 从低级水平到高级水平的渐近过程, 反映由知识、技能转化为能力, 并内化为素质的要求及过程. 教学目标的确立与实施不能从"应试"的目的出发, 只顾解题技巧以及知识点的"熟练"掌握, 而忽视"长远"目标: 如学生的数学观念、数学思想、数学意识、数学能力等素质的培养. 教学目标既要考虑智力因素的培养，又要兼顾学生非智力因素的培养，为形成良好的思维品质和个性品质打下坚实的基础.

（三）教学程序

教学程序是教学活动展开的时间序列或逻辑步骤. 不论哪种教学模式都有一套独特的操作程序，它是教学模式得以存在的必要条件. 成熟的教学模式都有一套相对稳定的操作程序，这是形成教学模式的本质特征之一. 操作程序详细说明了教学活动的每一个步骤，以及完成该步骤所要完成的任务. 一般情况下，教学模式明确指出教师应先做什么，后做什么，学生分别干什么. 由于教学过程中教学内容的展开顺序，既要考虑到知识体系的完整性，又要兼顾到学生的年龄特征和基本教学方法交替运用顺序，因此，操作程序虽然基本上是相对稳定的，但也不是一成不变的.

操作程序的设置应遵循学生的认知规律和学生的认知基础. 首先要遵循从具体到抽象、从感性到理性的认知规律. 教学设计中必须为学生提供丰富的感性材料，利用鲜明生动的事例、图片、图形（有条件的可以借助多媒体进行辅助教学），在感性材料的基础上引导学生进行比较、分析、综合、归纳、演绎、抽象、概括. 其次，要遵循从理解到运用的认知规律，将有序的训练引入课堂教学. 设计由易到难、由简到繁、由基础到综合的训练步骤，既可以适合不同水平的学生，又能激发学生的思维，提升学生的思维能力.

（四）教学条件

教学条件是指完成一定教学目标使教学模式发挥效用的各种条件. 任何一种教学模式都不是万能的，有的只能适合某一种课型，有的适用于几种不同的课型. 概念课、命题的教学、习题课、复习课等不同的课型所选用的教学模式不尽相同. 还有适用于某一年龄阶段的学生，小学低年级、高年级、初中、高中所选用的教学模式也有所不同. 即使同一种教学模式在具体实施过程中，在教学策略上也必然存在较大差异. 任何教学模式都有局限条件，只有在有限的条件下才能有效.

教学是教师教和学生学的统一，在这种活动中，教师和学生分别占据一定的地位，扮演不同的角色，发生相互作用. 不同的教学模式有不同的师生组合，如在以培养学生自学能力为主的教学模式中，教师是"指导者"，所扮演的角色是对学生自学能力进行全面的指导；学生的角色则是在教师指导下的自学. 在罗杰斯的非指导性教学模式中，教师是"促进者"，要和学生自由交谈，进行广泛的情感交流，创立一种良好的、和谐的学习环境，其目的是促进学生的学习，使学生成为学习的主人；学生则在教师促进作用下形成、体验和发现有助于自我发展的知识经验.

（五）教学评价

评价是教学模式的一个重要因素，它包括评价的方法和标准. 教学模式的目标、程序和条件不同，评价的方法和标准也就不同. 一个教学模式一般都有自己的评价方法和标准. 比如，罗杰斯的非指导性教学模式主要实行学生的自我评价；布卢姆的掌握教学模式采用诊断性测验、形成性测验、终结性测验和实验考评，并规定期末考试占总成绩的25%，单元测验成绩和实验成绩占总成绩的75%.

综上所述，教学思想或教学理论是教学模式得以建立的基础和依据，它对其他要素起着导向作用；教学目标是教学模式的核心，它制约着操作程序、师生组合、教学条件，也是教学评价的标准和尺度；操作程序是教学模式实施的环节和步骤；师生组合是教学模式对教师和学生在教学活动中的安排方式；教学条件保证着教学模式功能的有效发挥；评价能使人们了解教学目标的达成度，从而调整或重组操作程序、师生活动方式等，以便使教学模式进一步得以完善．一般地说，任何一个教学模式都包含这些要素，至于各要素的具体内容，则因教学模式的不同而存在差异．

三、教学模式分类

教学模式的分类是将众多的教学模式按照某些共同特点把它们归属到一起，或者按照某些不同特点，把它们区别开来，便于更好地分析、掌握和运用．通过对分类的学习，可以剖析教学模式的特点，更好地将它运用于教学实践．在教学模式的形成和发展过程中，由于依据的教学思想或教学理论不同，从而在教学实践中形成了各种不同的形式，构建起不同的教学模式．常用的教学模式如图 3-2 所示．

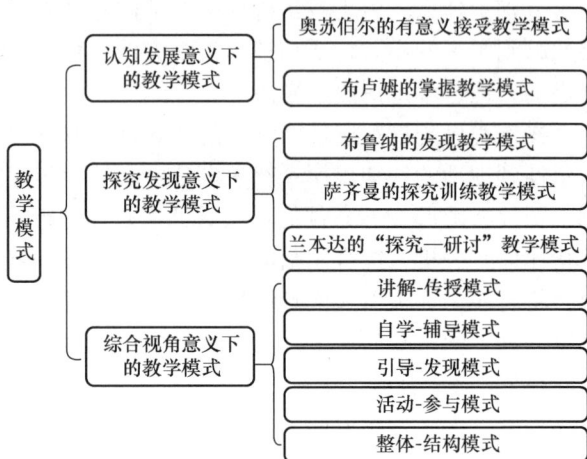

（一）认知发展意义下的教学模式

强调学生认知发展的教学模式主要有奥苏伯尔的有意义接受教学模式和布卢姆的掌握教学模式两种．

1. 奥苏伯尔的有意义接受教学模式

奥苏伯尔的有意义接受教学模式（见表 3-1）．

图 3-2　常用的教学模式

表 3-1　奥苏伯尔的有意义接受教学模式

奥苏伯尔的有意义接受教学模式	教学理论	如果教师能将潜在的、有意义的学习材料同学生已有的认知结构联系起来，学生也能采取相应的有意义的学习心向（即主动地将所要学习的知识与学生原有知识发生联系的倾向性）进行学习，那么接受学习将是有意义的
	教学目标	掌握知识和发展智力
	教学程序	

其中，教学程序的实施是在决定新知识"登记"到已有的那些知识中去时，对新旧知识的联系性（适合性）进行判断．当新旧知识在联系过程中存在分歧或矛盾时，需要进行调节、重新理解或表达新知识，使新知识与个人的知识经验、背景、词汇、概念等相一致，使旧知识成为接受新知识的基础．如果没有作为调节新知识的已有知识的基础，以及对更具概括性、容纳性的概念进行再组织的能力，就不可能在更高的层次进行新旧联系，也无法扩充旧知识结构．

2. 布卢姆的掌握教学模式

布卢姆的掌握教学模式（见表 3-2）．

表 3-2 布卢姆的掌握教学模式

	教学理论	教师为掌握而教,按照教学要求将教材分成单元,在每个单元完成之后进行诊断测验,发现学生学习中存在的问题;由另一位教师有计划地做与第一次不同的讲解,直到学生掌握有关教学内容为止,从而形成以"为掌握而教""为掌握而学"为特征的掌握教学模式
布卢姆的掌握教学模式	教学目标	知识、理解、应用、分析、综合、评价
	教学程序	

其中,教学程序第三个步骤的具体实施是,教师在讲授完每个单元之后,对全班学生进行单元形成性测验,教师出示标准答案,由学生自己评分,若达到 80~85 分,就算已经掌握了,未达到这一成绩者则进行矫正. 矫正方式有三种,即集体矫正、小组矫正和个别矫正.

教学程序第四个步骤的具体实施是,在终结性测验中分数达到或超过掌握标准的所有学生得"A". 而对低于标准的学生,则进行两种评定等级的方法:一种是给学生"没有完成学习任务"的评定,教师可以有一个公开的成绩单,以便随时记载这些学生成绩的提高情况;另一种方法是用传统等级中其余等级(即 B、C、D、E)评定掌握标准以下的各种等级.

(二)探究发现意义下的教学模式

强调探究发现的教学模式主要有布鲁纳的发现教学模式、萨齐曼的探究训练教学模式和兰本达的"探究—研讨"教学模式.

1. 布鲁纳的发现教学模式

布鲁纳的发现教学模式(见表 3-3).

表 3-3 布鲁纳的发现教学模式

	教学理论	学生利用教师或教材提供的材料,亲自去发现问题的结论、规律,成为一个发现者
布鲁纳的发现教学模式	教学目标	掌握知识和发展智力
	教学程序	

其中,教学程序具体实施如下:

提出问题——教师选定一个或几个一般原理,给学生一些感性材料,使学生带着问题学习，提出不懂的问题或疑惑.

创设问题情境——问题情境是一种特殊的学习情境，情境中的问题既适合学生已有的知识能力，又需要一番努力才能解决，从而使学生形成对未来事物进行探究的心向.

提出假设——利用所给定的材料，提出各种可能性.

评价、验证和得出结论——对各种可能性进行反复的求证、讨论、寻求答案，根据学生的"自我发现"，提取出一般的原理或概念，把一般原理或概念付诸行动.

2. 萨齐曼的探究训练教学模式

萨齐曼的探究训练教学模式（见表3-4）.

表3-4 萨齐曼的探究训练教学模式

萨齐曼的探究训练教学模式	教学理论	帮助学生进行探究最好的方法是训练，即促使学生对"为什么事情是如此这般地发生"产生强烈的疑问，并能合乎逻辑地获得资料和加工资料，进行创造性的思考，找到"为什么事物就像现在这种样子"的答案
	教学目标	学会调查、尝试、说明、解释某种现象，有效地获取新知识，增强各项认知能力
	教学程序	

萨齐曼坚信，当一个人遇到使他困惑、矛盾的情况时，就会激起他解决问题的欲望，就会思考如何将有关的资料收集与组织起来，提出假设，从而增强收集资料的能力与分析资料的能力. 当他尝试对问题做出解释时，就会获得新的概念，从而有效地获得知识. 在探究的过程中，需要对假设进行各种思考、推断，提出与众不同的观点，表达自己得出的结论，进而增强探究性思维能力，树立所有的知识都是试验性的、积极的、主动的态度.

3. 兰本达的"探究—研讨"教学模式

兰本达的"探究—研讨"教学模式（见表3-5）.

表3-5 兰本达的"探究—研讨"教学模式

兰本达的探究研讨教学模式	教学理论	科学是一种"探究意义的经历"，发现意义、领会意义，是经历、卷入、参与的结果，没有这些先决条件，就不可能真正理解事物的意义. 学习过程中通过周密安排学生的各种亲身体验和经历，会使他们的思维从混合思维达到前概念思维，从而为达到真正的概念思维水平做好准备
	教学目标	掌握知识和发展以思维能力为核心的一系列能力
	教学程序	

其中，教学程序的实施是，"探究—研讨"教学的目的是为了促进学生思维的发展，为此提出了一个新的概念——"概念箭头"，即通向概念的通道，来适应一种从复杂的信息中理出头绪的需要．材料是学生感知的基础，是探究问题必不可少的条件，将学生置于有结构的材料中，由学生亲自摆弄、触摸（经历），能使探究内容具体化，造成学生主动地去观察、思考、探究的环境氛围．利用学生探究中产生的新奇、好问、困惑、矛盾的心理特点，激发学生大胆思考，并用自己的语言把想法和认识表达出来，通过学生间的相互启发、交流补充、各抒己见，达到异中求同，使每个学生所获得的形象更加完整，将探究中所观察到的内化为概念，进而认识事物的本质．

（三）综合视角意义下的教学模式

从综合的角度对教学模式进行分类，共有五种（见表3-6）．

表3-6　综合视角意义下的教学模式分类

序号	名称	程序
1	讲解—传授模式	教师：复习提问—讲解新课—巩固练习—课堂小结 学生：回答问题—听课记录—听讲例题—听讲 （学生：做练习—回答提问—模仿练习—听讲）
2	自学—辅导模式	提出目标—开展自学—讨论启发—练习运用—及时评价—系统总结
3	引导—发现模式	提出问题—给出假设—进行推理—实施验证
4	活动—参与模式	教师：组织活动，及时引导；学生：自主参与建构（主要形式：数学调查、数学实验、测量活动、模型制作、数学游戏、问题解决）
5	整体—结构模式	根据学生的认识能力，按照知识逻辑体系进行分类，以整个章节或典型问题、思想方法为主线，进行类比迁移，从而迅速获得知识，提高能力

第二节　常用数学教学模式

一、数学教学模式含义

数学教学模式，是指在一定的数学观、数学教育思想指导下，在大量数学教学实践基础上，为完成数学教学目标和内容，而围绕教学主题形成的结构相对稳定的数学教学理论框架及其具体可操作的实践活动方式．它是理论与实践相结合的产物，既具有理论性，又具有可操作性．它不是简单的教学经验汇编，也不是空洞理论与教学经验的混合，而是一种中介理论，是教学经验的升华．它反映了教学结构中教师、学生、教材三要素之间的组合关系，揭示了教学结构中各阶段、环节、步骤之间纵向关系以及构成现实教学的教学内容、教学目标、教学手段、教学方法等因素之间的横向关系，是对课堂教学过程的粗略反映和再现．

数学教学模式是一个多样化的复杂系统，即使一名优秀的教师，在数学教学实践中面对丰富的教学内容、不同的教学对象、不同的实施条件，也常常采用不同的教学模式进行教学．随着时代和教育教学理论的发展，数学课教学模式也会发生同样的变化．中学数学教学模式数量很多，下面介绍常用的四种模式．

二、常用数学教学模式类型

（一）讲解传授教学模式

在我国中小学数学课堂教学中，讲解传授教学模式一直占主要位置．讲解传授教学模式并不是只关注教不关注学的灌输教学模式，而是奥苏伯尔的有意义接受教学理论在教学中的应用．奥苏伯尔认为，有意义学习的发生有两个前提条件：其一，学习者表现出一种意义学习的心向，即愿意把新知识与他（她）已了解的知识建立非人为的、实质性联系；其二，学习任务对学习者具有潜在意义，即学习任务能够在非任意的和非逐字逐句的基础上同学习者的知识结构建立联系．因此，教师在使用教授模式时，若能将潜在意义的学习材料同学生已有的认知结构联系起来，而学生也已具备有意义的学习心向，此种情况下的讲授就是有意义的讲授，学生的学习也是有意义的学习．针对数学学科，学生可以通过对呈现的概念、原理及事实信息的有意义接受学习获得教材知识．

讲授模式是一种最基本的教学模式，在采用讲授模式时要与其他的教学模式合理的搭配，以求最佳教学效果．讲解传授教学模式（见表3-7）．

表3-7　讲解传授教学模式

讲解传授教学模式	环节	复习思考—情景导入—新课理解—巩固应用—反思小结—布置作业
	特点	教师占据主导地位，控制着教学过程
	适用范围	概念性强、综合性强，或者比较陌生的课题
	优点	能在较短时间内讲解较多的知识
	注意点	1. 需要教师有足够教学经验，能进行针对性讲授 2. 需要考虑学生的学习心向和认知发展水平

（二）启发探究教学模式

启发探究教学模式，也称为引导发现教学模式．义务教育数学课程标准（2022年版）指出："教学活动应注重启发式，激发学生学习兴趣，引发学生积极思考，鼓励学生质疑问难，引导学生在真实情景中发现问题和提出问题．"所谓启发式教学，就是教师在教学过程中根据教学目的、教学内容、学生的知识水平和知识规律，运用各种教学手段，采用启发诱导办法传授知识、培养能力，使学生积极主动地学习，以促进身心发展．这种教学模式是在对传统的注入式教学深刻批判的背景下产生的，在教学研究和实践中取得了许多成果．在实际应用中，积极实行启发式教学，激发学生独立思考和创新的意识，切实提高教学质量，是素质教育对各科教学提出的一项新要求．启发式教学模式也充分体现了发展性原则，它是使学生在数学教学过程中发挥主动性、创造性的基本模式之一．

常用的启发方式有四种：

1. 归纳启发式

归纳启发式是以归纳过程为支配地位的一种启发方式，其显著特点是从具体到概括或者是从特殊到一般．在归纳启发作用下，学习者运用直观法（和一些逻辑方法）把他（她）所观察到的一些具体事例、有关条件、技巧或者解题方法的共同性质加以概括，形成新知．归纳启发式是一种应用比较广泛的方法，如概念、原理、公式、法则，都可以通过若干个具体例子来启发发现．在运用归纳启发式教学时，教师应当让学生得到所有必要的具体情况，使他（她）们能有所发现并进行恰当的概括；应当给每个概括提供多个不同的例子，使这种概括得到充分说明．同时，为了避免不恰当的概括，还应有反面的例子．

2. 演绎启发式

演绎启发式是以演绎过程为支配地位的一种启发方式，其特点是从概括到具体或者是从一般到特殊．在演绎启发式的作用下，学习者运用逻辑方法（和一些直观方式）形成一个以抽象概念和其他概括为基础的概括．演绎启发式首先指明欲解决或必须解决的问题，使学生产生自己的问题空间；然后运用预先评价方法确定学生是否具备进行演绎启发所必要的技能、知识、概念及原理，这可以通过全班讨论等方式进行；最后着手引导演绎．演绎启发式比较适合于从定义、公理和其他定理推导出新定理或组织新定理的证明，对学生要求也比较高，因为演绎需要运用数学逻辑和抽象概括．演绎启发比归纳启发需要更多的时间，更易于陷入困境，这时教师应给予适当提示（引导性问题或其他暗示）．

3. 类比启发式

类比启发式是借助类比思维进行启发的一种启发方式，其特点是学生的认识活动是以确定各种对象或者现象在某些特征或关系上的相似性为基础的．它既不是从概括到具体，也不是从具体到概括，而是从相似的一方到另一方，是从具体到具体、从特殊到特殊．类比启发式是一种很重要的启发方式，它要求教师首先要给学生引导出所要研究的数学对象的类比物（依据某类相似性），进而设置问题情境，激发并组织学生运用类比进行探索活动，引导他（她）们寻找相似的现象、属性和性质，查明结构的相似性，进而进入类比推理、建立假设，并加以检验．类比启发式可用于很多教学内容，如分式的性质可类比分数的性质；等比数列的性质可类比等差数列的性质，立体几何中许多定理可类比平面几何的定理等．

4. 实验启发式

数学虽非实验科学，但观察和实验同样可以用来说明所研究对象的某一数学性质或者对象本身，也可以用来判断所研究的性质是否正确．从这个意义上说，观察和实验对于数学教学具有重要的意义．1986年国际数学教育委员会也提出"有必要去选择那些鼓励和促进实验方法的数学课题或领域"．的确，有些课题从实验入手引导学生发现结论，如等腰三角形的性质（折纸、猜想或论证）．学生可以通过数学实验研究问题，如探索数学概念、定理、公式、法则等，并且通过操作这些相对抽象的数学概念的具体表现形式进行数学上的发现．在运用实验启发式教学时，教师需做三项特殊活动：第一，布置或准备实验材料．若是学生自己动手的实验，应事先安排学生按要求制作实验材料．第二，制订上课期间组织和使用的计划，以及监督学生实验活动的计划．第三，教给学生们如何有效地操作．如有必要，可提供给学生如下活动程序：第一步，确定问题，决定准备做什么；第二步，思考解决问题的方法；第三步，通过实验，找出典型关系并进行概括；第四步，分析和评价你的方法和过程．

不论采取何种启发方式，教师应当引导并组织学生把启发所得到的结果归纳成一个可理解的、有用的结论，并通过应用把它与有关信息结合起来，纳入到学生的原认知结构中，而且应使学生体会到获得成功的喜悦感．启发式教学模式在教学实践中常常表现为启发式谈话的教学方法．启发式教学模式可以影响学生对待学习活动的态度．当学生因启发而产生兴趣时，他们就会开始觉得那种仅仅按现成的指示一步一步地学习变得乏味和枯燥．在课堂上或在做家庭作业时，学生一旦独立发现题目的某种解法，那一刻就会成为学生难以忘怀的时刻．

想要使用启发探究教学模式，需要注意以下三个方面．

首先，营造一个有利于探究教学的环境. 这个环境包括"硬"环境和"软"环境. 前者是指探究教学所需要的物质条件，如仪器设备、教学工具、实验经费、以探究为理念编制的教材和一定的活动空间等. 在探究教学中，无论是观察、测量、调查和实验，还是交流、提出假设、建立模型等，都需要借助一定的物质媒介，如果没有一定的物质条件支持，探究教学将难以进行下去. 后者是指学校各级管理人员、学生家长和社会各界的支持. 从某种意义上讲，这一方面显得更为重要. 因为各级管理人员一旦认识到探究教学的内涵及优势，不仅会给予人、财、物等的支持，还会在政策上予以优待.

其次，探究的难度有一定的梯度. 首先，在具体活动的安排上，应遵循由易到难的原则，逐步加大探究力度. 以培养学生的科学探究能力为例，探究活动可以考虑如下安排：在初中低年级，主要安排一些观察、测量、绘制图表等简单的探究活动，同时鼓励学生通过报刊、网络等收集和处理数据，以及一些科学史上的探究范例，以训练学生进行探究所需要的基本技能，并让他们了解探究的基本过程；在低年级后期及中年级的开始，可以安排一些部分探究和指导性探究，以重点训练学生提出问题、通过简单的实验等收集数据、解释数据、提出假设、给出结论等综合性的探究技能，使学生认识探究的内涵；在学生对探究有了一定的认识之后，就可以安排有关控制变量、建立模型、设计实验等难度较大的活动，包括完全的和开放型的探究，以发展学生的探究能力. 而且，活动的数量也应考虑由少到多，使教师和学生都有一个逐步适应过程，切忌搞"一刀切".

最后，在强调探究的同时，注意多种教学方法的运用. 事实上，灵活多样的教学方法有助于提高学习效率，如在学生对某一现象有大量感性经验时，讲述法可能会是一种更恰当的选择. 从另外一个角度来看，探究教学需要花费很多时间，如果所有的内容都用探究的方法，不仅教学时间不允许，也不一定符合教育的经济性原则.

启发探究教学模式（见表3-8）.

表3-8 启发探究教学模式

启发探究教学模式	环节	创设情境—观察猜想—推理论证—验证应用—总结反思
	特点	学生参与程度高，活动方式多样化
	优点	有利于培养学生思维能力、科学探究能力
	注意点	1. 要营造有利于探究教学的环境 2. 探究的难度要有一定的梯度 3. 在强调探究的同时，注意多种教学方法的使用

【案例3-1】《等腰三角形的判定》教学片段

教学片段1：首先，教师复习性质定理（等腰三角形的两个底角相等）、给出判定命题（有两个角相等的三角形是等腰三角形）；其次，写成"已知、求证"的形式，师生共同进行思路分析；然后，把论证过程严格用板书写出来，命题被证明为定理；最后，应用定理做练习.

教学片段2：教师通过这样一个情境问题激发学生的兴趣："如何复原一个被墨迹浸渍（只剩一个底角和一条底边）的等腰三角形？"学生的思维非常活跃，给出了三种"补出"原来三角形的办法，如图3-3所示.

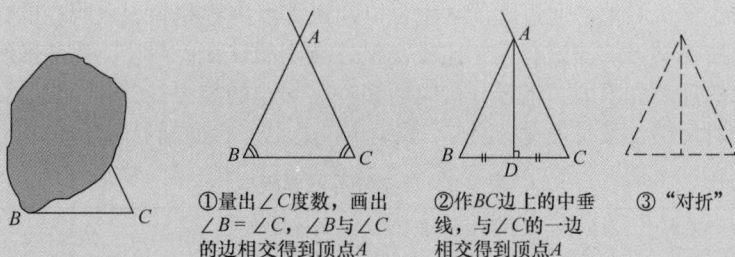

①量出∠C度数，画出∠B=∠C，∠B与∠C 的边相交得到顶点A

②作BC边上的中垂线，与∠C的一边相交得到顶点A

③"对折"

图3-3 案例3-1图1

教师接着提问："画出的是否为等腰三角形呢？"由此引发了判定定理的证明，学生的思维异常活跃，竟然给出了五种证明方法，其中三种是教师预料中的"常规"办法，如图3-4所示.

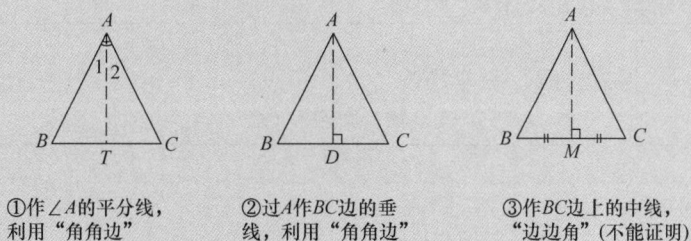

①作∠A的平分线，利用"角角边"

②过A作BC边的垂线，利用"角角边"

③作BC边上的中线，"边边角"（不能证明）

图3-4 案例3-1图2

令教师没有想到的是另外两种具有一定创造性的证明方法，如图3-5所示.

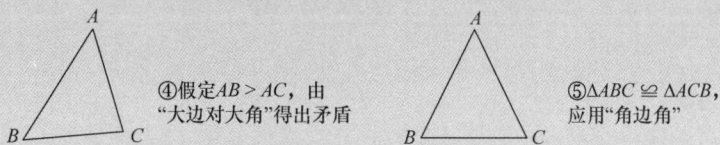

④假定AB>AC，由"大边对大角"得出矛盾

⑤ΔABC≌ΔACB，应用"角边角"

图3-5 案例3-1图3

案例分析 第一个教学片段采用讲解传授教学模式，虽然简便易行，但忽视了来自学生的想法，更不用说激发他们的兴趣、让他们体验证明的不同策略和层次；第二个教学片段采用了启发探究教学模式，突显了学生的主体性，学生的思考超过教师的预设程度，取得良好的教学效果.

（三）自学辅导教学模式

学会学习、终身教育是信息时代学生所必备的基本能力. 传统的班级授课制以教师的讲授为主，自主学习的机会很少，易造成教学模式机械化、绝对化、固定化. 现代教学观念下课堂教学突出"以生为本"，特别强调教学活动通过"学生的主体"作用来实现，认为"没有一个人能教数学，好的教师不是在教数学，而是激发学生兴趣使其自己去学数学. 教育调查提供了令人信服的证据，那就是只有当学生通过自己的思考建立起自己的数学理解力时，才能真正学好数学". 自学辅导教学模式通过学生自学可以充分发挥学生主体性、主动性，提高师生之间交流的效率，注重自学能力的培养，成为体现新型教学理念的一种班级授课制的典范.

自学辅导模式分为"启、读、练、知、结"五个小环节："启"就是启发诱导，学生在教师的启发指导下进行自学，教师可以根据不同的教材设计出不同的启发形式；"读"就是阅读课文，感知、辨认对象，通过阅读学生可以知道重点内容和知识点所在的位置，并了解其意义，使学生对所要学习的知识有一个比较完整、准确的认识；"练"就是做练习，通过做练习题加深对知识的理解和巩固，增强分析问题和解决问题的能力；"知"就是及时让学生知道学习的结果，及时反馈、及时强化；"结"就是讲评总结. 自学辅导教学模式（见表3-9）.

表3-9　自学辅导教学模式

自学辅导教学模式	环节	明确要求—开展自学—互相讨论—练习运用—讲评总结 总结：启、读、练、知、结
	特点	以学生自学为主
	优点	培养学生自学能力，养成自学习惯
	注意点	1. 注重处理教材、活化教材，提供良好的自学条件 2. 自学方法的指导应逐步进行 3. 施行有针对性的、切合实际的个别辅导 4. 讲评应做到内容精讲、形式多样 5. 应用时要关注教学内容和学生基础

【案例3-2】　"因式分解"教学预设

表3-10　案例3-2表

教学环节	教学活动
情境引入	速算比赛： 1. $(x+y+1)^2 - x(x+y+1) - y(x+y+1)$ 2. $(x+1)^2 - 2(x+1) + 1$ 3. $(a+b+c)^2 - (a-b-c)^2$ 学生独立计算，教师巡视，全班交流，请速度快的学生讲解自己的思维过程、解题方法和依据.
新知学习	(1) 师生共同概括并板书因式分解的定义. (2) 因式分解举例： 1. $a^2b + ab^2$ 2. $x^2 - 4$ 3. $m^2 - m + \dfrac{1}{4}$ 交流讨论解题依据和结果
变式训练	因式分解： 1. $3a^3b - 12ab^3$ 2. $(p-q)^2 - 2(p-q)$ 3. $-3ma^3 + 6ma^2 - 3ma$ 4. $(a^2 + b^2)^2 - 4a^2b^2$ 小组交流，学生各自纠错
师生小结	引导学生回顾学习活动过程，构建因式分解体系
布置作业	(1) 下图是由长方形和正方形拼成的大正方形，该图可以表示的数学关系式有哪些？ (2) 怎样剪才能得到面积是 84cm^2，长比宽多5cm的长方形纸片？

（四）问题解决教学模式

波利亚提出的"怎样解题"表，可以认为是早期的问题解决教学模式，它包括四个步骤：

① 理解问题：未知是什么？已知是什么？条件是什么？条件是否充分？

② 设计解题计划：我以前见过吗？有没有见过类似的？要怎么做？是否已经利用了所有条件？

③ 执行解题计划：能证明每一步都是正确的吗？

④ 回顾与反思：能验证这个结论吗？能用别的方法得出这个结果吗？能把结果或方法应用到别的问题上吗？

20 世纪 90 年代初，"问题解决"的理念伴随着创造能力的培养以及素质教育的推进，对我国的数学教育产生了一定的影响。"问题解决"教学模式是指在教师的引导下，学生综合地、创造性地运用各种数学知识和方法去解决问题的教学模式。这里的"问题"是指非常规性问题（或称非单纯练习题式问题）。由于非常规性问题常常是错综复杂的，解决的手段和方法也多种多样，不可能寻找一种固定不变的解决模式，但是总结出问题解决的一般课堂结构，有助于教师更好地运用问题解决教学策略。

问题解决模式和启发探究模式都重视教师"主导"的地位和作用，突出数学活动经验的积累和学生探究能力的培养等特点。两种模式的区别主要在于，前者是以实际问题或源于数学内部的非常规性问题为探究起点，着重于培养学生综合应用数学知识进行探究的能力，培养学生应用数学去分析问题、解决问题的能力，形成数学地思考问题的意识；后者是以有助于新知识发现的问题为探究起点，着重于培养学生探索新知识的能力，形成创新意识和实践能力。问题解决教学模式（见表 3-11）。

表 3-11　问题解决教学模式

问题解决教学模式	环节	设置问题—概括抽象—模型建立—演算推理—验证讲评
	特点	传授知识密度大，科学思想方法渗透多
	优点	有利于培养形式逻辑思维，发展直觉思维和辩证思维，提高分析问题、解决问题的能力
	注意点	1. 淡化形式，注重本质 2. 问题情境的创设要围绕主题 3. 问题的解决要有层次性

【案例 3-3】"初中生消费结构情况"教学设计

1. 问题的主题

初中生消费结构情况

2. 确定学习单元与学习目标

问题解决数学学习单元：初中数学八年级下册第二十章数据的分析

计划学时：3 学时

问题解决教学目标设计：

1）了解平均数、众数和中位数的概念，并会计算

2）通过统计本班学生微信、支付宝消费结构，绘制条形、折线和扇形统计图，辨析三种统计图的特征

3）增强学生的数学应用意识，体会解决问题方法的多样性，体会数学在生活中的统计魅力，增强合作交流的能力．

3. 导入情境

初中生的消费情况一直是热点问题，初中生应该有怎样的消费观念和消费结构是社会普遍关心的问题．在当今网络时代的大背景下，我们可以发现，许多生活中的问题，包括初中生在内的广大人群都倾向于使用手机来解决．手机支付，如微信支付、支付宝支付等网络支付形式也日益普及，为我们的生活带来了极大的便利．

同学们，你们平时是习惯于用微信支付方式还是支付宝支付方式呢？大多数都花在哪些方面呢？数额又是多少？你觉得哪种支付方式更加方便呢？关于其他人的消费方式，你又有什么样的看法呢？我们一起调查一下吧！

4. 普查现有资料、资料的收集

该案例中要对学生花费情况进行调查，那么调查的主体和调查对象都应该是学生．只有学生对自己的数据进行收集才更加有说服力，更加使学生明白问题解决的含义，如果教师直接给出数据，学生的参与度就会下降，这不利于提高学生的兴趣．

那么，在问题解决中，学生可以根据实际的消费方式和消费金额，进行为期一周的数据记录，最后拿到课堂上进行讨论．

5. 提出问题

假设学生提出问题1：我使用微信，我想知道我在班级里的消费是多的还是少的？

6. 问题表征

教师帮助其表征问题1：我使用微信支付方式，我想知道我的消费水平在班级总水平中是偏高还是偏低？

7. 分析问题

该生想知道自己的消费方式在班级的消费数据中处于什么位置，那么要把全班每个学生的消费总额都计算出来，按照从小到大的顺序排列，要想知道位置就要找到参照值，以中位数为中间参照值，可以得出该生的消费水平．

8. 选择策略

在解决此问题时选择的策略是求和、排列、计算、判断．

9. 实施策略

运用求和策略求出班级同学每个人一周消费的总和，再运用排列的策略按从少到多排列，最后用计算策略得出中位数，并判断该生在班级中的消费水平．

10. 反思与评价

反思与评价贯穿于整个教学过程，不止学生，教师也要反思问题，并对结论进行及时的评价．

数学教学是数学教师的教和学生学习数学的共同活动，是学生在数学教师的指导下积极主动地掌握数学知识、提高能力，同时获得身心的一定发展，形成一定的思想品质的活动．教学有法，但无定法；因材施教，贵在得法．就数学课堂教学而言，不可能存在一种放之四海而皆准的教学模式．在数学教学中，根据学生的实际情况、教学内容和教学环境等不同的客观条件，教师可以采用各种不同的教学方法和教学模式．数学教学模式的选择，是决定学生在课堂教学中能否很好地获取知识、形成能力的关键因素. 数学课堂的教学模式是具有开放性的. 优秀的数学教师，不仅要学习和掌握各种类型的教学模式，还要在实践中不断加以创新，才能针对当前课程及教学内容选用恰当模式，并调控和综合运用最优组合模式，从而达到最佳教学效果. 没有一种教学模式是适应于所有情况的，只有适应于一定的社会条件、教学环境、教学目的、教学内容、学生年龄特征和发展水平等具体情况的最佳教学方式和方法，所以教师在考虑选择教学模式时，首先要考虑教什么、教谁等多种因素，然后再按这个目标来选择相应的教学模式.

教学模式无论其是作为观念形态还是物质形态，都不应该也不可能是一成不变的，理应随着教育、科技的发展而发展，不断注入新的内涵、新的精神. 没有"万能教学模式"，每一种教学模式都有其实施的条件，研究教学模式不是为了套用模式，而是为了运用模式，教师要善于充分挖掘每个模式的教学功能，避免陷入教学模式单一僵化的误区；另外，从教学改革角度看，教学模式的综合、灵活运用，本身就是创新和发展. 对于教学模式应该是：学习模式，研究模式，借鉴模式，超越模式，进而发展个性，发挥特长，将讲授、探究、自学、问题解决四种基本模式合理使用和匹配，从整体上提高教学效益.

【案例3-4】"身高的调查分析"教学模式设计

分析：此问题可以贯穿在整个义务教育阶段. 从小学到初中，对学生身高的测量为我们提供了很好的数据资源，这些数据资源可用于统计与概率领域的研究内容，相应的课堂教学模式可进行如下设计.

第一学段：利用"启发探究"教学模式. 将全班同学的身高进行汇总，指导学生从数据中发现信息：最高（最大值）、最矮（最小值）、相差多少（极差），大部分同学的身高是多少（众数），自己身高位于全班身高的哪个位置（顺序）等，括号中极差、众数等名词并不需要出现，但可让学生体会数据所代表的意义.

第二学段：利用"讲解—传授"教学模式. 教师讲解统计数据的不同表示：条形统计图、扇形统计图、折线统计图. 在此基础上，指导学生将全班同学第一学段积累的身高数据与当前身高的数据做进一步分析处理，体会条形统计图有利于直观了解不同高度段的学生数及其间的差异；扇形统计图有利于直观了解不同高度段的学生占全班学生的比例及其间的差异；折线统计图有利于直观了解几年来身高的变化情况.

第三学段：利用"问题解决"教学模式. 教师设置问题：请同学收集其他班级同学的身高，与自己班级同学的身高比较，判断两类身高的状况. 让学生讨论、分析、判断，建立平均值、方差等比较身高状况的模型，学生通过对数据列表处理、作图分析（或计算机演示）等，发现和体会方差模型在统计教学中的实际意义，防止学生只会计算不懂含义.

三、我国教学实验中形成的数学教学模式

（一）"尝试回授-反馈调节"教学模式

全球数学教育界水平最高、规模最大的学术会议——第十四届国际数学教育大会（IC-ME-14）2021年7月12日—18日在上海成功举办，这是国际数学教育大会成立50多年来首次在中国举办. "青浦实验"的开创者、华东师范大学特聘教授顾泠沅受邀做了题为《45

年：一项数学教改实验》的大会报告，将数学教育的"青浦经验"介绍给国际同行.

1977 年，上海市青浦县（现为青浦区）中学高年级的 4373 名学生接受数学统考，考试题目为初中一、二年级的常见题目，结果统考总平均成绩为 11.1 分. 如何大面积地提高学生成绩，使大多数学生达到规定的合格水平是青浦县教育工作者所面临的最棘手的问题. 全县 300 多位数学教师在顾泠沅先生的带领下构建"调查—筛选—实验—推广"的实践研究方法体系，找到了一条在常见教育条件下普遍提高教育质量的有效途径，总结了学生在变式体验中学习、教师在教改行动中成长等"教学相长"的中国经验——"尝试指导—效果回授"教学模式. 这一教学模式之所以能很快从众多的教改实验中脱颖而出，一方面是因为研究方法采用的是"经验筛选法"，每一条教学经验的获得都根植于教学实践；另一方面是实验与教师培训并举取得了成效，具有一定的推广价值.

"尝试指导—效果回授"教学模式就是教师将教材组织成一定层次，在采用讲授法的同时辅之以"尝试指导"的方法，在讲授之前，先让学生进行尝试，激发学生的学习兴趣；及时提供教学效果的信息，随时调节教学. 勾勒出了优化课堂教学效果的教学结构：把问题作为教学的出发点；指导学生开展尝试活动；组织变式训练，提高训练效率；归纳总结，纳入知识系统；根据教学目标分类细目，及时回授调节. 教学目标是要达到在传授知识和基本技能的同时，培养学生参加学习活动和运用知识的能力. 使用这一模式的步骤是：

1. 创设问题情境，启发诱导

教师根据教材的重点与难点，选择尝试点并将其编成问题. 教学过程中教师先与学生一起对问题观察和磋商，逐渐形成学生急于解决，但仅利用已有的知识和技能却又无法立即解决的情况，形成"认知冲突"，激发起求知欲. 在这里，教师应积极创设问题情境，使学生在注意力最集中、思维最活跃的状态中进行尝试学习. 同时，教师还应当适时地对学生的这种心理倾向予以调节和促进，使之保持明确指向并维持一定水平.

2. 探究知识的尝试

这种尝试最重要的是充分发挥学生的学习主动性，改变以往那种被动的、单纯听讲的学习方式. 在尝试过程中，学生一般可进行这样几项活动：阅读教材或其他有关书籍；重温某些概念和知识点；做一些简单的数学实验，对数学问题进行类比、联想或归纳、演绎；通过逐步试探和实验，在讨论和研究中发现新的知识和方法，解决提出的问题. 教师则应当按照适合学生水平的尝试层次，确定"高而可攀"的步子，防止难易失度. 例如，针对平行线定义的学习，设计"变式体验"过程：首先给出具体直观的，这就是平行线；接着给出抽象变化的，也是平行线；最后给出似是而非的，这就不是平行线了，如图 3-6. 试验表明，通过材料或形式的变化，从具体到抽象，在"是""也是"和"似是而非"的体验中形成数学概念，可以显著减轻学生的认知负担、加深对数学概念"关键属性"的领会，还可以提高场景干扰中的独立辨识能力.

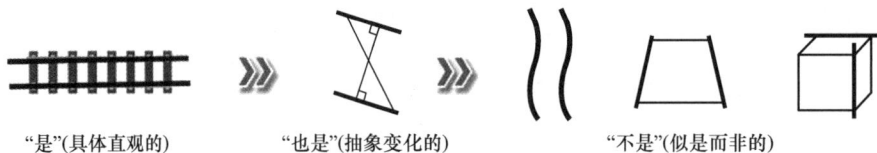

"是"(具体直观的)　　　　"也是"(抽象变化的)　　　　"不是"(似是而非的)

图 3-6　变式体验设计

3. 概括结论，纳入知识系统

教师引导学生根据尝试所得，概括出有关知识和技能方面的一般结论，然后通过必要的讲解，揭示这些结论在整体中的相互关系和结构上的统一性，从而将其纳入学生的知识系统.

4. 变式练习尝试

在此阶段，教师精心编制一系列由简单到复杂的变式训练题，让学生进行变式练习方面的尝试. 编制练习必须注意：应使练习思维的过程具有合适的梯度，逐步增加创造性因素；有时可将一道题目进行适当的扩展和延伸，并使之与尝试学习过程有机结合起来；题的组合应利于学生概括各种解题技能，并使他们从不同的角度更换解题技能和方法. 例如，七年级"卡车上桥"的应用题，通常都问两个问题：①什么时候卡车开始上桥？②什么时候卡车开始在桥上行驶？这是两个关节点，可以用两线段"外接"与"内接"的静态线段图来解释. 如果我们让卡车从左向右动起来，再问三个问题：①什么时候还没有上桥？②什么时候正在上桥的过程中？③什么时候全在桥上行驶？把握"移动线段图"这一"核心关联"，便可顺利迁移到九年级"两圆之间五种位置关系"的探讨，如图3-7所示. 实验数据表明：在学生运用已有知识去解决新的问题时，重要的是如何找准其中最本质、最具迁移力的成分——"核心关联"，这样的关联可以帮助学生缩短新问题与原知识"固着点"间的认知距离、显著提高学习过程中的迁移程度，还能够激发学生数学问题解决的建构性思维.

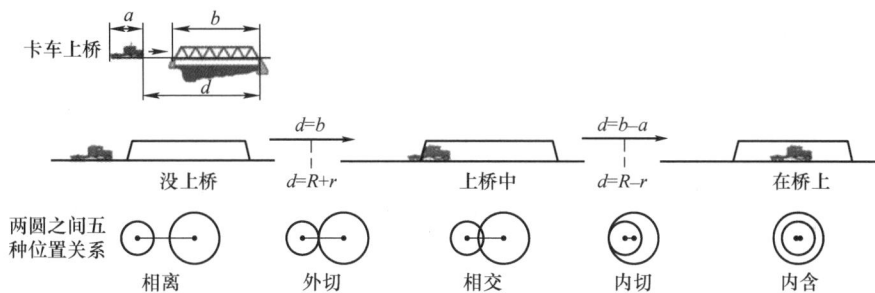

图 3-7　卡车上桥与两圆位置关系的关联样式

5. 回授效果尝试，组织答疑和讲解

教师搜集与评定学生尝试学习效果的途径是多种多样的，如观察交谈、提问分析、课堂巡视、课内练习、作业考查等. 教师通过及时回授评定结果，有针对性地组织答疑和讲解. 质疑要质在疑处，使研究的问题进一步展开；讲解则是在学生尝试的基础上进行，使研究的问题进一步明确，并通过帮助学生克服思维障碍，对那些不易被学生发现的问题予以适当指点.

6. 阶段教学结果的回授调节

在一个单元或一章一册教材学完之后，要进行关于教学结果的回授调节，其中以"阶段过关"最为重要. 教师应当给掌握阶段内容有困难的学生以第二次学习机会，针对存在问题帮助"过关". 将教学细节的调节与阶段结果的调节两者结合起来，可以大大改善教学系统的控制性能.

在实施这种教学模式时，关键的教学行为是高水平任务驱动的教学设计和思维精细加工的自主学习过程. 同时要注意：首先，不能把六个步骤当成固定不变的模式生搬硬套；其次，六个步骤中，探究知识和练习是中心环节；最后，兼顾课外活动，除了在课堂教学中注意因材施教外，必要时还要加强对个别学生的辅导与帮助.

(二)"自学·议论·引导"教学模式

"自学·议论·引导"教学模式是全国模范教师、南通市启秀中学李庾南于 1978 年首创,先后历经了"学生数学自学能力及其培养""优化学习过程、改善教学结构""自学·议论·引导教学法""学力的形成与发展"等 8 个阶段的探索实践,实现了由单纯研究教师"教"到研究学生"学"的转变. 其教学理念和实践经历了三重境界:培养自学能力,在三结合教学中贯彻"自学、议论、引导"三个基本环节;发展学力,建构"三学"规则下的自由课堂;班级育人思想,构建"自育·互惠·立范"育人范式. 自学能力具体体现在三个方面:一是独立获取知识的能力,其中阅读是主动获取知识的一个重要手段;二是系统整理知识的能力,掌握知识的来龙去脉,形成知识网络结构;三是科学应用知识的能力,正确、灵活、综合、创造性地应用知识解决问题. 学生不是靠教师讲会的,而是在教师引导下,通过积极主动地"看、听、问、议、练、操作"等自己学会的;"学会"与"会学"的关系是,在想懂中达到懂想,在学会中达到会学,最终形成自学能力;教学不只要教会学生知识,更要突出对学生学法的研究和指导.

"自学·议论·引导"教学模式的核心理念是:以学生为主体,在师生合作中学会学习,学会自主发展. 其内涵包括三个方面:一是,学生是学习的主人,教学的核心是让学生学会学习,自主发展;二是,学会学习的最为合适的、有效的方式是议论式的合作学习;三是,教师的使命在于引导、提升. 该教学法包括四条基本原理,即以学定教、情智相生、活动致知、最近发展. 它还包括四个操作要义,即紧扣核心知识,促成"知识生产";根据变化情境,融通多种策略;激活思维能力,优化学习品质;瞄准学力发展,奠基和谐人格. 这些理念与新课程倡导的自主学习、合作学习、探究学习等理念相吻合. "自学·议论·引导"教学法从学生实际和教学大纲、教学目标出发,重组教学内容,实行单元教学;变长期机械沿袭凯洛夫的五环节教学为巧妙运用并贯穿教学全过程的"自学、议论、引导"三个基本环节;变单向传输的教学模式为生动活泼、浑然一体的"个人学习、小组学习、全班学习"三结合教与学的形式;变只重知识、技能、方法的学习为知识、技能、方法、情感、态度相融并重,和谐发展;变单一的继承和吸纳知识为会学、会探索、会创造知识. "自学·议论·引导"既是教师的教学方法,也是学生的学习方法,它侧重学生自学能力的提升,在发展学生智力因素的同时,也可以发展学生的非智力因素,促进自学能力的发展.

"自学·议论·引导"教学模式包括自学、议论、引导这三个重要环节,其中,独立自学是基础,群体议论是枢纽,相继引导是关键. 但自学、议论、引导又不仅仅是教学的环节,它们更应是教学的基本理念. "学"与"教""教"与"学"不应过分强调先后关系,它们常常"相伴"而行. 教师通过引导施教;生生间、师生间在议论中互相启发、帮助、互相评价、激励,实现互教互学,即"在教中学""在学中教",难以区别"学"与"教"的先与后. 同样,自学、议论、引导三者不是孤立的,而是互为依托、相辅相成、融为一体的;也不是静止的,而是动态发展的,并且贯穿教学全过程.

"自学·议论·引导"教学包括四种基本课型:自学课、交流讨论课、习题课和复习课. 这四种课型既有其独特的任务,又有其内在的联系. 自学课是学生集中获得信息和准备输出信息的阶段. 交流讨论课是使教学系统全部开放,各种信息及时得到反馈的阶段,是使"自学·议论·引导"教学带有显著特色的课型. 习题课和复习课是自学课、交流讨论课的继续和延伸,是全面完成单元和整体教学任务的保证. 四种课型又是相互渗透、相互联系的，往往自学课中有交流讨论、练习；练习课中又有自学、交流讨论；交流讨论课中也有自学和练习. 四种课型没有固定不变的模式，应视教学实际情况灵活运用. 在起始阶段，为培养学生的基本阅读能力，常常先上自学课，后上交流讨论课或习题课等. 当学生具备了基本阅读能力时，又常常先上带有探索性的交流讨论课，后上自学课，或把深入研究、复习教材作为一个课外作业. 这四种课型的课也不是所有的单元都要上全，有时只需将其中的一两种课型融为一体，结合进行.

"自学·议论·引导"教学的操作要点包括五个方面：一是，重组教材内容，实施单元教学；二是，完善学程规划，挖掘主体潜能；三是，坚持"三结合"，力求最佳匹配；四是，遵循发展规律，提升自学能力；五是，创设适宜情境，构建和谐关系.

【案例3-5】 "正整数指数幂的乘法"（单元教学 第一课时）教学设计

表3-12　案例3-5表

教学环节	教学活动
提供运算情境，激发学生自主运用乘方的意义探讨同底数幂乘法的运算性质	1. 请学生说出下列式子的意义（启发学生自学新基础知识）：2^3，2^5，a^m（m是正整数） 2. 学生独立计算： （1）$2^3 \times 2^5$；（2）$\left(\dfrac{1}{3}\right)^2 \times \left(\dfrac{1}{3}\right)^3$；（3）$(0.2)^3 \times (0.2)^4$ 3. 比较这三个算式的共同点、运算方法、运算的依据 在个人独立思考的基础上，交流讨论，共同概括：同底数幂相乘，底数不变，指数相加. 4. 师生共同研究结论的一般性 用 a^m，a^n（m，n 都是正整数）表示两个同底数的幂，证明： $a^m \cdot a^n = a^{m+n}$（m,n 都是正整数） 5. 总结 同底数幂的乘法运算性质：同底数幂相乘，底数不变，指数相加. 6. 拓展延伸 计算：$a^m \cdot a^n \cdot a^k$（m,n,k 都是正整数）
提供实例，引导学生在积极主动的数学实践活动中建构幂的乘方的运算性质	1. 学生独立计算： （1）$(2^3)^2$；（2）$(a^5)^2$；（3）$(a^m)^n$（m,n 都是正整数） 2. 交流计算方法和依据 3. 小结 幂的乘方的运算性质：幂的乘方，底数不变，指数相乘，即 $(a^m)^n = a^{mn}$（m,n 都是正整数） 4. 类比同底数幂乘法的运算性质的拓展 猜想：$[(a^m)^n]^k = a^{mnk}$
创设情境，揭示积的乘方的运算性质	计算：（1）$(ab)^2$；（2）$(ab)^n$ 总结幂的第三个运算性质. 积的乘方：积的乘方，等于把积的每一个因式分别乘方，再把所得的幂相乘，即 $(ab)^n = a^n b^n$（n 是正整数）；同样可得 $(abc)^n = a^n b^n c^n$（n 是正整数）
通过简单的计算练习，将幂的三条运算性质具体化	计算：（1）$x^3 \cdot x^2$；（2）$m \cdot m^2 \cdot m^3$； （3）$(a+b)(a+b)^3(a+b)^5$；（4）$(-5)^2(-5)^3(-5)$； （5）$(3m)^2$；（6）$(a^3)^4$； （7）$(nmp)^2$；（8）$(a^2bc)^3$
课堂小结，形成知识网络	<table><tr><td>定义</td><td colspan="2">性质</td><td>运算</td></tr><tr><td rowspan="3">幂 a^n</td><td rowspan="3"></td><td>正数的任何次幂都是正数</td><td rowspan="2">乘法 $a^m \cdot a^n = a^{m+n}$（m，n 是正整数）</td></tr><tr><td>负数的奇数次幂是负数</td></tr><tr><td>负数的偶数次幂是正数</td><td>还有哪些运算？</td></tr></table>

（续）

教学环节	教学活动
课外作业	1. 理解幂的三条运算性质的内容及其形成过程. 2. 阅读三节教材（同底数幂的乘法、幂的乘方、积的乘方）中的例题，体会幂的运算性质的应用. 3. 独立完成教材中的三个练习.

（三）GX 教学模式

GX 实验是"提高课堂效率的初中数学教改实验"的简称（"G""X"分别为"高效"的汉语拼音"Gao Xiao"的首字母），是由原西南师范大学（现西南大学）陈重穆、宋乃庆两位教授于 1992 年提出并组织、指导实施的，旨在"减负提质"的教改实验. 在几年内实验推广到十四个省（市、区）的数百所学校，并深受师生欢迎. 数学界和数学教育界对 GX 实验给予了高度评价，相关成果获得了教育部人文哲学社科三等奖、重庆市科技进步二等奖等. 其核心理念（即 GX 精神）是"淡化形式，注重实质，开门见山，积极前进，适当集中，循环上升，先做后说，师生共做".

以教学模式论为基础，以 GX 实验为依托，构建出 GX 教学模式，教学模式结构如图 3-8 所示. 其教学环节是以问题为中心，呈现和组织内容，当堂练习，反思回顾，布置作业，循环上升. 问题偏重于以符号操作为主的数学背景，也关注以现实材料为主的背景. 教师提问的方式依据概念的类型而定，约定式概念以直接方式提问，适合于开门见山的概念教学；构造或发生式概念以间接方式提问，适合于先做后说的概念教学. 教师详细讲解例题，思路清晰，目标明确. 学生练习时间不宜太长. 重视反思回顾，精讲精练，课外作业题量少. 整个教学积极前进，循环上升.

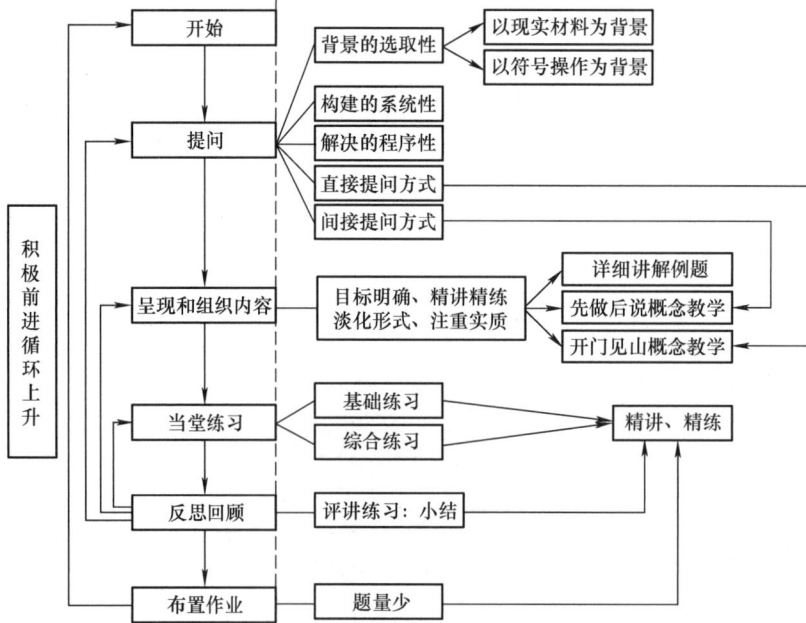

图 3-8　GX 教学模式结构

教学模式有三个特征：形式与实质、逻辑与实验、速度与效益．在初中阶段，用符合初中生认知特点与规律、适于初中学生理解与接受的、不过分"严谨"与"严格"的数学表达形式，将数学知识的学术形态转变为数学知识的教育形态，在这种转变过程中，淡化纯文字叙述，允许适度的非形式化，旨在易于被学生理解与接受．这充分体现了"内容决定形式，形式服务于内容"的辩证关系，即形式如何有效服务于内容的表达与人们对实质的深入理解的辩证关系；同时，它强调了对以符号为主要表现形式的数学背景的重视，倡导以思想实验为先导，将逻辑作为检验真理的重要标准，并灵活运用观察、模拟乃至实验等多种手段作为探索与发现真理的途径．数学是逻辑的，也是实验的；树立课堂时间的效益意识，确保教学积极前进，紧张进行．

GX 教学模式偏重于讲授式教学模式，但同时也有引导发现式教学模式和活动式教学模式的环节．教师在讲授过程中渗透学生的自主活动，从而达到最佳讲授效果，因此，GX 教学模式是讲授式教学模式的发展，其教学与学习类型是教师有意义的讲授教学和学生有意义的接受学习．

【案例 3-6】　负数的教学片段

师讲：由天气预报引入 +10℃ 与 −10℃（开门见山，天气预报由于收音机、电视已相当普遍，−10℃ 已是常见的电视画面），再讲收入、支出．

师问：$8-5=$？（学生齐答．师：剩 3、多 3，可记为 +3）

$5-8=-$？（学生答．师：不足 3，可记为 −3）（这里不要去讲不够减，以免干扰正题）

师问：让学生自己举出一些类似例子（适可而止）

师问：赢 3 场球记为什么？输 3 场球记为什么？（请学生填在括号内）加起来是什么，结果记为什么？（填在括号内）

师问：收入 8 元，支出 5 元各记为什么？（可随机提问学生后让学生填写在括号内）收支相抵，收入 3 元记为什么？（可自答）

列出算式 $(+8)+(-5)=+3$（板书）

$(-8)+(+5)=$？

$(-8)+(-5)=$？

$(+8)+(+5)=$？

（随机提问学生，并要求进一步举出实例，再把结果填在括号内）

师讲：小结（略）

课堂练习：（略）

（四）尝试教学模式

我国特级教师邱学华提出了尝试教学模式，其理论核心是"学生能尝试，尝试能成功，成功能创新"．邱学华老师从 1980 年开始实验尝试教学法，用十年的教学实践证明"学生能在尝试中学习"；从 1990 年在更大规模教学实验的基础上思考"教师不先教，学生尝试能否成功"，积累十年教学经验得到的结论是"尝试能成功"；进入 21 世纪，伴随国家大力提倡创新精神的培养，继续开展纵深实验，验证了"尝试能成功，成功能创新"的命题．其主张将学生的"练"置于教师的"讲"之前，并给予学生充分的信任与尝试的机会，由此提出了"先练后讲"的尝试教学法；还创造性地提出了"尝试成功说"，主张"请不要告诉我，让我先试一试"的观点，并建立了"自主探究、学生为本、关注合作"的尝试教学理念.

尝试教学不存在固定不变的操作模式，在实践中逐渐形成了三种具有代表性的教学模式：基本模式（适用于一般情况的常用模式）、灵活模式（灵活应用基本模式的变式）和整合模式（把尝试教学思想与其他教学思想整合起来的模式）. 基本模式分为三个阶段：准备阶段、主体尝试阶段和延伸阶段，其中主体尝试阶段包含 5 个步骤，具体内容见表 3-13.

表 3-13　尝试教学模式的基本模式

阶段	步骤内容	设计意图
准备阶段	准备练习	发挥旧知识的迁移作用，以旧引新，为学生解决尝试问题铺路架桥
主体尝试阶段	出示尝试题	根据教学目标要求，提出尝试题，以尝试题引路，引导学生进行尝试
	自学课本	发挥课本的示范作用，为学生自己解决尝试题提供信息，这是学生自主学习的重要一步
	尝试练习	这一步是学生尝试活动的主体，大胆放手让学生自己尝试解决问题，在尝试过程中重视对学困生的帮助
	学生讨论	对学生的尝试结果在小组内进行合作交流，让学生自我评价，尝试讲道理
	教师讲解	根据学生的尝试结果，教师有针对性地讲解，也是对学生尝试结果进行评价
延伸阶段	第二次尝试练习	这一步主要给学困生再试一次的机会，一堂课应该有多次尝试，逐步逼近教学目标

尝试教学模式中的灵活模式是基本模式的变式，主要有 4 种，见表 3-14.

表 3-14　尝试教学模式的灵活模式

序号	名称	步骤
1	调换式	出示尝试题→尝试练习→自学课本→学生讨论→教师讲解
2	增添式	出示尝试题→学生讨论动手操作→自学课本→尝试练习→学生讨论→教师讲解
3	综合式	出示尝试题→自学课本尝试练习→学生讨论教师讲解
4	超前式	（上一堂课）出示尝试题→（课外）自学课本尝试练习→（本堂课）学生讨论教师讲解→（本堂课）第二次尝试练习

尝试教学模式中的整合模式是把尝试教学思想与其他教学思想整合起来的模式，通过互为补充、融会贯通的方式加以运用，但整合模式仍然坚持尝试教学这一基本模式，坚持"先学后讲"的基本方法. 整合模式主要有 5 种，见表 3-15.

表 3-15　尝试教学模式整合模式

序号	名称	特点
1	目标尝试教学法	教师导入新课时"亮目标"，尝试开始时"议目标"，二次尝试时"练目标"，布置课堂作业时"测目标"，课堂小结时"评目标"
2	愉快尝试教学法	在运用尝试教学法的同时，通过创设愉快的教学情境和营造愉快的课堂学习氛围，使学生能够主动、轻松、愉快地学习
3	合作尝试教学法	强调合作尝试、小组活动、互动交流，以及将小组团体成绩作为评价标准等主张. 让学生在尝试中合作，在合作中尝试

（续）

序号	名称	特 点
4	分层尝试教学法	充分考虑学生学习成绩与能力差异，坚持分层尝试、分类指导，有针对性地促进各类学生的发展
5	CAI尝试教学法	将计算机融入教学要素中，既可以用在学科教学中，也可以用在信息技术课中，通过发挥尝试教学的优势以及多媒体辅助教学的成功经验，来促进学生成长

尝试教学法同其他教学法的区别之一，就在于有尝试题引路．尝试题的作用有三个方面：一是让学生明确本节课学习的内容和要求；二是使学生产生好奇心激发学生自学课本的兴趣；三是通过尝试题的试做获取学生自学课本的反馈信息．提出尝试题是尝试教学法的起步，起步好坏将会影响全局，所以编拟、设计尝试题是应用尝试教学法的关键一步，是备课中应当着重考虑的问题．通常，尝试题有四种设计方式：一是，同步尝试题，它与例题同类型、同结构、同难度，只改变内容、数字；二是，变化尝试题，它与例题的内容、形式、结构有细微变化，难度大致相同；三是，发展尝试题，它较例题略有变化，难度也略有提高；四是，课本尝试题，它以课本例题作为尝试题．

尝试教学的实施策略可以分为三个阶段：尝试前，教师要营造宽松的学习氛围，调动学生参与课堂教学的积极性；尝试中，教师要为学生创造尝试的机会，使学生养成自主尝试的学习习惯；尝试后，教师要给予及时的反馈，引导学生对教学内容查缺补漏、持续反思．尝试教学在发展过程中逐渐形成了关注学生自立自信、培养学生创新精神、促进学生间合作的教学特色．

【案例3-7】 "列方程解应用题"教学设计

表3-16　案例3-7表

教学环节	教学活动
超前尝试题	在上一节课结束时，已经布置超前尝试题，让学生自主阅读课本例题，先尝试解题． 尝试题：AB两地路程为225km，甲车从A地出发，每小时行走50km，乙车从B地出发，两车同时相向而行，已知乙车速度是甲车速度的2倍，问经过多长时间两车相遇？
揭示课题，提出目标	课题：列方程解应用题 目标：能综合运用所学知识采用多种解法解决实际问题
评议尝试题，学习新知	1. 学生在课前已经做了尝试题，课一开始就由学生提出各自的解法，出示课前写在投影片上的作业，让学生讨论评议．讨论中联系课本上例1的解法． 　　**例**　甲乙两地路程为180km，一人骑自行车从甲地出发，每小时走15km，另一人骑摩托车从乙地出发，两人同时出发，相向而行，已知摩托车速度是自行车速度的3倍，问经过多长时间两车相遇？ 2. 教师评讲． 重点突出： （1）列方程解应用题的一般步骤，特别重要的是找准等量关系 （2）行程问题中基本数量关系：$s = vt$，要求学生讲解列应用题的一般步骤．

（续）

教学环节	教学活动
再次尝试练习，深化新知	改编课本例1，把例1改为："自行车先行1h后摩托车才开出，那么自行车几时与摩托车相遇？"先让学生把题目完整编出来，然后解答. 练后分析中指出：按照题目中的条件，具体分析数量关系，灵活列方程解答.
课堂作业，巩固提高	课本练习（同桌2人合作练习）： 1. 甲车的速度是30km/h，乙车的速度是40km/h，两车同时同地出发，反向而行，经过几小时后，两车相距140km？ 2. 甲车的速度是30km/h，乙车的速度是40km/h，两车同向而行，甲车早2h出发，经过多长时间乙车追上甲车？ 学生解答后，要求学生讨论，行程问题会出现几种情况，并列表说明以提高学生分析概括能力.
转化扩充，灵活运用	有些应用题可以转化成行程问题来理解，以便发展学生思维的灵活性，渗透数学转化思想，出示练习题： 海潮中学购买大小椅子20把，一共花费480元，大椅子每把20元，求大小椅子各买多少把？ 抢答以下2道思考题，激发学生兴趣，发展思维的敏捷性和灵活性，培养创新精神. 1. 甲和乙分别从东西两地出发，相向而行，两地相距9km，甲每小时走4km，乙每小时走5km，如果甲带一只狗同时出发，狗以10km/h的速度向乙奔走，遇到乙后又回头向甲奔去，遇到甲后又向乙奔去，这样重复往返，直到甲、乙两人相遇时狗才停住，问这只狗一共跑了多少千米？ 2. 在同一条公路上，有两辆汽车同向行驶，开始时甲车在乙车前面4km，甲车每小时行45km，乙车每小时行60km. 问乙车追上甲车前的1min，两车相距多少米？
课堂小结，布置下次课的超前尝试题	师生共同概括解行程问题的要点. 布置下一节课的尝试题：有100名学生参加乒乓球队或羽毛球队，已知参加乒乓球队的人比参加羽毛球队的多8人，两队都参加的有10人，问参加羽毛球队的有多少人？（同课本例2相仿）

思 考 题

1. 通过对教学模式发展过程的学习，你有哪些感悟？

2. 请用自己的语言说一说，常用的几个数学教学模式的区别联系是什么？

3. 试以中小学数学一个具体知识点为例，说一说数学教学模式可以怎样选择和应用？

推 荐 读 物

[1] 曹一鸣. 借鉴·整合·超越：数学教学模式运用的三重境界 [J]. 数学教育学报，2003，12（3）：13-16.

参 考 文 献

[1] 涂荣豹，季素月. 数学课程与教学论新编 [M]. 南京：江苏教育出版社，2007.

[2] 程晓亮，刘影. 数学教学论 [M]. 2版. 北京：北京大学出版社，2013.

[3] 曹一鸣，张生春，王振平. 数学教学论 [M]. 2版. 北京：北京师范大学出版社，2017.

[4] 程晓亮，刘影. 数学教学论 [M]. 2版. 北京：北京大学出版社，2013.

[5] 顾泠沅，杨玉东. 过程性变式与数学课例研究 [J]. 上海中学数学，2007（Z1）：1-5；98.

[6] 李庾南. "自学·议论·引导"教学法的教学预设 [J]. 中学数学，2017（20）：3-5.

[7] 刘畅. 初中数学问题解决教学模式重构研究 [J]. 中学数学，2019（6）：82-84.

[8] 顾泠沅. 45年：一项数学教改实验 [J]. 华东师范大学学报（教育科学版），2022，40（4）：103-116.

[9] 李庾南. 自学·议论·引导教学论 [M]. 北京：人民教育出版社，2013.

[10] 褚清源. 李庾南：教学实践的三重境界 [N]. 中国教师报，2023-03-15（6）.

[11] 庞坤. GX实验的再研究 [D]. 重庆：西南大学，2007.

[12] 朱乃明，魏林. 先做后说 师生共作：《GX》的教学方法 [J]. 数学教育学报，1998，7（1）：8-12.

[13] 苏春景. 从教学模式改革到教学流派生成：基于尝试教学理论流派形成的个案研究 [J]. 中国教育学刊，2012（10）：45-48.

[14] 邱学华，张良，金海楠. 尝试教学的理论探索与实践创新：专访尝试教学法创始人邱学华 [J]. 教师教育学报，2023，10（4）：1-11.

[15] 张奠宙，于波. 数学教育的"中国道路" [M]. 上海：上海教育出版社，2013.

第四章 数学教学设计的核心要素

章前导语

在本章中，我们结合了一些实际案例，详细阐述了数学教学设计中的一些核心要素. 首先，我们强调了教学内容分析的重要性，只有深入理解教学内容的结构和逻辑关系，教师才能有效地传授知识给学生. 其次，我们提到了学情分析，了解学生的学习水平和兴趣，有助于教师根据学生的特点进行差异化教学. 接着，教学目标设计和教学重难点设计是关键步骤，确保学生能够达到预期的学习效果. 此外，教学方法的选择与设计也至关重要，不同的教学方法适用于不同的学生和教学内容. 在教学过程设计中，教师需要精心安排每节课的内容和活动，以促进学生的有效学习. 最后，教学评价是教学设计中不可或缺的一环，通过评价可以了解学生的学习情况，及时调整教学策略. 总的来说，本章提出了数学教学设计的基本形式，希望能够帮助教师更好地设计和实施有效的数学教学.

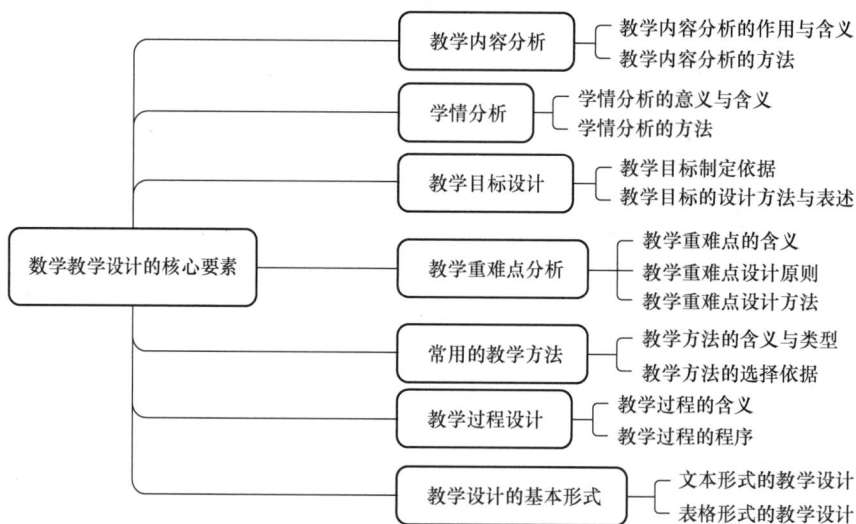

第一节 教学内容分析

教学是一项以帮助人们学习为目的的事业，是以促进学习的方式影响学习者的一系列事件. 没有教学，学习也能够发生，但教学对学习的影响往往是有益的. 要使教学有效，则它必须有计划，这意味着，教学是以某种系统设计的. 教学设计旨在激励或支持个别学生的学习，确保学生的学习必须是有计划而不是随心所欲的．通过教学设计，应引导学生逐步接近于最适合他们运用自身才能、享受生活、适应物质和社会环境的目标．基于我国教育背景，通常来讲教学设计是依据数学课程标准的要求、研究数学教学过程中各环节的问题和需求、确立教学目标、分析学生特点、选择适用方法和步骤，以实现学习目标，并评价教学成果的计划过程．

一、教学内容分析的作用与含义

教师对教学内容的分析是教学设计的第一步，同时也是教学设计的重要环节．再好的教学设计也都是建立在教学内容之上的，通过教学内容的分析，教师教学可以辨析主次把握教学重点，同时也能够明确教学目标所要达到的基本要求，从而有针对性地选择教学策略和手段，以达到预期的教学效果．同时，教学内容的分析有助于教师更好地把握教学内容本身的内在逻辑和组织结构，提高教师对知识点、数学课程结构以及数学教科书的把握程度．

对教学内容的分析离不开数学教科书．教师在授课之前运用数学学科专业知识和教育理论知识，深入研读数学课程标准，从整体把握教科书，研究它的科学性、思想性和系统性，领会教科书的编写意图，才能在此基础上科学地组织教学内容，精心完成数学教学设计．所以，数学教学内容的分析，是在遵从数学学科知识体系的基础上，按照知识逻辑线以及学生的认知规律，剖析教科书内容的知识结构和逻辑关联，把握学科知识本质内涵的过程．

二、教学内容分析的方法

教学内容分析是教学设计中较为综合性的一环，如上所述，教学内容分析是在教材分析的基础上，剖析教学内容的深层内涵及其对学生的积极作用．所以，在实践操作时，教师首先要明确本节课的教学内容是什么、包含哪些知识点？课程标准对教学内容的基本教学要求是什么？这些知识点在整个课程体系中的作用与地位？与其前后知识之间的联系以及对学生的具体作用等．具体包括以下几个方面．

（一）明确教学基本要求

教师对教学基本要求的明确界定，对教学内容的分析有积极的指导作用．课程标准是教学工作的指导性文件，其中的核心素养、内容要求、教学提示与实施建议以及学业要求等内容都明确了学生应该学习的知识、能力和素质要求．所以，基于课程标准明确教学要求，能够帮助教师准确把握教学内容，确保教学内容的全面性和系统性．除此之外，课程标准的制定和更新是教学改革的重要举措，基于课程标准明确教学要求，有助于教师深入理解教学理念，引导教学实践向更科学、更有效的方向发展．

【案例4-1】　图形的认识与测量第一学段

1. 内容要求

1）通过实物和模型辨认简单的立体图形和平面图形，能对图形分类，会用简单图形拼图．

2）结合生活实际，体会建立统一度量单位的重要性，认识长度单位米、厘米，能估测一些物体的长度，并进行测量．

3）在图形认识与测量的过程中，形成初步的空间观念和量感．

2. 教学提示

1）能辨认长方形、正方形、平行四边形、三角形、圆等平面图形，能直观描述这些平面图形的特征；能辨认长方体、正方体、圆柱、球等立体图形，能直观描述这些立体图形的特征；能根据描述的特征对图形进行简单分类.

2）会用简单的图形拼图，能在组合图形中说出各组成部分图形的名称；能说出立体图形中某一个面对应的平面图形，形成初步的空间观念.

3）感悟统一单位的重要性，能恰当地选择长度单位米、厘米描述生活中常见物体的长度，能进行单位之间的换算；能估测一些身边常见物体的长度，并能借助工具测量生活中物体的长度，初步形成量感.

3. 学业要求

图形的认识与测量的教学. 结合低年级学生的年龄特点，充分利用学生在幼儿园阶段积累的有关图形的经验，以直观感知为主. 图形的认识教学要选用学生身边熟悉的素材，鼓励学生动手操作，感知立体图形和平面图形的特点以及这两类图形的关联，引导学生经历图形的抽象过程，积累观察物体的经验，形成初步的空间观念. 图形的测量教学要引导学生经历统一度量单位的过程，创设测量课桌长度等生活情境，借助尺的长度、铅笔的长度等不同的方式测量，经历测量的过程，比较测量的结果，感受统一长度单位的意义；引导学生经历用统一的长度单位（米、厘米）测量物体长度的过程，如重新测量课桌的长度，加深对长度单位的理解.

（二）分析数学教材

数学教科书是教师教学的主要依据，可以说教材分析是教学内容分析的核心. 分析教科书可以帮助教师了解教学内容的组织结构和知识点的分布情况、地位与作用，明确例题习题的类型、数量、位置、顺序、难度、使用方式和功能等. 除此之外，教科书中包含了丰富的教学资源和案例，通过教材分析的过程理解教材编写的意图，可以帮助教师搜集教学素材和示例来设计具体的教学活动，丰富教学内容.

【案例 4-2】"函数的概念"教材分析

函数的概念是人教 A 版《普通高中教科书·数学·必修：第一册》第 3 章第 1 节"函数的概念及其表示"的内容. 教科书中问题 1 以路程与时间的问题引入函数形式，这也是学生在初中接触的解析式这一类型的对应关系；问题 2 是工资实例的问题，这里的定义域是离散的，意在区别问题 1 中解析式函数，且为后面值域是集合的子集作铺垫；问题 3 是空气质量指数问题，主要呈现的是图像形式的对应；问题 4 是恩格尔数问题，建立表格形式的对应关系. 教科书在安排 4 个问题时，都用集合与对应的语言对其中的函数进行了精确刻画，引导学生发现函数的三要素，为抽象函数概念做好准备.

函数概念的理解，一是要从本质上主要抓住函数三要素：定义域、值域和对应关系，它们是一个不可分割的整体，而对应关系是函数的灵魂. 虽然函数的对应关系可以用解析式、图像、表格等不同形式表示，但它们的实质是相同的. 记号"$y=f(x)$"是"y 是 x 的函数"这句话的数学表示，具体而言是：变量 x 在对应关系 f 的作用下对应到 y，不能理解为"y 等于 f 与 x 的乘积". 教科书在给出函数的定义后，安排了用函数的定义去解释学过的一次函数、二次函数，并设计思考栏目让学生用定义去解释反比例函数，其目的是引导学生用新的函数定义重新认识已学的函数，以加深对函数概念的理解．

教科书中共有 4 个问题，问题 1 是判断定义域、值域问题；问题 2 是给定对应函数解析式构建情境问题；问题 3 和问题 4 是判断函数问题．教科书在安排 4 个问题时，都用集合与对应的语言对其中的函数进行了精确刻画，引导学生发现函数的三要素，为抽象函数概念做好准备．教学中，教师可以先给出问题 1 的示范，后面的几个问题都要求学生在独立思考的基础上进行模仿性表述，让他们熟悉这种语言表述方式．

本小节最后安排"思考"的目的是让学生通过对初中、高中两个函数定义的比较，理解新定义的必要性，提升对函数的认识．事实上，初中给出的函数定义与高中的函数定义在实质上是一致的，两个定义都会涉及变量的变化范围，对应关系的实质也一样，只不过叙述的出发点不同．初中是从运动变化的观点出发，自变量 x 的每一取值与唯一确定的函数值 y 对应，实际上就能确定一个对应关系；高中是从集合、对应的观点出发，其中的对应关系是两个实数集之间的元素对应．

（三）把握教学知识的本质

张奠宙先生曾提出，数学本质的内涵包括数学规律的形成过程、数学思想方法的提炼以及数学理性精神的提炼等诸多方面．基于此，有研究指出数学教学知识的本质可以从知识产生、知识发展、知识升华三个维度构成（见图 4-1），其中，知识升华维度包含数学思想与数学精神．

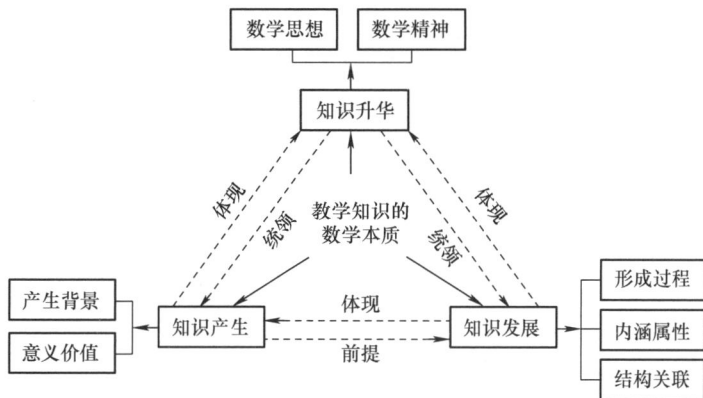

图 4-1　数学教学知识的本质

1. 数学知识产生

了解知识的产生主要是分析数学知识的产生背景以及数学知识与其他学科知识之间的联系．教师可以利用教科书、参考资料以及网络资源，了解数学知识的历史、发展背景和应用领域，帮助学生深入理解数学知识的来龙去脉，通过分析数学知识的发展脉络，揭示不同数学概念之间的联系和发展轨迹，帮助教师构建起系统的数学知识结构．

【案例 4-3】"向量"的产生背景

一方面是向量的双重性特征．向量是一个具有几何和代数双重身份的概念，同时向量代数所依附的线性代数是高等数学中一个完整的体系，具有良好的分析方法和完整结构．通过运用向量对传统问题的分析，可以帮助学生更好地建立代数与几何的联系，也为中学数学向高等数学过渡奠定了直观的基础.

另一方面是数学与物理学联系的需要. 数学和物理学的关系是有目共睹的，而向量在力学中的应用即使在中学阶段也是不难发现的. 一个良好的物理或现实背景是学生对数学产生兴趣和学好数学的重要因素，使学生尽早地认识到数学与物理世界的紧密关系，不仅可以增强学生学习的兴趣，同时也可以使学生认识到数学的社会性.

2. 数学知识的发展

数学知识发展包含知识的形成过程、内涵属性和结构关联. 对数学知识发展的脉络梳理可以帮助教师深入理解知识体系的逻辑结构和内在联系，以确保教学内容的系统性和连贯性. 同时有助于教师梳理教学重点和难点，确定教学内容的范围和深度，提高教学效果.

【案例4-4】 "导数概念"的发展

1. 导数概念的形成过程

导数的概念非常抽象，而导数的几何意义涉及一般曲线的切线的概念，对学生来说是全新的，因此要使学生理解导数的内涵和思想，教学中必须让学生充分经历导数的概念及其几何意义的发展过程，通过典型的、丰富的实例抽象概括出导数的概念和一般切线的概念，得出导数的几何意义. 至少让学生经历4次由平均变化率过渡到瞬时变化率的过程：

过程1：物理学中由平均速度过渡到瞬时速度的过程——典型实例分析；

过程2：几何学中特殊曲线由割线过渡到切线、由割线斜率过渡到切线斜率的过程——典型实例分析；

过程3：一般函数 $y = f(x)$ 从平均变化率过渡到瞬时变化率的过程——给出导数的概念；

过程4：一般曲线 $y = f(x)$ 由割线过渡到切线、由割线斜率过渡到切线斜率的过程——给出导数的几何意义.

前三个过程的重心是对两个不同类型的典型实例进行属性的分析、比较、综合，概括它们的共同本质特征得到本质属性，进而抽象概括出导数概念. 用准确的数学语言表述的导数概念属于概念教学一般进程中的"概念的形成"和"概念的明确与表示"环节；过程2和过程4是从特殊到一般得到一般的切线概念以及导数的几何意义的过程，其中第4个过程让学生再一次经历由平均变化率过渡到瞬时变化率的过程，有利于建立多元联系，进一步理解导数的概念，这样多次、反复经历由平均变化率过渡到瞬时变化率的过程，极大地帮助学生初步理解导数的内涵，即瞬时变化率的数学表达.

2. 导数的内涵属性

概念是反映事物本质属性的思维形式，具有抽象性、概括性的特征. 导数是瞬时变化率的数学表达，它高度抽象. 为使学生初步理解导数的内涵与思想，应以体现导数本质的典型变化率问题为载体，以导数概念及其反映的思想方法为指引，引导学生展开观察、分析各实例属性的数学活动，并挖掘其中蕴含的重要思想方法，进而分析出各实例中蕴含的导数的本质属性.

教科书安排了跳水运动员的速度、抛物线切线的斜率两个实例，借助信息技术工具展现由平均变化率过渡到瞬时变化率的完整过程，得到导数概念的雏形，为抽象概括出导数的概念奠定基础，需要特别指出的是，速度问题、曲线切线的斜率问题也是导数概念产生过程中的两个最为经典的案例.

3. 导数的知识结构（见图 4-2）

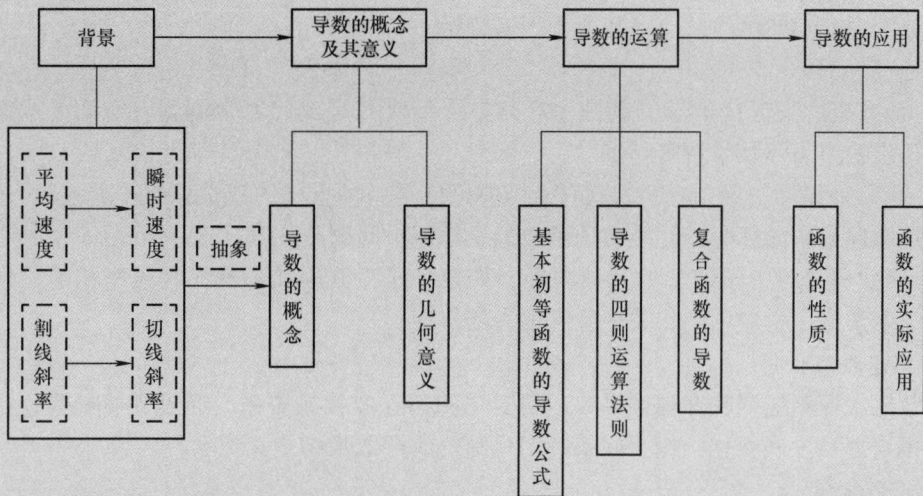

图 4-2　导数的知识结构

3. 数学知识的升华

数学知识的升华是指教师着重挖掘数学知识背后蕴含的数学思想方法. 通过深入探讨数学知识背后的原理，挖掘其中的数学思想和方法，帮助学生理解数学知识的内在规律. 通过该方法，教师可以更好地把握知识结构，促进教学内容的有机整合和系统化呈现，提高教学效果，帮助学生更好地理解和掌握知识.

【案例 4-5】　"数列"的数学思想方法

数列是 2019 年人教 B 版《普通高中教科书·数学·选择性必修：第三册》的第五章，从内容上看，可分为数列基础、等差数列、等比数列、数列的应用以及数学归纳法五个部分. 在"数列"这一部分，主要介绍数列的概念、分类，以及数列中的递推. "等差数列"这一部分，在介绍等差数列的概念时，突出了它与一次函数的联系，这样便于利用所学的一次函数的知识来认识等差数列的性质. "等比数列"这一部分，在介绍等比数列的概念和通项公式时，也突出了它与指数函数的联系，这不仅可以加深对等比数列的认识，而且可以对处理某类问题的指数函数方法和等比数列方法进行比较，从而有利于掌握这些方法.

数列内容处在知识交会点，所蕴含的数学思想方法较为丰富，教材在这方面也力求充分挖掘. 教材注意从函数的观点去看数列，在这种整体的、动态的观点之下使数列的一些性质显现得更加清楚，某些问题也能得到更好的解决，方程或方程组的思想也体现得较为充分，不少例题、习题均属这种模式：已知数列满足某一条件，求这个数列. 对于复杂的数列求和问题，经常转化为等差、等比或常见的特殊数列的求和问题，其中蕴含了等价转化的思想. 此外，还有数形结合思想、分类讨论思想、递推归纳思想和算法思想等.

（四）掌握数学知识的功能价值

掌握数学知识的功能价值是指教师在进行教学内容分析时，应明确教学内容对培养和提高学生数学能力所具有的功能和价值，包括智力价值、思想教育价值、应用价值等，着重弄清其在发展学生数学学科素养中的作用.

【案例4-6】 "函数的概念"教学内容功能分析

函数的内容功能可以从以下几个方面来分析.

1. 智力价值

1）函数概念是近代数学的基础，它与集合、映射等现代数学概念有密切的联系，为学生进一步学习高等数学奠定基础.

2）函数是集合与集合之间的对应，函数思想是一种重要的数学思想. 通过学习函数，学生可以掌握函数的思想，并能应用函数的思想解决问题.

3）函数概念与中学数学的其他内容，如数、式、方程和不等式等紧密相连，学好函数将对学生学好中学数学的相关内容起很大的作用.

2. 思想教育价值

函数概念深刻地反映客观世界的运动变化和相互依赖的关系. 通过学习函数，学生可以懂得事物都是发展变化、相互联系、相互制约的辩证唯物主义观点.

3. 应用价值

函数在生产、生活实际和科学技术中有广泛的应用，掌握函数知识可以解决很多实际问题.

第二节 学 情 分 析

一、学情分析的意义与含义

古有孔子的"因材施教"，近有培根的"尊重天性". 在我国，随着课程改革的深入推进，"以学定教""以学生为主体"被大多数教育工作者认可和追求，教学主体也逐渐由教师向学生转变. 当代美国著名教育心理学家戴维·保罗·奥苏贝尔（David Pawl Ausubel，1918年—2008年）在他最有影响力的著作《教育心理学：认知观》的扉页上写道："如果我不得不把教育心理学的所有内容简约成一条原理，我会说：'影响学生学习最重要的因素是学生已经知道的内容，弄懂了这一点以后，再进行相应的教学.'"这直接指明教学的首要因素应依据学生的实际学情来开展. 只有充分深入地分析学情、对学生的学习困难有充分的估计，才能设计恰当的教学目标、确定适当的教学出发点、合理安排教学顺序、确保学生原有认知结构与新数学知识建立联系.

数学学情分析主要是指分析学生学习某一节课内容的认知基础、能力、心理状况及学习方法. 具体是数学教师在教学准备阶段对学生认知特点、学习习惯、数学知识与能力基础、数学学习需要方面进行诊断、评估与分析，是教学的起点. 数学学情分析内容围绕着学生的认知基础、认知障碍、认知风格、认知差异等几个核心来展开.

国内许多研究者对学情分析的方法进行了探讨. 马文杰和鲍建生认为学情分析常用的方法有经验分析法、观察法、资料分析法、问卷调查法和访谈法，这些方法都是基于一定的教育教学理论来进行分析的. 学情分析的主要内容包括学生的一般特征分析和起点能力分析. 徐梦杰与曹培英认为教师常用经验梳理法、访谈法、调查法、测试法、实验法进行学情分析.

二、学情分析的方法

基于已有学者的研究成果，学情分析的方法可以概括为以下几种.

（一）经验分析法

经验分析法是教师进行学情分析的常用方法之一，是教师在教学过程中基于已有的教学经验对学情进行一定的分析与研究. 这离不开教师教育教学理论与教学经验的积累，但这也容易使学情分析陷入经验主义而缺乏多面性，所以，运用经验进行学情分析时，应运用多维的分析视角，吸纳多方面的观点与方法，力求使分析结果准确可靠.

（二）课堂观察法

观察法是指教师在日常教学活动中，有目的、有计划地对教育对象、教育现象或教育过程进行考察的一种方法. 这是一种非常便捷的方法，教师在课堂上要多注意观察学生在学习过程中的学习状态、学习态度与学习效果，并在课后做好详实记录，以便对其进行分析.

（三）材料分析法

材料分析法是指通过已有的学生材料间接了解学生实际情况的方法. 比如教师可以通过学生成长档案记录袋，了解学生的基本信息、家庭背景等方面的情况；通过分析学生作业本、测试卷、练习本，掌握学生的实际学习情况，了解学生学习的易错点、薄弱点，得知学生已有的知识储备，为以后的有效教学指出方向. 此外，教师可以借鉴优秀学情分析的案例，利用他人的成果帮助自己成长.

（四）问卷调查法

问卷调查法是教师通过已有的相关问卷或专门设计的问卷对学生已有的学习经验、学习态度、学习动机和学习期望等进行较为全面与深入的了解，并通过多元统计分析，为教学活动提供更进一步的量化与质化数据. 问卷的问题设计要明确具体，并具有可分析性，便于教师进行统计分析；问题的表述要科学、客观、准确，便于学生回答.

（五）教育理论分析法

该方法是基于一定的教育教学理论，结合学习对象、学习内容、学习环境以及学习过程进行更具体而深入的分析. 如皮亚杰的认知发展阶段论、维果斯基的最近发展区、当代社会建构主义理论、加德纳的多元智能理论、弗赖登塔尔的"再创造"原则和"数学化"原则，还有波利亚"怎样解题表"等教育教学理论等，都可以为学情分析提供基本的分析依据、分析视角与分析方法.

【案例 4-7】 "等差数列性质"教学的学情分析

1. 学生学习本课内容的基础

学生已经学习了集合与函数的初步知识，掌握了数列的基本知识，理解数列是定义域为正整数集或其子集的函数. 通过第一课时，学生已经学习了等差数列的概念、通项公式，并理解了等差数列中项与项之间的关系. 本节课主要是从等差数列的概念、通项公式出发研究其性质. 对于大多数已经理解等差数列概念的学生来说，学习本节课并不是太难.

2. 学生学习本节课内容的能力

学生通过对高中数学中集合与函数的学习，初步具有对数学问题自主探究的意识与能力. 高一学生思维活跃，积极性高，但同时由于个体认知水平、学习能力等方面的差异，表现出不同的学习状态.

3. 学生学习本节课内容的心理

高一学生是一个特殊的学习群体. 根据皮亚杰关于心理发展的阶段学说, 儿童青少年认知发展一般经历四个阶段, 即感知运算、前运算、具体运算和形式运算, 高一学生处于形式运算阶段、认知水平从形象向抽象过渡的时期, 是思维能力提高的转折期. 高一学生自我意识不断增强, 好胜心、进取心进一步提高, 他们富有激情、感情丰富、爱冲动、爱幻想.

4. 学法分析

高一学生已经具备了一定观察、猜想、分析和归纳的能力, 但是学生的抽象思维能力还不是很强, 此时学生已掌握了等差数列的概念及其简单应用. 教科书没有对等差数列的性质进行分析与探究, 而在例题与习题中有所体现, 因而学生在解题中会碰到一些盲点. 因此, 本节课的教学设计旨在搭设台阶, 降低坡度, 引导学生从等差数列的概念出发, 通过观察、分析、归纳、推理来探究其性质, 激发学生自主探究的学习热情, 让学生在探究中学会学习、学会合作、学会创造.

第三节　教学目标设计

教学目标就是在本节课的教学中, 教师期望学生所达到的学习效果和标准. 教学目标在教学设计以及教学实施过程中起着导向的作用, 是课堂教学活动的出发点、中心和归宿.

一、教学目标制定依据

(一) 基于教育方针与课程要求的教学目标设计

在教育方针的指导下, 为落实教育目的, 各学科和各级各类学校都逐步细化并确定培养目标. 因此教学目标要依据数学课程标准对教学内容的要求来确定, 如表 4-1 所示是我国教育目的以及各阶段的数学课程目标.

表 4-1　我国教育目的以及各阶段的数学课程目标

阶段/层次	具体内容
教育目的	以培养学生的创造精神和实践能力为重点, 造就"有理想、有道德、有文化、守纪律"的德、智、体、美等全面发展的社会主义事业建设者和接班人
义务教育阶段数学课程目标	通过义务教育阶段的数学学习, 学生逐步会用数学的眼光观察现实世界, 会用数学的思维思考现实世界, 会用数学的语言表达现实世界 (简称"三会"). 学生能: 1) 获得适应未来生活和进一步发展所必需的数学基础知识、基本技能、基本思想和基本活动经验. 2) 体会数学知识之间、数学与其他学科之间、数学与生活之间的联系, 在探索真实情境所蕴含的关系中, 发现问题和提出问题, 运用数学和其他学科的知识与方法分析问题和解决问题. 3) 对数学具有好奇心和求知欲, 了解数学的价值, 欣赏数学的美, 提高学习数学的兴趣, 建立学好数学的信心, 养成良好的学习习惯, 形成质疑问难、自我反思和勇于探索的科学精神

（续）

阶段/层次	具体内容
普通高中数学课程目标	通过高中数学课程的学习，学生能获得进一步学习以及未来发展所必需的数学基础知识、基本技能、基本思想、基本活动经验（简称"四基"）；提高从数学角度发现和提出问题的能力、分析和解决问题的能力（简称"四能"）. 在学习数学和应用数学的过程中，学生能发展数学抽象、逻辑推理、数学建模、直观想象、数学运算、数据分析等数学学科核心素养. 通过高中数学课程的学习，学生能提高学习数学的兴趣，增强学好数学的自信心，养成良好的数学学习习惯，发展自主学习的能力；树立敢于质疑、善于思考、严谨求实的科学精神；不断提高实践能力，提升创新意识；认识数学的科学价值、应用价值、文化价值和审美价值

制定具体的课时教学目标时，教师应思考以下几点：第一，教学目标要真正反映数学学科特点及当前学习内容的本质，能够更好地帮助学生获得"四基"，提高"四能"；第二，努力挖掘其中蕴含的数学思想方法，有意识地、灵活地设计教学内容，在教学目标中体现数学思想方法；第三，在深入理解六大数学学科核心素养及其发展特点的基础上，充分结合课时学习内容，合理将两者关联起来，并融入有关培养学生"学习习惯、自主学习、科学精神、价值认识"等的行为与结果目标.

（二）基于核心素养的教学目标设计

我国各阶段数学课程目标都强调了培养学生核心素养这一根本任务，数学学科核心素养是在教师指导学生学习的过程中逐步渗透形成的，这就要求教师在制定教学目标时，充分贯彻发展学生学科核心素养的理念，并想方设法地有效落实. 喻平教授认为，基于核心素养的教学目标设计，应思考以下 4 个问题.

1. 确定与本课相关的主要核心素养

一个单元或一堂课，不可能只涉及一个数学核心素养. 特别是在高中 6 个数学核心素养中，逻辑推理和数学运算几乎在所有的数学课中都有体现. 因此，要明确本单元或本节课应以培养学生哪一个或两个核心素养为主，如果教学内容与数学抽象、数学建模、数据分析、直观想象这 4 个核心素养之一（或之二）密切相关，就应当将其作为本单元或本节课的主要培养目标，把逻辑推理和数学运算作为次要目标.

2. 确定各核心素养应当达到的具体水平

课程标准中关于数学学科核心素养的水平划分，是把情境与问题、知识与技能、思维与表达、交流与反思 4 个要素穿插其中的. 具体地说，就是对每一个核心素养的每一种水平描述，都是分别从这 4 个方面展开的. 因此，教学目标设计可以依据这个评价框架来实施. 教师在分析核心素养水平时，参照课程标准执行.

3. 解析与本课相关的数学文化元素

数学知识本身就是一种文化，可称其为显性文化元素，而教学中更应关注隐性的数学文化元素，包括数学发展史、数学思想方法、数学理性精神、数学研究的精神、数学之美、数学应用等，它们潜藏于数学理论知识之中. 在发展学生数学核心素养的过程中，只有知识的学习是不够的，要实现核心素养的发展，必须要有文化元素介入，因为素养本身就是文化的积淀. 如果说知识育"灵"，那么文化则孕"魂"，有灵魂才能使一个人具备完善的人格.

4. 梳理知识的来龙去脉

一个完整的教学过程应当是由三个环节组成：这个知识从何而来？这个知识的本质是什

么？这个知识从何而去？其中第一和第三环节最利于培养学生的核心素养，因为这两个环节有学生充分思维的空间，思维相对发散．当下的教学，第二个环节是教师最为关心也是投入最多的，甚至教学目标和教学过程的定位只囿于这个环节．显然，在发展学生核心素养的背景下，这样的教学思维应当逐步弱化、消解，要回归教学的完整过程．教学过程的实施，能够帮助学生厘清知识的来龙去脉，进而明晰知识体系．无论是对知识的理解还是素养的提升，学生头脑中形成的优良认知结构都是必要的条件，而这种认知结构是由知识结构转化而来的，可见梳理知识体系的重要性和必要性．

二、教学目标的设计方法与表述

（一）教学目标的设计方法

基于不同的设计理念，学者们对教学目标的设计步骤进行了不同的讨论．此处采用喻平教授基于核心素养对教学目标的设计步骤．

第一，通过对本单元或本节课教学内容的分析，确定涉及的数学核心素养，依据课程标准确定各素养应当达到的水平．

第二，列一张表（见表4-2），结合具体的教学内容，将确定的核心素养从情境与问题、知识与技能、思维与表达、交流与反思、品格价值观五个维度进行具体分析，确定每个素养分别在五个维度上的具体要求．

表4-2　教学目标设计表

	核心素养1	核心素养2	…
	水平i	水平j	…
情境与问题			
知识与技能			
思维与表达			
交流与反思			
品格价值观			

第三，分析数学文化元素，包括数学史、数学思想方法、数学之美、数学的应用等，思考如何将必备品格与正确价值观融入目标之中．

第四，分析知识体系，包括知识的来源、知识之间的联系、知识的拓展，培养学生提出问题和解决问题的综合能力．

【案例4-8】“幂函数”的教学目标设计
首先，整体分析本节课内容涉及的数学核心素养与数学思想方法．
（1）确定主要核心素养　数学抽象、直观想象、逻辑推理
（2）确定各核心素养的水平　数学抽象，水平2；直观想象，水平1；逻辑推理，水平2
（3）解析数学思想方法　类比思想，对应思想
（4）解析知识之间联系　与函数的奇偶性、单调性概念相关
其次，列出教学目标设计表（见表4-3）．

表 4-3　幂函数教学目标设计表

	数学抽象	直观想象	逻辑推理
	水平 2	水平 1	水平 2
情境与问题	能够在关联的情境中抽象出幂函数概念	能够体会幂函数解析式与图像之间的关系	能够用归纳方法得到幂函数概念、性质
知识与技能	能够理解幂函数的概念，理解幂函数的性质	能够从图像讨论幂函数的性质	能够证明幂函数在区间上的单调性、判断奇偶性，能够解决幂函数的基本问题和应用问题
思维与表达	能够理解类比思想、数形结合方法	能够用数形结合解决幂函数的相关问题	能够建立幂函数的知识体系
交流与反思	能够用幂函数概念解释具体现象	能够用图像表达函数解析式	能够用数学语言进行表达和交流
品格价值观	认识幂函数在现实生活中的广泛应用，体会类比思想、对应思想，提升学生的思维品质与数学价值观		

（二）教学目标的表述

教学目标的表述要清楚地描述出，学生通过哪部分知识的哪种探究活动，能够获得什么程度的学习结果. 教师可依据"行为主体＋行为动词＋行为条件＋表现水平或标准"四要素格式来拟定. 需要注意的是，并非所有的教学目标均要求四要素齐全，而是要求整个教学目标主次分明，有所侧重，可以根据实际需要灵活省略. 另外，在表述时也要选择明确恰当的行为动词，数学教学目标行为动词分类如表 4-4 所示.

表 4-4　数学教学目标行为动词分类

表述目标维度	目标层次	举例
结果性目标	知道/了解/模仿	初步学会、举例、辨认、识别、寻求、感知、回忆等
	理解/独立操作	描述、表达、刻画、阐述、解释、说明、比较、推测、想象、归纳、概括、总结、提取、对比、判定、会求、能、运用、初步讨论等
	掌握/应用/迁移	会用、导出、分析、推导、证明、解决、研究等
过程性目标	经历/模仿	观察、体验、操作、查阅、借助、收集、回顾、复习、参与、尝试等
	发现/探索	设计、梳理、整理、分析、交流、探求等
	反应/认同	感受、认识、了解、初步体会等
	领悟/内化	获得、提高、增强、形成、养成、树立、发挥、发展等

1. 教学目标的行为主体是学生

教学目标并不是教师完成教学任务的目标，而应该是学生通过教学活动达到预期的学习结果. 所以在表述教学目标时应该贯彻"学生为本"的理念，行为的主体是学生，而不是教师；应该围绕"学生在学习之后，能干些什么"或者"学生将是什么样的"来描述. 可以采用"学生能……"这样的表述方式，例如"学生能说出数系扩充的过程"而不是"培养学生理解数系扩充的过程". 为了避免重复，通常可以省略"学生"一词，例如"会解简单的一元一次不等式，并能在数轴上表示出解集".

2. 教学目标应全面且具有层次性

教学目标的设计要体现层次性和差异性. 在课堂教学中，每节课可能都包含三个维度的教学目标，但通常情况下，由于受知识本身以及学生实际和学习环境所限，一节课要实现所有的目标是不现实的. 这就要求我们在制订教学目标时要分层次、分阶段进行考虑. 另外，由于学生个体的差异，即使在同一堂课教学目标也应是多样的，承认差异、因材施教、因人设标、分类推进，才是科学之原则. 在具体教学目标的表述过程中，既要体现出促进学生全面发展的思想，又要考虑每位学生的不同发展. 如可以采用"在课堂讨论中，80%的学生都能提出解决方案"这样的方式来表述.

3. 教学目标应具体可测

教学目标的表述必须清晰描述出学生具体的行为，要保证其可观测、可操作、可实施. 例如"学生能够理解函数单调性的概念"这一表述虽然有了导向性，但学生有什么样的表现才能判断其达到了这一目标呢？可见该表述方法未能很好地将"抽象宽泛"的内容标准从"应然"状态转换为"实然"状态，比如我们可以将其表述为"能用函数单调性定义判断一个简单函数的单调性"或"能给出增函数、减函数的具体例证和图像特征". 在情感领域方面，情感目标最终体现为价值体系的个性化，包括学习者的态度、信念、道德品质等可以外化为具体行为的心理层面. 所以，情感目标不要用"学生能发展其数学学习兴趣"等习得性结论，只需说明学生在什么样的指标下有何具体行为，如"学生经历勾股定理的探索和发现过程，从中体验数学的内在规律美".

【案例4-9】 "探索勾股定理"的教学目标

1）经历用拼图探索勾股定理的过程，提高学生推理能力，使其体会数形结合的思想.

2）理解并掌握勾股定理，能运用勾股定理解决一些实际问题.

3）通过了解勾股定理的相关数学史，体会其文化价值，激发学生的学习热情.

案例评析："经历、掌握、运用、了解"等行为动词后为可观察的、可测的行为，"提高、体会"等为内在心理的变化，这体现出美国学者格朗伦德提出的将内部心理过程和外显行为结合表述教学目标的"内外结合法"，体现出数形结合的思想方法，能够帮助学生初步感受蕴含在定理中的数学文化. 但是，对于初中阶段的教学目标，教师应避免套用高中阶段的知识，同时避免涉及不符合初中阶段学生认知水平或过于深刻的价值观.

第四节　教学重难点分析

一、教学重难点的含义

所谓教学重点，是指在教材内容的逻辑结构和知识体系中处于重要地位的内容，这些内容在学习中贯穿全局、带动全面、应用广泛，对学生的认知结构起核心作用，且在后续的学习中既奠定基础又发挥纽带作用，具有广泛的实用价值. 一般来说，教材中的定义、定理、公式、法则以及它们的推导和重要应用，各种技能技巧的培养和训练，解题的要领和方法等都可确定为教学重点.

所谓教学难点，是指学生理解、掌握或应用起来比较困难的知识点. 难点具有相对性，可能是由于学生的认知能力、接受水平与新旧知识之间的矛盾造成的；也可能是学新知识时，由于知识过于抽象、内在结构错综复杂、本质属性比较隐蔽、要求用新的观点和方法去研究等因素造成的. 有些内容可能既是重点, 又是难点, 如绝对值概念、函数的概念、点的轨迹等.

课堂教学要完成认知目标, 就需要教学设计者在设计时必须解决好"突出重点"和"突破难点"这两个常规问题.

二、教学重难点设计原则

（一）标准性原则

确定教学重难点时应以课程标准与教科书的要求为基本的标准. 课程标准是国家规定的用来衡量教学质量的统一标准, 教科书是学生学习知识的参照, 教学的最终目的是为了培养社会所需人才, 所以必须处理好课程标准与教科书的关系. 教学重难点要逐层次体现教学的要求, 使课程标准和教科书的要求具体化、明确化.

（二）整体性原则

确定教学重难点时要遵循由整体到局部, 再由局部回到整体的思路通盘进行考虑. 即由课程的总目标、总重难点, 到具体实施的单元目标、单元教学重难点, 再到某一课时的教学目标重难点, 构成一个有序的、前后关联的系统整体. 也就是说要从整个课程这一角度去考察每一章节所处的地位和作用, 最后确定教学目标重难点如何落实到每个知识点上. 因此, 在确定某节或某个知识点的教学目标和重难点时, 不能将总目标和总重难点的对应条款机械照搬, 必须注意到各个不同层次目标重难点间的联系, 与教科书严密的科学体系及知识点间的结构, 还要注意到学生的认知规律, 从而使各章节的教学为达到总目标服务. 上述讲的是认知领域的整体性, 同时还必须注意到情感领域和动作技能领域, 使三个领域结合为有机的整体, 形成两个领域的一体化.

（三）适应性原则

确定教学重难点时, 必须着眼于全体学生的发展, 能最大限度地适应不同程度的学生需要, 教学要适应经济、科学和社会发展的多方面需要, 全面提高全体学生的素质. 因此教学目标重难点必须根据不同学生的实际, 具有一定的层次性, 使学生在不同基础上都得到充分的发展.

（四）具体性原则

确定教学重难点时要具体、易操作、可实施. 一般情况下教学重难点只落实到知识点上这样就显得粗糙, 明确性和具体性较差. 教学重难点更应含有学生领悟知识的过程, 做到过程和结果的有机统一. 也就是说, 教学重难点不应仅让学生掌握某个知识, 更应是学生在学习知识的过程中, 经历知识的探索和发现的过程.

三、教学重难点设计方法

（一）教学重点设计的方法

1. 通过教学内容分析确定教学重点

很多情况下, 教学内容的标题就明确了将要学习的主要内容, 由此可以根据教学内容的标题来确定教学的重点. 例如在学习"函数的概念"一节课时, 由于本节的标题就是"函数的概念", 所以"函数的概念的理解"就是本节课的课时重点. 另外, 根据教学重点的含义, 教材知识体系中具有重要地位的知识、技能与方法是数学教学重点. 所以, 可以从分析教学内容在教材知识体系中的地位和作用来确定是否为教学重点. 例如"向量"这一教学内容，由于其具有数与形的双重特征，利用它处理数学中的许多问题，如长度、角度、平行和垂直等问题，都比传统方法更快捷、方便和有效，因此它是数学研究中的一个重要工具，也是中学数学教学的重点.

2. 通过例题和习题确定教学重点

重点内容的学习要求学生要达到理解、掌握和灵活运用，因此，教材中一般都配备了一定数量的例题和习题供学生练习、巩固并形成技能与能力. 所以，分析教材中例题和习题的安排和配置可以确定教学重点. 例如"两角和与差的正弦、余弦、正切"一节中，教材在得出"两角和与差的正切公式"后，分别在例题、练习和习题中，安排了多个该公式运用的题目，涉及公式的正用、逆用和综合运用. 教材这样配备例题和习题的目的，就是要求学习者不但要能推导公式，还要了解公式的来龙去脉. 从例题和习题配备的数量、层次分析，可以看出"两角和与差的正切公式"的重要性，这就说明了它应成为本节课的教学重点.

（二）教学难点的设计方法

1. 依据学情分析确定教学难点

教师根据知识本身的难易程度，结合对学生学情的基本分析来确定教学难点. 教师通过课堂观察或批改作业等经验，对学生在哪些内容上理解困难或容易犯错误等会有基本的了解，教师据此可以确定教学难点. 例如多项式的内容，许多学生在判定多项式的项和次数时容易出错. 对于多项式"$6xy - 4x - 1$"的一次项和常数项，常出现诸如"一次项是 $4x$，常数项是 1"的错误，这与学生没有充分理解"多项式是几个单项式的和，每一个单项式称为项"有很大关系. 而这里的"和"是代数和，要将多项式"$6xy - 4x - 1$"看成"$6xy + (-4x) + (-1)$"，才不会出现上述概念性的错误. 据此经验，就可以把教学难点确定为"多项式的项及次数的确定".

2. 依据教学重点确定教学难点

虽然教学难点依据学生的实际水平而定，但有些数学知识本身非常重要但又具有强抽象性，学生普遍理解起来比较困难，这时该数学知识就既是教学重点也是教学难点. 例如"垂径定理"是圆的重要性质，由于垂径定理是圆的轴对称性的具体体现，所以在研究垂径定理时，采用图形变化的方法，通过圆的轴对称性引导学生发现并证明，让学生体会图形变化的方法在发现问题、解决问题中的作用，也为从圆的旋转对称性发现弦、弧、圆心角的关系起到一定的铺垫作用. 基于此，垂径定理的探索是该教学的重点. 同时，学生此时虽然已经学习了轴对称等图形变化，但运用图形变化的观念去发现问题、解决问题的意识还不强，因此在学习垂径定理的发现和证明时，学生可能不容易想到从轴对称的角度去思考. 此外，垂径定理的题设与结论比较复杂，题设的变式比较多样，一些学生不能把握题设的本质，从而造成对定理的理解不深入. 所以垂径定理的探索也是本教学的难点.

【案例 4-10】 "垂线"教学重难点分析

垂线的概念、画法和性质是"图形与几何"领域的基本内容之一，在生活中有着广泛的应用. 对它的学习是在相交线、对顶角等知识的基础上进行的，它也是进一步学习空间里的垂直关系，研究三角形、四边形等平面图形以及平面直角坐标系等知识的基础. 证明垂直是相交的特殊情况，它是利用角的特殊数量关系来刻画的. 当两条直线相交所成的四个角中的任意一个等于90°时，两条直线垂直. 垂线有两个性质，第一个性质是"过一点有且只有一条直线与已知直线垂直"，体现了垂线的存在性和唯一性，这是垂线作图的保证. 垂线的第二个性质是"垂线段最短"，是定义点到直线距离的依据. 垂线知识的学习体现了利用角的数量关系研究两直线的位置关系的方法. 另外垂线的概念和性质，也蕴含着"从一般到特殊"的认识规律.

基于以上分析，确定本节课的教学重点：垂线的概念和性质.

学生能够结合生活情境了解平面内两条直线的垂直关系，另外又学习了两条直线相交、对顶角、邻补角等知识，具有了学习本节内容的知识储备. 但是这个阶段的学生动手画图的能力不够，过一点利用三角尺和量角器画出已知直线的垂线对学生来说比较容易，但是过一点画线段和射线的垂线对学生来说比较困难. 另外学生对几何概念的认识往往还只停留在图形上，观察、归纳的能力还有待提高，尤其是用严谨的文字语言表述归纳得出的垂线性质对学生来说比较困难，需要在老师的引导下完成.

所以本节课的教学难点是：垂线的画法及归纳垂线的性质.

第五节　常用的教学方法

一、教学方法的含义与类型

教学方法是在特定教学情境中为完成教学目标和适应学生学习需要而制订的教学程序计划和采取的教学实施措施. 教学方法主要解决"如何教和如何学"，即教学活动的具体形式、手段、途径等. 要同时考虑目标、内容、学生、时间、教学条件等要素，这些都会影响教学方法的选择.

教学方法的种类众多，目前学者们对于教学方法的分类意见并未达成一致. 曹一鸣教授对数学教学方法的分类，分为"以教师呈现为主""以师生互动为主""以学生活动为主"三类教学方法，如表4-5所示.

表4-5　曹一鸣数学课堂教学方法分类

类型	释义	教学方法
以教师呈现为主	课堂教学强调教师的中心地位，学生的学习以接受为主，教学过程主要由教师讲授，呈现文字、声像、实物等，向学生进行单向信息传递	讲授法、演示法等
以师生互动为主	以问题为中心展开教学，强调师生之间的对话互动，教学过程主要由教师提出问题，引导学生积极思考，激发并调动学生通过独立思考、合作等方式回答教师提出的问题，最终完成教学任务	问答法和讨论法
以学生活动为主	课堂教学强调学生的学习活动，教学过程是在教师的组织和引导下，以学生的集体对话和探究活动为课堂主线，推动课堂进行	发现法、自学辅导法、研究法等

除此之外，龙敏信主编的《数学课堂教学方法研究》中汇集了 24 种教学方法；在周学海编著的《数学教育学概论》中，谈及了 13 种教学方法；在孙各府、郑素琴等编著的《数学教育学原理》中，则论及了 17 种现代教学方法；张奠宙主编的《数学教育研究导引》中，指出了 11 种主要的教学方法；崔克忍、鲁正火编著的《数学教育导论》中，介绍了 8 种教学方法；张双德、王呈义等编著的《数学教育学》中，介绍了 8 种教学方法；胡炯涛著的《数学教学论》中，收录了 8 种教学方法．综合起来，体现的共同特点是不仅重视知识的传授、技能的训练，而且重视开发智力、发展能力，培养学生创新意识和实践能力．

科学的运用教学方法，其实就是用最短的时间，最大限度地发挥学生的潜力，高效率、高质量地完成教学任务．一堂数学课一般要运用多种教学方法，并形成合理的组合．本节选择在数学教学实践中比较常用的几种方法进行介绍．

（一）讲授法

讲授法是"教师通过口头语言向学生描绘情境、叙述事实、解释概念、论证原理和阐明规律的教学方法．它是教师使用最早的、应用最广的教学方法，可用于传授新知识，也可用于巩固旧知识，其他教学方法的运用，几乎都需要同讲授法结合进行．"人们很容易将学生的接受学习看作机械被动的学习，"填鸭式""满堂灌"成为讲授法的代名词．事实上，如奥苏伯尔所认为的，接受学习也可以是有意义的，只要充分发挥讲授法的优势，避免它成为"满堂灌"，就能使学生在短期内获得大量数学知识，教师在运用讲授法时应注意以下几点．

1. 讲授时要有启发性

有效的讲授法要善于启发学生思考．有目的的提出主题、创造问题情境、引起学生的学习动机、激发学生的思维活动是讲授法的主要线索．不仅要使学生积极地"听"，还要使学生积极地"思考"．

2. 教师要多方面整合资源与信息

教师在运用讲授法时，需要对教科书中的内容进行处理和加工，并运用各种媒介将知识呈现给学生．另外，教师在课内要积极捕捉学生的反馈信息，如教师应在教学设计中加入提问环节，通过学生对问题的回答，了解学生对知识的理解和掌握程度．或者教师在实际教学时要留意学生的表现，学生表情动作的变化往往能够传递给教师丰富的信息，既能反馈学生的困惑疑难，也能反映学生的学习心理，还能显示其对教师的态度．

（二）问答法

问答法是指教师根据学生的已有认知基础和当前的学习需要提出问题，学生在问题的引导下积极、主动地思考，并通过对话的方式回答问题，与它类似的教学方法有谈话法．谈话法在教师有目的的"问"与学生有思考的"答"的过程中探究新知、得出结论获得新知的方法．古希腊的苏格拉底的"产婆术"就是采用问答法进行的，因此问答法也被称为启发式谈话法．教师在运用问答法时应注意教师要透彻理解所教授的内容，把握教学重难点，有目的的设计问题链．另外，要考虑不同层次学生的不同能力，提出通俗易懂、含义明确、便于理解、前后连贯且富有启发性的问题进行引导．

（三）练习法

练习法是在教师的指导下，让学生通过独立作业掌握基础知识和进行基本技能训练的一种教学方法．它常用于解答习题的教学过程，是一种很好的巩固与应用数学知识的方法．练习法既能帮助学生内化新知、巩固旧知，又能帮助教师及时获得学生的反馈．在运用时需注意，练习要有明确的目的性；要循序渐进，先单一后综合，先易后难；要合理安排题量，过少的题目达不到效果，过多的题目会导致学生疲劳；要及时对练习进行反馈，既要引导学生总结，也要指出错误并分析错误原因.

（四）自学辅导法

自学辅导教学法是中国科学院心理研究所在总结"程序教学法"的基础上提出来的.是注重调动学生的学习积极性、培养学生自学能力的一种教学方法. 这种教学方法体现出学生的自学潜能，要求学生学习在前，教师指导在后. 这样有利于因材施教，培养开拓型人才. 这种方法的教学过程大致分为四个阶段，领读练习阶段、启发自学阶段、自学辅导阶段、教学研究阶段. 其中自学辅导阶段是中心环节，教师在课上首先只介绍教学目的、学习任务和注意事项，主要是学生独立完成一系列学习过程，教师给予个别辅导.

（五）发现法

发现法是指让学生自己发现问题，主动获得知识的一种教学方法. 这种方法的主要倡导者是美国教育心理学家布鲁纳，他提出教学应当从儿童的好奇、好问、好动手的心理特点出发，在教师的引导下，通过一系列演示、实验、解答问题等手段，让学生自己发现问题、主动获取知识. 与它类似的教学法有探索法、引导发现法和活动法等，它们均以培养探究和创新能力为重点. 发现式教学法很灵活，它没有固定不变的模式，通常可以按照下述步骤进行：

1）创设问题情境，激发学生学习的积极性和主动性.
2）寻找问题答案，探讨问题解法.
3）完善问题解答，总结思路方法.
4）进行知识综合，充实和改善学生的知识结构.

二、教学方法的选择依据

教学方法选择的基本依据，应包括以下几个方面.

1. 结合实际教学目标

教学方法的选择要与教学目标相匹配，不同的教学目标，所采取的教学方法也就不同.从本质上讲，教学方法是实现教学目标的手段，但同时它也受限于教学目标的要求. 例如，对"能运用两角和差的正弦、余弦、正切公式进行简单的恒等变换"这一目标，运用讲授法的教学效果就不如练习法的教学效果. 同时，如表4-6所示，与教学目标相适应的教学方法也并不唯一.

表4-6 教学目标和教学方法的优选关系

	记忆事实	记忆概念	记忆程序	记忆原理	运用概念	运用程序	运用原理	发现概念	发现程序	发现原理
讲授	△	★	○	★	★	○	□	□	○	□
演示	★	○	○	○	○	□	○	○	★	○
谈话	△	★	□	★	★	○	□	□	○	□
讨论	□	△	□	□	★	□	★	○	△	□
练习	○	□	★	★	□	★	□	△	○	△
实验	★	△	□	○	△	★	□	○	○	★

注：★最好；□较好；△一般；○不定.

2. 适应不同教学内容

合适的教学方法能够突出教学重点，突破教学难点．对于抽象性较强、理解困难或理论性强的内容，一般以教师讲授为主；对于学生能够通过探究等活动发现规律或性质的内容，教师要尽可能地把握时机，给予学生良好的氛围和充分的探究时间．

3. 符合学生认知发展

学生的知识与技能、学习风格、心理发展水平等初始状态，决定着教学的起点．教学方法的选择必须以了解学生的心理发展特点以及智力发展水平为前提，如低年级的学生会更急切的想要表现自己，这为启发式教学提供了很好的契机，但高年级的学生主动回答问题的积极性明显降低，教师就要灵活性地驱动问题，刺激学生主动思考．

4. 匹配自身教学条件

同一教学方法可以解决不同问题，不同教学方法也可以解决相同问题．教师在选择教学方法时，应考虑自身的语言表达能力与逻辑思维能力，所选择的教学方法，应保证在自己的能力范围内，否则会影响教学的实施与效果．

【案例 4-11】 "一次函数的图像"数学实验教法、学法分析

函数的图像与性质是函数理论的主体，通过对函数图像与性质的研究，从图形和数量两个方面及其相互联系中，表明函数的本质特征是联系和变化，这是函数教学的主线．其中，函数图像是基础，在初中阶段学生主要借助图像直观认识函数的性质．在函数内容中，一次函数具有奠基作用，因此课程标准对一次函数的学习提出了较高要求．经验表明，学生对"一次函数图像是一条直线"的认知存在困难．为此，需要设计"用几何画板软件操作绘图"的数学实验，帮助学生探索出"一次函数的图像是一条直线"的结论，具体设计如下所述．

首先教师设计一个从具体到抽象的问题情境，引导学生借助几何画板，先描出以一次函数 $y = 2x + 1$ 的自变量取值及对应函数值为坐标的若干个点，观察这些点的分布情况，再利用几何画板的"追踪"功能，观察点 $P(x, 2x + 1)$ 的路径．其次，学生可以自己写出一个一次函数，并用自己的方法画出它的图像．经过这样的探究，学生会直观认知"一次函数的图像是一条直线"这个结论．最后，学生利用几何画板对一般形式 $y = kx + b$ 进行探究，最终确认结论．

第六节 教学过程设计

一、教学过程的含义

教学是一个发生发展的过程，教学过程是师生双方在数学教学目的与新课程标准指导下，以数学教材为中介，教师组织和引导学生主动掌握数学知识、发展数学能力、形成良好个性心理品质的认识与发展相统一的活动过程，是数学教学设计的核心部分．

二、教学过程的程序

20 世纪 50 年代，我国将教学过程划分为组织教学、检查复习、讲授新课、巩固练习、

布置家庭作业五大环节. 20 世纪 80 年代，教育理论界和实践界对五大环节教学过程论进行了大量卓有成效的探索. 在实践过程中，张传燧提出环状教学过程理论，即动机目的；备课、评阅/预习、作业；诊断、反馈/复习、矫正；授课，指导活动/探索练习；解惑/问难；布置作业/掌握练习；测查评价. 进入 21 世纪后，随着教学理论研究的不断深化和教学理念的不断更新，张传燧在借鉴中外已有教学理论和吸收课程（教学）改革实践经验基础上，提出师生围绕"目标、课程、时间、教室"而展开的 5 个环节，即预习思考/布置任务、互问互答/启发引导、质疑理解/答疑讲解、总结反馈/拓展提升、预习思考/布置提示的教学过程环状模式.

我国常用的教学程序有以下几种：

（1）传递—接受程序　基本过程为：激发学习动机—复习旧课—讲授新课—巩固运用—检查.

（2）引导—发现程序　主要根据美国杜威、布鲁纳等人先后倡导的"问题—假设—推理—验证—结论"的过程.

（3）示范—模仿程序　定向—参与性练习—自主练习—迁移.

（4）情境—陶冶程序　主要适用于情感领域的教学目标达成，基本过程为：创设情境—参与各类活动—总结转化.

在进行教学过程设计时要注意：首先，教学过程的设计要环节完整，各环节之间应呈现出一定的逻辑关系，以问题为导向，问题链紧扣教学目标. 其次，教师活动与学生活动需科学且实际，合理安排，特别是对学生活动的内容与形式要做出较为具体的描述. 最后，教学各环节时间分配科学，需考虑灵活预设. 另外，不可忽略设计意图和设计依据的撰写，要根据基本的学科教学理论对教学过程的预设进行恰当地分析.

【案例 4-12】　"等差数列的前 n 项和"教学过程

教学过程的设计其实是数学活动的设计. 本设计在学生已有知识基础上以问题链的形式展开教学设计. 本设计需教师准备 PPT、学生准备方格纸等工具.

1. 提出问题，引入情境

问题 1　若举行"堆罗汉"游戏比赛，"堆罗汉"是从最下面一排起数上去，每排都少一个人，直到顶上只有一个人为止. 若共堆 7 排，我们班需要多少人参与游戏？

列出计算过程：总人数 $=1+2+3+4+5+6+7$. 引导学生用简便算法计算，利用高斯的算法，将式子翻转过来变为：总人数 $=7+6+5+4+3+2+1$. 两个式子对应观察可得：总人数 $=\dfrac{(1+7)\times 7}{2}=\dfrac{8\times 7}{2}=28$. 这种方法本质上应用了加法结合律，首末两端距离相等的每两个数的和都等于首末两数的和，属于代数方法中的倒序相加法.

这七位数字又构成了等差数列，将其从特殊推广到一般，求 1 到 n 的 n 个数字之和，设 S_n 为前 n 项和，得：$S_n=1+2+3+\cdots+(n-1)+n$，首尾换序得：$S_n=n+(n-1)+\cdots+3+2+1$. 将前两个式子相加得：$2S_n=n(1+n)$.

最后得到等差数列 $\{n\}$ 的前 n 项和公式：$S_n=\dfrac{n(1+n)}{2}$.

若已知等差数列 $\{a_n\}$ 的首项为 a_1，末项为 a_n，则等差数列 $\{a_n\}$ 的前 n 项和公式

为 $S_n = \dfrac{n(a_1 + a_n)}{2}$.

设计意图：以"堆罗汉"游戏引出数列的求和问题，可激发学生的学习兴趣. 参考教科书引入高斯的算法，以几个具体数字为例，再推广到一般形式，利用倒序相加法解决问题. 此方法是利用代数法求数列的前 n 项和，为后续加入几何法奠定基础.

2. 数形转化，推导公式

问题2 上述数列求和是利用代数方法，可否利用几何图形求其面积，从而得到上述公式呢？提示：若将"堆罗汉"的每一个人都抽象成边长为1的正方形，将人数转化为正方形的个数. 可画出图4-3（教师用 PPT 演示）.

正方形的边长为1，那么每个正方形的面积也为1. 所以求正方形的个数可转变为求整体图形的总面积. 但图4-3的面积不易快速求出，所以将所有正方形平移至左边对齐，转化为图4-4. 再将图4-4倒置过来与原图拼成图4-5.

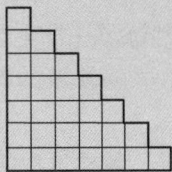

图4-3 问题2图1　　　图4-4 问题2图2　　　图4-5 问题2图3

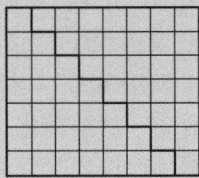

根据图4-5矩形的长、宽，可求出矩形的面积得：$7 \times (7+1) = 7 \times 8 = 56$. 因为图4-4的面积等于图4-5的面积的 $\dfrac{1}{2}$，所以图4-3的面积得：$1+2+3+4+5+6+7 = \dfrac{7 \times (7+1)}{2} = \dfrac{7 \times 8}{2} = 28$，也为所求的总人数.

同问题1，上述过程是求1到7这七个数字之和，且这七个数字构成了等差数列，由特殊到一般，可转变为如何求等差数列 $\{n\}$ 的前 n 项和问题. 将上式推广到一般情形变为：$1+2+3+4+\cdots+n = \dfrac{n(n+1)}{2}$，此式也就是等差数列 $\{n\}$ 的前 n 项和 $(n \in \mathbf{N}^*)$.

需注意的是，上述推导方法，只是用几个很小的数目进行观察，便推导到了一般性结论，利用了不完全归纳法，从特殊到一般得到了含有 n 的式子，所以结论不完全可靠. 为了证明其正确性，应再利用数学归纳法对其结果进行验证，从而得出 $1+2+3+4+\cdots+n = \dfrac{n(n+1)}{2}$ 对任意正整数 n 都成立.

设计意图：将等差数列 $\{n\}$ 的前 n 项和用图形面积的方式表示，体现了数形结合思想方法中的"以形助数"，利用图形将代数问题具体形象化. 以从1到7为例，由特殊到一般推导出公式，但结论需要利用数学归纳法进行验证，体现了数形结合中的"以数辅形"，代数的严谨与图形的直观相结合. 代数法求解与面积法求解在本质上存在异曲同工之妙，一个是将式子"倒序"再相加，另一个是将图形"倒置"算面积. 面积法比代数法更加直观，也为学生提供了多角度思考问题的方法.

问题 3 若数列首项为 a_1，公差为 d，可否利用小方格的面积来求等差数列的前 n 项和公式呢？若可以，又该如何画出图形？

引导学生在准备好的方格纸上，以图 4-4 为例，用"堆罗汉"的方式画出图形．等差数列的通项公式为 $a_n = a_1 + (n-1)d$，a_1，d 代表不同小方格的面积，将其堆积起来表示 a_n，直到拼成一个大矩形．再利用 a_1 和 d 所代表的小方格与大矩形之间的面积关系推导得出公式．

以图 4-6 为例，由图形的面积关系，得到：$2S_5 = 10a_1 + (5 \times 4)d$，$S_5 = 5a_1 + \dfrac{(5 \times 4)}{2}d$，由从特殊到一般得到：$S_n = na_1 + \dfrac{n(n-1)}{2}d$．

设计意图： 对于求首项为 a_1，公差为 d 的数列的前 n 项和公式，学生一般会想到将等差数列的通项公式 $a_1 + (n-1)d$ 代入公式 $S_n = \dfrac{n(a_1 + a_n)}{2}$．但让学生自己动手画出图形，亲身经历面积法推导公式的过程，可以让学生感受探究之乐、数形之幻；也加深了对于等差数列通项公式和前 n 项和公式的理解，还可以提高学生的直观想象能力．

图 4-6 问题 3 图

3. 方法迁移，拓宽思维

问题 4 数列 $\{n^2\}$ 的前 n 项和公式是否也可以用面积法推导得出？也就是 $1^2 + 2^2 + 3^2 + 4^2 + 5^2 + 6^2 + 7^2 + \cdots + n^2$．

学生拿出方格纸，教师引导．为了简便，取前 7 项为例，作出图 4-7（每个小方格均为单位正方形）．再将前 7 项的每一项都拆成从 1 起的几个连续奇数相加的式子，转变如下：

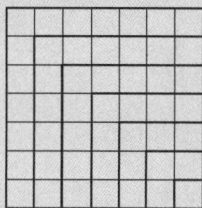

$$1^2 = 1$$
$$2^2 = 1 + 3$$
$$3^2 = 1 + 3 + 5$$
$$4^2 = 1 + 3 + 5 + 7$$
$$\vdots$$
$$7^2 = 1 + 3 + 5 + 7 + 9 + 11 + 13$$

图 4-7 问题 4 图

设计意图： 面积法不仅能推导出数列 $\{n\}$ 的前 n 项和公式，也可推导出数列 $\{n^2\}$，$\{n^3\}$ 的前 n 项和公式．此方法比代数法简单得多，且图形直观、十分有趣，因而引入课堂中来，丰富学生的视野，锻炼学生动手探究问题的能力．

问题 5 观察图 4-7 及上述式子，我们可以结合式子将图 4-7 进行拆分．为了简便起见，n 只取到 4，用堆罗汉的方式堆起来，作出图 4-8．再将图 4-8 的每一部分图形拼成正方形，即为图 4-9，如何将图 4-9 再转化为矩形呢？通过求矩形的面积而求出图 4-9 的面积，即数列 $\{n^2\}$ 的前 4 项和公式．

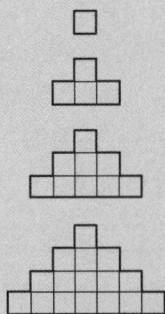

图 4-8 问题 5 图 1

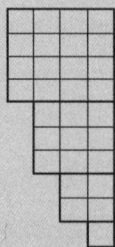

图 4-9 问题 5 图 2

引导学生观察图 4-8，发现图 4-8 中有 4 个 1，3 个 3，2 个 5，1 个 7，故图 4-8 可以排列为图 4-10 的形式，这样图 4-8、图 4-9、图 4-10 的图形面积相等. 学生观察图 4-9、图 4-10，可发现：两个图 4-9 的倒置与图 4-10 能拼成一个大矩形图 4-11. 图 4-11 矩形面积的 $\frac{1}{3}$ 也就是所要求 $1^2 + 2^2 + 3^2 + 4^2$ 的值.

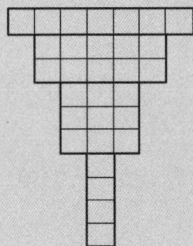

图 4-10 问题 5 图 3

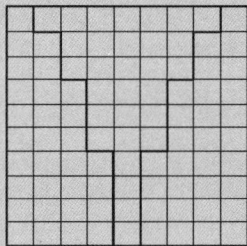

图 4-11 问题 5 图 4

矩形的长为 $1 + 2 + 3 + 4 = \dfrac{4(4+1)}{2} = 10$，宽为 $4 + 1 + 4 = 9$，矩形的面积为 $10 \times 9 = 90$，

所求的 $1^2 + 2^2 + 3^2 + 4^2 = 90 \times \dfrac{1}{3} = 30$. $1^2 + 2^2 + 3^2 + 4^2$ 照实际去计算也仍然等于 30.

若要推广到一般的情形（$n \in \mathbf{N}^*$），那么图 4-11 矩形的长变为 $1 + 2 + 3 + 4 + \cdots + n = \dfrac{n(n+1)}{2}$，宽为 $n + 1 + n = 2n + 1$，矩形的面积为

$$(1 + 2 + 3 + 4 + \cdots + n)(n + 1 + n) = \frac{n(n+1)(2n+1)}{2},$$

则可以得到

$$1^2 + 2^2 + 3^2 + 4^2 + \cdots + n^2 = \frac{1}{3} \times \frac{n(n+1)(2n+1)}{2} = \frac{n(n+1)(2n+1)}{6}.$$

上式就是求数列 $\{n^2\}$ 的前 n 项和.

设计意图： 数列 $\{n^2\}$ 的前 n 项和公式的推导并没有利用繁琐的代数方法，而是利用几何方法，化数为形，借助方格纸将数字用图形以"堆罗汉"的方式表示出来. 在图形倒

置、拼接后，构成一个大矩形．而大矩形面积的三分之一也就是所要求的解．虽然图形的变换方式不能轻易看出，但这恰恰可以让学生自己尝试探究方法，从而锻炼学生的直观想象能力．

问题6 数列 $\{n^3\}$ 的前 n 项和公式可否用面积法推导出来？也就是 $1^3+2^3+3^3+4^3+5^3+6^3+7^3+\cdots+n^3$.

这个式子中每一项都是数的立方，即立方体的体积，要想在平面上表示立体图形不太容易．所以借助乘法的意义，是否可用平面图形表示立方？

为了叙述简便，n 仍只取到4．例如 2^3 的意义是3个2相乘，式子表示为 $2\times2\times2$，同时这个式子也可以记为 $(2\times2)\times2$，可以理解它表示的是 2 个 2^2 的意思．同样可得：$3^3=(3\times3)\times3$，$4^3=(4\times4)\times4$．随后引导学生分组合作交流，在方格纸上尝试画出图形分别表示 2^3，3^3，4^3．

图4-12中的 A 表示 2^3、图4-13中的 A 表示 3^3、图4-14中的 A 表示 4^3．引导学生思考，这三种图形如何变换才能拼成一个矩形．教师利用PPT展示图形的变化过程：将图4-12中的 A 变换为图4-12中的 B；图4-13中的 A 变换为图4-13中的 B；图4-14中的 A 变换为图4-14中的 B．

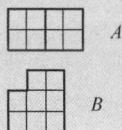

图4-12 问题6图1 图4-13 问题6图2 图4-14 问题6图3

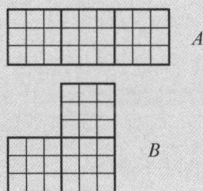

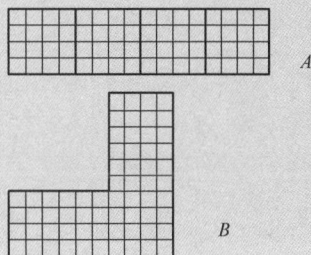

设计意图：利用乘法的意义，将数的立方转化为数与该数的平方相乘，再利用图形表示出来．此过程中学生在教师的引导下进行图形的转化探究，图4-12～图4-14的转化也为下一步图形拼接奠定了基础．

问题7 观察图4-12～图4-14中的 B，图形之间是否存在着联系，有何发现？

观察图4-12～图4-14中的 B，可发现图4-12中 B 的缺口恰好是 1^3，所以 1^3 能填补 2^3 的缺口．图4-13中 B 缺口的边长为3，这和图4-12中 B 的外边缘相等，可知 1^3 和 2^3 可将 3^3 缺口填满．图4-14中 B 缺口边长为6，又恰好等于图4-13中 B 的外边，因此 1^3 和 2^3 和 3^3 拼在一起能将图4-15中 B 的缺口填满．照此填法，便得到图4-15，它恰巧是 $1^3+2^3+3^3+4^3$ 的总和，也是图4-15的面积．

图4-15是边长为 $1+2+3+4$ 的正方形，它的面积是 $(1+2+3+4)^2$，因而得到：$1^3+2^3+3^3+4^3=(1+2+3+4)^2$，该等式右边括号中 $1+2+3+4$ 按照数列 $\{n\}$ 的前 n 项和公式得

$$1+2+3+4=\frac{4(4+1)}{2}=10,$$

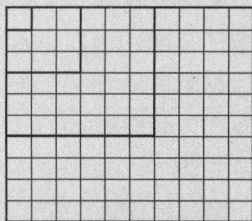

图4-15 问题7图

因此

$$1^3 + 2^3 + 3^3 + 4^3 = (1 + 2 + 3 + 4)^2 = \left[\frac{4(4+1)}{2}\right]^2 = 10^2 = 100.$$

将上式推广到一般的情形中，得到

$$1^3 + 2^3 + 3^3 + 4^3 + \cdots + n^3 = (1 + 2 + 3 + 4 + \cdots + n)^2 = \left[\frac{n(n+1)}{2}\right]^2.$$

上式也就是数列 $\{n^3\}$ 的前 n 项和. 还需向学生交代的是：以上通过面积法推导数列 $\{n^2\}$，$\{n^3\}$ 前 n 项和公式，仅仅是用少量数字为代表进行观察推导，便得到一般性结论，属于不完全归纳法. 因此在得到结论后需利用数学归纳法对其进行论证，下面以数列 $\{n^2\}$ 为例，证明求和公式 $1^2 + 2^2 + 3^2 + 4^2 + \cdots n^2 = \dfrac{n(n+1)(2n+1)}{6}$ 的正确性.

证：(i) 当 $n = 1$ 时，左边 $= 1$，右边 $= \dfrac{1 \times (1+1)(2+1)}{6} = 1$，等式成立.

(ii) 假设当 $n = k$ $(k \in \mathbf{N}^*，k \geq 1)$ 时等式成立，即

$$1^2 + 2^2 + 3^2 + 4^2 + \cdots k^2 = \frac{k(k+1)(2k+1)}{6}.$$

那么当 $n = k + 1$ 时，

$$1^2 + 2^2 + 3^2 + 4^2 + \cdots + k^2 + (k+1)^2 = \frac{k(k+1)(2k+1)}{6} + (k+1)^2$$

$$= \frac{k(k+1)(2k+1) + 6(k+1)^2}{6}$$

$$= \frac{(k+1)(k+2)(2k+3)}{6}$$

$$= \frac{(k+1)(k+1+1)[2(k+1)+1]}{6}.$$

等式也成立.

根据 (i) 和 (ii) 可以断定，$1^2 + 2^2 + 3^2 + 4^2 + \cdots n^2 = \dfrac{n(n+1)(2n+1)}{6}$ 对任意正整数 n 都成立.

设计意图：数列 $\{n^3\}$ 的前 n 项和公式也利用面积法推导得出，用平面图形表示数的立方有一定难度，在教学中重点是向学生点拨数的乘法的意义，将数的立方转变为数与该数平方的积，这样在方格纸上就可以画出平面图形. 但图形的变换与图形之间的关系，需让学生合作找出，教师点拨引导，而不要全盘托出. 最后利用数学归纳法进行验证，提示学生图形的直观也要与严谨的论证相结合. 学生身临其境地经历数学公式的推导过程，切实体会图形的变换，有助于提高学生的主动学习能力和合作能力，经历探索知识的过程和收获知识的快乐.

4. 巩固知识，小试牛刀

具体内容讲解完之后，趁热打铁，运用所推导出来的公式解决问题.

例1 已知 $a_1 = -4$，$a_8 = -18$，$n = 8$，求相应的等差数列 $\{a_n\}$ 的前 n 项和 S_n.

例 2　公元 5 世纪的《张邱建算经》中有这样一个问题：今有女不善织，日减功迟，初日织五尺，末日织一尺，今三十日织讫．问织几何？

例 3　求 $S_n = 1^2 + 2^2 + 3^2 + 4^2 + 5^2 + 6^2 + 7^2 + 8^2$．

例 4　求 $S_n = 1^3 + 2^3 + 3^3 + 4^3 + 5^3 + 6^3 + 7^3 + 8^3 + 9^3$．

例 5　根据图 4-16，是否能从小方格的面积关系中推导出数列 $\{2n-1\}$ 的前 n 项和？

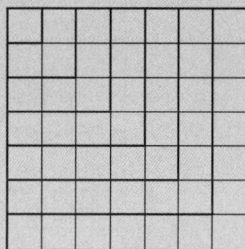

设计意图：例题训练是巩固知识的最好方法．例 2 引用了《张邱建算经》中的历史名题，带领学生体会古代数学家的智慧．例 5 利用面积法推导出公式 $1 + 3 + 5 + 7 + \cdots (2n-1) = n^2$，加深学生对于面积法的理解．这几道例题主要是考查学生对于公式的应用，让每个公式所对应的几何图形再次浮现在学生头脑中．在教学中，例题的选择要适量，解题要找到问题的本质，到底运用了哪个知识点？运用了哪些公式？厘清问题之间的联系与区别．

图 4-16　例 5 图

5. 历史重现，史料普及

在利用面积法推导数列 $\{n\}$，$\{n^2\}$，$\{n^3\}$ 的前 n 项和公式之后，播放教师准备好的关于等差数列的相关数学史料的微视频，内容如下．

等差数列的历史源远流长，四大文明古国历史文献中都有对于等差数列的记载，比如古巴比伦的泥板（见图 4-17）、古埃及纸草书（见图 4-18）、古印度的吠陀梵文文献、《巴克沙利手稿》（是现存最早的古印度文献）等．

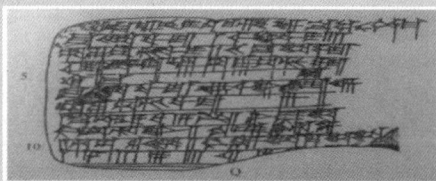

图 4-17　古巴比伦泥板 YBC9856

古希腊毕达哥拉斯学派利用小石子或点构造成三角形数、四边形数等，推导了数列的求和公式，如图 4-19 所示，用三角形数推导出 $1 + 2 + 3 + 4 + \cdots + n = \dfrac{n(n+1)}{2}$．

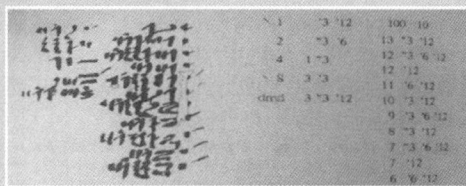

图 4-18　古埃及加罕纸草书残片上的等差数列问题

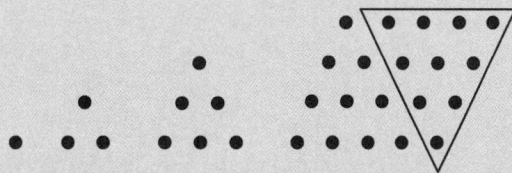

图 4-19　毕达哥拉斯学派的三角形数推导公式

我国古代文献中也有类似的推导记载，如《周髀算经》中的"七衡图"问题；沈括的《梦溪笔谈》；《九章算术》中的衰分、均输、盈不足等章中（见图4-20）；朱世杰的《四元玉鉴》；《张邱建算经》；杨辉的《田亩比类乘除捷法》等.

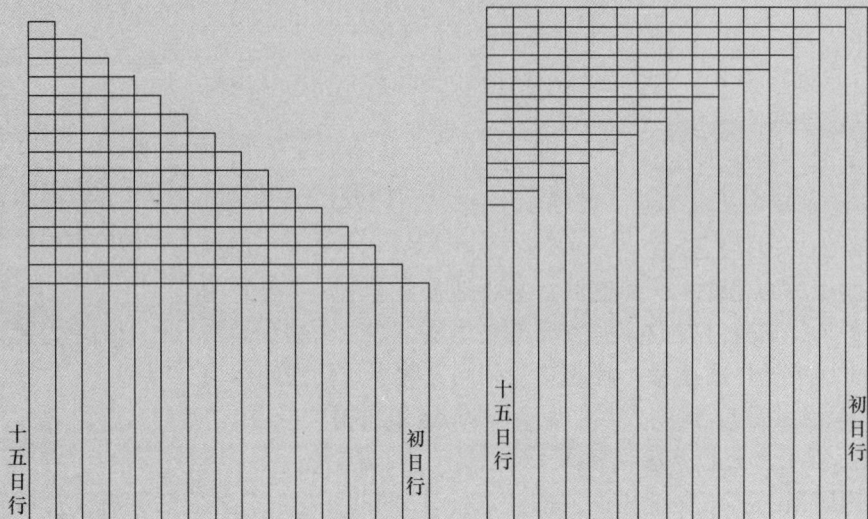

图4-20　《九章算术》盈不足一章良驽二马相逢问题

本节课利用的"面积法"推导出数列 $\{n\}$，$\{n^2\}$，$\{n^3\}$ 的前 n 项和公式，是借鉴了民国时期我国著名数学家、数学教育家、出版家刘薰宇先生在其科普著作《数学趣味》中提到的方法（见图4-21），且这本书时隔多年再版多次，感兴趣的同学可以查阅此书，感受数学的趣味性.

图4-21　《数学趣味》堆罗汉其中一页书影及其再版封面

设计意图：录制微视频，图、文、声并茂，带领学生穿越到古代，感受数学家用各种方法推导数列 $\{n\}$，$\{n^2\}$，$\{n^3\}$ 的前 n 项和公式. 有助于拓宽学生的视野，增强学习数学的兴趣. 让学生站在巨人的肩膀上，重温历史，体会数学的博大精深.

6. 课堂小结，升华主题

问题 8　总结本节课中推导数列 $\{n\}$，$\{n^2\}$，$\{n^3\}$ 的前 n 项和公式的方法特点. 谈谈你对数形结合思想的理解.

设计意图： 弗赖登塔尔曾说："反思是重要的数学活动，它是数学活动的核心和动力."在接受和理解新知识之后，及时的反思总结是十分必要的，反思的过程也是数学知识及活动经验内化的过程. 本节课的教学设计中对于数列的前 n 项和公式的推导主要是利用了数形结合的思想方法，需要让学生清晰地体会到教学目的，重温面积法推导公式的过程，感受数形结合之美.

第七节　教学设计的基本形式

数学教学设计结果的呈现，通常有两种不同的形式：一种是文本形式的教学设计，另一种是表格形式的教学设计. 两种教学设计主要是形式上的不同，并没有本质的差异，但在教学过程设计环节，后一种形式更容易体现师生活动的特点.

一、文本形式的教学设计

一般情况下，文本形式的数学教学设计如下：

"＊＊＊＊＊＊＊"教学设计

一、教学内容分析

（说明学科、年级、教材版本、所需课时，概述学习的内容和本节课内容的价值和重要性.）

二、学生学情分析

（分析学习者的学习态度、学习动机和学习风格，说明学习者在知识与技能、过程与方法、情感态度与价值观三个方面的学习准备和起点状态.）

三、教学目标设计

（结合学生的基础知识和学习能力，对该课题预计要达到的教学目标进行明确、详细地描述.）

四、教学重难点分析

1. 教学重点：

设计依据：

2. 教学难点：

设计依据：

五、教学方法设计

（说明本节课教学设计的基本理念，主要采用的教学和活动策略，以及这些策略在实施过程中的关键问题.）

六、教学过程设计

（构建成邻近的"问题链"，对问题设计的意图或依据进行分析，并对提出问题之后可能出现的各种情况，进行详细的预判和分析.）

问题1

设计意图

设计依据

问题2

设计意图

设计依据

七、教学评价设计

（以现代教育教学理论为基础，按照数学课程标准的要求，针对数学学科特点和中学阶段的教学内容以及学生的实际情况，对教师的"教"和学生的"学"进行科学、合理的价值判断.）

八、板书设计

（简洁、醒目、耐人寻味、引发思考、呈现知识的形成过程、显现知识之间的内在联系、凸显教学的重难点.）

九、教学反思

（课后反思，反思教学计划及其执行情况、反思教学成功之举、反思教学失败之处、反思学生的表现等，总结经验、吸取教训.）

二、表格形式的教学设计

一般情况下，表格形式的数学教学设计如表4-7所示：

表4-7　表格形式的数学教学设计

课题名称		教材版本	
授课班级		授课教师	
一、教学内容分析			
二、学生学情分析			
三、教学目标设计			

（续）

课题名称		教材版本	
授课班级		授课教师	

四、教学重难点分析

五、教学方法设计

六、教学过程设计

教学环节	教师活动	学生活动	设计意图或依据
写出每个教学环节，即先做什么，后做什么	每个教学环节，教师做什么、怎么做，如引导、设疑、解释、示范、解答疑难等	每个教学环节，学生做什么、怎么做，如独立思考、合作探究、动手操作、展示结果、黑板演示等	主要撰写设计各环节或问题的目的或理论依据等

七、教学评价设计

八、板书设计

九、教学反思

思 考 题

1. 通过上述内容的学习，请简述教学设计的基本流程.

2. 结合对本章的学习，对"导数的概念"的教学内容进行简要分析，并确定该内容的教学重点.

3. 结合对本章的学习，你认为数学教学目标的设计应注意哪些问题？

4. 结合对本章的学习，你认为该如何确定"函数奇偶性"的教学重点和教学难点？

5. 你认为在数学教学设计中，该如何把握教学重点、突破教学难点？

6. 阐述讲授法、问答法、练习法、自学辅导法、发现法这四种教学方法之间的区别与联系.

7. 选自选一节中学数学内容进行教学设计.

推 荐 读 物

[1] 李祎，贾雪梅. 中学数学教学设计［M］. 北京：高等教育出版社，2016.

[2] 何小亚，姚静. 中学数学教学设计［M］. 3 版. 北京：科学出版社，2020.

[3] 李春兰，毕力格图. 中学数学教学设计［M］. 西安：陕西师范大学出版社，2022.

[4] 吴立宝. 中学数学教学设计［M］. 北京：清华大学出版社，2021.

[5] 人民教育出版社课程教材研究所中学数学课程教材研究开发中心组. 初中数学核心内容数学教学设计案例集［M］. 北京：人民教育出版社，2014.

[6] 章建跃. 高中数学核心内容教学设计案例集［M］. 北京：人民教育出版社，2015.

参 考 文 献

[1] 加涅，韦杰，戈勒斯，等. 教学设计原理［M］. 王小明，庞维国，陈保华，等译. 上海：华东师范大学出版社，2007.

[2] 吴立宝. 中学数学教学设计［M］. 北京：清华大学出版社，2021.

[3] 中华人民共和国教育部. 义务教育数学课程标准（2022 年版）［M］. 北京：北京师范大学出版社，2022.

[4] 人民教育出版社课程教材研究所中学数学课程教材研发中心. 普通高中教科书教师教学用书 数学 必修 第一册：A 版［M］. 北京：人民教育出版社，2019.

[5] 张东. 议数学知识的本质［J］. 中小学数学（初中版），2020（9）：35-36.

[6] 李祎，贾雪梅. 中学数学教学设计［M］. 北京：高等教育出版社，2016.

[7] 人民教育出版社课程教材研究所中学数学课程教材研发中心. 普通高中教科书教师教学用书 数学 选择性必修 第二册：A 版［M］. 北京：人民教育出版社，2019.

[8] 奥苏贝尔，等. 教育心理学：一种认知观［M］. 余星南，宋钧，译. 北京：人民教育出版社，1994.

[9] 马文杰，鲍建生. "学情分析"：功能、内容和方法［J］. 教育科学研究，2013（9）：52-57.

[10] 徐梦杰，曹培英. 精准针对学生差异的学情分析研究［J］. 课程. 教材. 教法，2016，36（6）：62-67.

[11] 吴立宝，李春兰. 数学学科知识与教学能力（高中）［M］. 北京：北京师范大学出版社，2018.

[12] 喻平. 核心素养指向的数学教学目标设计［J］. 数学通报，2021，60（11）：1-5；13.

[13] 中央教育教师资格考试研究院. 2021 国家教师资格数学学科知识与教学能力（初级中学）［M］. 北京：世界图书出版公司，2021.

［14］曹一鸣. 数学教学论［M］. 北京：高等教育出版社，2008.

［15］冯虹，王光明，岳宝霞. 新理念数学教学论［M］. 北京：北京大学出版社，2014.

［16］中国大百科全书出版社编辑部. 中国大百科全书·教育［M］. 北京：中国大百科全书出版社，1985.

［17］吴华，张守波，刘宝瑞，等. 数学课程与教学论［M］. 北京：北京师范大学出版社，2012.

［18］何小亚，姚静. 中学数学教学设计［M］. 2 版. 北京：科学出版社，2012.

［19］赵维坤，章建跃. 初中数学实验的教学设计［J］. 课程. 教材. 教法，2016，36（8）：102-107.

［20］叶立军. 中学数学教学设计［M］. 北京：高等教育出版社，2015.

［21］群霞，张传燧，张菁. 教学过程研究的过去、现在与未来［J］. 中国教育科学（中英文），2020，3（3）：68-80.

［22］王彬，吴谦，侯晓婷，等. 基于数形结合思想的"等差数列前 n 项和"教学设计［J］. 数学教学，2021（6）：17-23.

第五章 数学基本课型的教学设计

章前导语

中学数学涵盖了数学概念、数学命题（定理、性质、公式、法则）和数学问题等内容. 因此，中学数学课程通常包括数学概念课、数学原理课和数学问题解决课这三种基本类型. 本章详细探讨了这三种基本课型，主要内容包括：对数学概念和数学命题的含义进行解析，探讨数学概念和数学命题教学的本质和教学模式，讨论数学概念的形成与同化过程以及数学命题的教学设计方法，总结了数学问题解决的概况，介绍了数学问题解决的教学过程，探讨了数学问题解决的教学策略，并提供了相关案例进行说明. 通过对这些基本课型和相关内容的深入研究，有助于提高学生的理解能力和问题解决能力，促进他们在数学学习中取得更好的成绩.

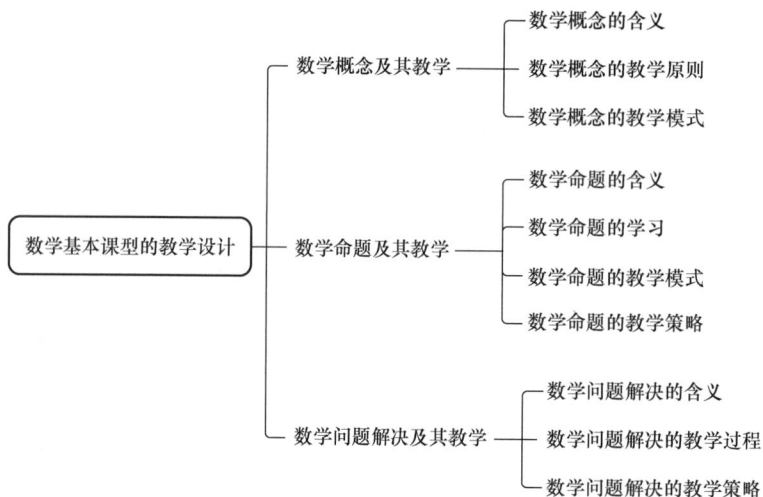

```
                                    ┌─ 数学概念的含义
                    数学概念及其教学 ─┼─ 数学概念的教学原则
                                    └─ 数学概念的教学模式

                                    ┌─ 数学命题的含义
数学基本课型的教学设计 ─ 数学命题及其教学 ─┼─ 数学命题的学习
                                    ├─ 数学命题的教学模式
                                    └─ 数学命题的教学策略

                                    ┌─ 数学问题解决的含义
                  数学问题解决及其教学 ─┼─ 数学问题解决的教学过程
                                    └─ 数学问题解决的教学策略
```

第一节 数学概念及其教学

一、数学概念的含义

数学是一门理性思维的科学，研究的是现实世界的空间形式和数量关系，而数学概念是数学抽象的结果，是数学知识的基本形式，是数学思维的基本单位. 数学概念是反映现实世界空间形式与数量关系本质属性的思维形式. 它是建立数学法则、公式、定理的基础，也是运算、推理、判断和证明的基石. 没有数学概念也就产生不了数学思维, 数学概念的教学在数学教学中始终占据着重要的地位.

数学概念由概念的内涵和外延构成, 概念的内涵反映某一数学对象的本质属性, 是概念"质"的方面的规定, 说明概念所反映的事物是什么样的. 概念的外延反映数学对象所具有的基本属性, 外延是概念"量"的方面的规定, 说明概念所反映的对象有哪些. 概念的内涵和外延有着反变关系, 即概念的内涵扩大, 它的外延就缩小; 反之, 概念的内涵缩小, 它的外延就扩大. 如"平行四边形"这个概念, 其内涵有"两组对边平行""对角相等""同旁内角互补""对角线互相平分"等, 外延为"所有的平行四边形". 在平行四边形的内涵中, 再增加"有一个角是直角"的条件 (扩大内涵), 就得到矩形的概念, 其外延也就缩小了; 在"矩形"的概念中减少"有一个角是直角"的条件, 就得到了"平行四边形"的概念, 其外延也就扩大了.

一般来说, 数学概念是用定义叙述的, 定义是明确数学概念内涵与外延的准确表述, 给数学概念下定义就是揭示它的空间形式或数量关系的本质属性. 给数学概念下定义, 一般不用否定语句, 不能循环定义. 如"无穷小量是无限趋向于 0 的量""不是有理数的数就是无理数"等不能作为数学概念的定义. 常用的数学概念定义方式有属加种差定义、外延式定义、发生定义、关系定义等. 对于同一个概念, 可以从不同的侧面或选择不同的角度去定义, 即可以采用彼此等价的一组定义去刻画一个概念. 如关于等差数列的定义:

1) 数列 $\{a_n\}$ 是等差数列, 当且仅当 $a_{n+1} - a_n = d$, 其中 d 为常数, $n \in \mathbf{N}^*$, $n \geq 1$.

2) 数列 $\{a_n\}$ 是等差数列, 当且仅当 $a_{n+1} - a_n = a_n - a_{n-1}$, $n \in \mathbf{N}^*$, $n \geq 2$.

3) 数列 $\{a_n\}$ 是等差数列, 当且仅当 $a_n = a_1 + (n-1)d$, 其中 d 为常数, $n \in \mathbf{N}^*$, $n \geq 2$.

4) 数列 $\{a_n\}$ 是等差数列, 当且仅当 $a_n = a_m + (n-m)d$, 其中 d 为常数, n, $m \in \mathbf{N}^*$, $n \geq 1$.

二、数学概念的教学原则

1. 明确数学概念体系

数学概念是构成数学知识体系的基本组织, 它们之间存在着相互联系、相互依存、密不可分的关系. 在数学概念的教学中, 教师要对所学概念进行必要的结构分析, 要分析概念在整个知识体系中的地位作用, 厘清新概念的上位概念、下位概念以及各概念间的相互逻辑关系, 明确学习新的数学概念应该具备的基本知识、能力要求和思维水平, 进而结合学生的实际情况, 确定教学的方式方法. 如函数单调性的学习, 高中阶段研究函数的单调性, 从结构体系上, 我们必须非常清楚它是在学习了函数的概念、表示方法和函数的图像基础上才进行的, 而且还要在学习单调性的基础上陆续学习函数的奇偶性、周期性、对称性、零点等性质, 直至后面还要研究函数的平均变化率、瞬时变化率 (即导数), 由此不难分析出, 函数单调性概念的上位概念有函数、函数的性质、图像等, 下位概念有函数的平均变化率、瞬时变化率 (导数) 等. 因此, 学习函数的单调性概念, 必须建立在学生已经掌握函数的概念、知晓函数研究的对象和实质、能够准确理解函数的性质概念, 并能熟练画出一些基本函数的图像的基础上展开.

2. 合理的概念引入方式

概念教学不能只满足于告诉学生"是什么"或"什么是",还应让学生了解概念的背景和引入它的理由,知道它在建立、发展理论或解决问题中的作用,核心概念的教学尤应如此. 在引入数学概念时,可以利用实际事例或模型进行介绍,如"正、负数"概念可以从收入与支出、前进与后退等具有相反意义的量引入. 也可以用类比的方式引入概念,如分式可以类比分数、不等式可以类比方程、空间可以类比平面等.

需要注意的是,学习一个概念,比较忌讳的是"空降"或"硬塞". 如分数的通分是分数的重要内容,在讲授时也应突出通分的必要性,可以举出异分母分数的运算让学生体会通分的不可或缺.

3. 重视概念的符号表示

符号是概念的外壳和代表,从某种意义上来说更是概念的抽象,因而在概念教学中掌握概念符号的意义显得尤为重要. 在实际教学中要防止两种脱节:一是概念与实际对象脱节;二是概念与符号脱节. 后一种脱节很容易使概念与所反映对象的内容脱节而产生错误. 例如,学生往往将对数函数的符号"lg"看成一个数,从而得出如下错误等式:

$$\lg(x+y) = \lg x + \lg y$$

三、数学概念的教学模式

数学概念的获得包括概念形成与概念同化两种基本方式.

1. 概念形成教学模式

数学概念形成教学强调学生在学习过程中利用直接经验和具体例子,通过观察、比较、分析和归纳的过程,在经历数学概念的实际应用和验证中逐步形成对概念的理解和抽象. 这种学习方式促使学生从具体到抽象、从实例到概括,逐渐形成对事物共同属性和数量关系的认识,以及对空间形式本质属性的抽象认识. 这种发现式学习的过程激发了学生的思维活动和创造性,促进了学生对数学概念的深入理解. 从心理学角度来看,数学概念的形成教学是获得精确概念的心理过程,具体如图 5-1 所示.

图 5-1 数学概念的形成

概念形成的教学离不开学生的已有知识和经验,以学生的直接认知和经验为基础,对具体事物数与形的本质属性进行抽象概括,最终形成数学概念. 例如讲授一元一次不等式的概念时,教师可以让学生观察下面几个不等式有哪些共同特征:

$$x - 7 > 26, \ 3x < 2x + 1, \ \frac{2}{3}x > 50, \ -4x > 3$$

学生回答,教师可以引导学生从不等式含有未知数的个数、次数两个方面去观察不等式的特点,类似于一元一次方程,师生共同归纳就可以获得一元一次不等式的定义:"含有一个未知数,未知数的次数是 1 的不等式,叫作一元一次不等式."

一般地,概念形成教学模式可以归纳为如下 6 个步骤:①创设情境,引入数学概念;②比较分析不同事例,概括共同特征;③抽象出概念的本质属性;④形成数学概念,并将其符号化；⑤剖析概念的内涵和外延；⑥应用概念，建立概念体系.

【案例5-1】"函数"的教学设计

一、教学内容分析

本节课选自《义务教育阶段人教版八年级：下册》第十九章第一节第二课时. 函数是中学数学的核心概念，它是描述运动变化规律的重要数学模型，刻画了变化过程中变量之间的对应关系. 函数概念是后面继续学习的一次函数、二次函数、反比例函数等内容的基础，函数与方程、不等式等知识有密切的联系. 函数概念学习过程中蕴含的核心数学认知活动是数学抽象概括活动.

二、学情分析

函数概念是函数学习的开端，是学生从常量世界进入变量世界的第一步. 此时，学生的抽象思维和总结概括能力还不足，学生对变量的相互联系和区别没有概念，对自变量和因变量区分会有一定的难度. 学生已经具有初步的辩证思维方式，可以理解事物的变化是有规律可循的，然而，在将大量信息提炼以概括事物本质联系方面，学生经验尚浅，因此遇到困难时可能会产生畏难情绪.

三、教学目标

1）结合具体的实例，能够辨别出常量与变量，体会函数是描述变量之间依赖关系的数学模型.

2）经历借助实际问题的分析解决、归纳总结过程，理解函数的定义，能判断两个变量是否存在函数关系并能分辨出自变量与函数（因变量）.

3）结合具体问题的处理方法，知道函数的三种表示方法并会确定自变量的取值范围.

四、教学重难点

教学重点：变化与对应意义下的函数定义.

突出重点的方法：

1）展示实例时强调重在观察变化的动态过程.

2）多种形式完成变量对应值的计算.

教学难点：函数概念的形成与理解.

突破难点的方法：

1）运用熟悉的生活实例，区分变量相互影响的主次关系，从而区分自变量和因变量.

2）运用数据对应关系区分函数值的唯一对应关系.

3）用表格中的特殊值检验变量的唯一对应关系.

五、教学方法

本节课主要采用发现法和讨论法等教学方法进行教学.

六、教学过程

（一）引入课题

问题1：用PPT展示天体运行图、老鹰飞翔、汽车奔驰等动画图片，提问学生发现了什么？

师生活动：

1）"万物皆变".

2）"数学上常用变量与函数来刻画各种运动变化".

3）板书"函数".

问题2：设计游戏. 学生任意抽一张扑克牌，给牌面数字乘以2，再加上5，说出结果，教师快速并正确地说出扑克牌牌面数字. 结束游戏，教师提问：为什么牌面数字在变化，老师能猜到结果？

师生活动：学生讨论后，教师点评总结："事物虽变化，但有规律可循"，找到变化的规律，是解决问题的根本办法，这种有规律的变化关系就是我们今天要学习的函数.

设计意图：通过游戏情境，激发学生兴趣，吸引学生注意力，调动学习积极性. 并借此告诉学生一个人生哲理：事物变化万千，但总有迹可循，找到规律，总是能解决的. 帮助学生建立克服困难的信心.

（二）新课讲解（"初识函数概念"的学习设计）

1. 概念引出

问题3：依次出示下列问题并共同讨论解决.

1）汽车以 60km/h 的速度匀速行驶，行驶里程为 S，行驶时间为 t. 填写表5-1，再试着用含 t 的式子表示 S. 表中空格分别是多少？（教师提示学生体会路程随时间的变化而变化的过程以及变量的对应关系）两个变量之间的关系可以用怎样的式子表示？（变化有规律）

表5-1　问题3表

t/h	1	2	3	4	5
S/km					

师生活动：得出答案，分别为 60，120，180，240，300. 两个变量之间的关系可以用 $S = 60t$ 表示.

2）每张电影票的售价为 25 元，第一场售出 150 张，第二场售出 205 张，第三场售出 310 张，三场电影票的票房收入各多少元？

师生活动：教师设置问题引发学生思考. 设一场电影售出 x 张票，票房收入为 y 元，y 的值随 x 的值变化而变化吗？分析：票房收入 = 单价 × 售票张数. 总结：$y = 25x$.

3）圆形水波慢慢地扩大，在这一过程中，当圆的半径 r 分别为 10cm、20cm、30cm 时，圆的面积 S 分别为多少？

师生活动：教师在 PPT 上展示圆形水波动画图，体会动态过程的连续性，并说明："函数可以反映变化的任一时刻，变量的对应值反应变化过程中的特定时刻". 得出结果：

当圆的半径为 10cm 时，面积为 $S = 100\pi$；

当圆的半径为 20cm 时，面积为 $S = 400\pi$；

当圆的半径为 30cm 时，面积为 $S = 900\pi$；$S = \pi r^2$.

4）购买一些铅笔，单价为 1.2 元/支，总价 y 元随铅笔支数 x 变化，用含有 x 的式子表示 y.

师生活动：得出表达式为 $y = 1.2x$. 教师依据上面的四个问题提出问题4.

问题4：式子 $S = 60t$、$y = 25x$、$S = \pi r^2$、$y = 1.2x$ 中，都分别存在几个变量？变量之间有联系吗？

师生活动：引导学生回答得出：两个变量；两个变量互相联系，其中一个变量取定一个值时，另一个变量就有确定的值与之对应.

设计意图：赫尔的概念形成理论指出：概念的形成首先是将同一类事物的各种因素进行辨别. 这表明在概念学习的初始，让学生经历概念的发生过程，识别和感悟组成概念的各种因素不可或缺. 基于此，设计概念课学习的过程应该从多个具体实例开始，让学生在分析问题、解决问题的过程中产生思维的碰撞，生成新的认知，为归纳和提炼概念的共同因素（即基本属性）"铺好路、搭好桥". 此时，虽然学生还不清楚将要学习的是什么概念、叫作什么，但组成概念的基本属性已在脑海中留下痕迹，概念的抽象与提炼近在咫尺. 学生通过对这些问题的思考、解答和交流，经历了与函数概念有关的各种因素的辨别过程，触及到了函数概念的雏形，初识了函数概念.

2. 概念形成（"理解函数概念"的学习设计）

教师提出问题5，引导学生进行回答，师生再进行小结.

问题5：学生观察图5-2，并回答下列问题.

1）图5-2是体检时的心电图. 横坐标 x 表示时间，纵坐标 y 表示心脏部位的生物电流. 在心电图中，对于 x 的每一个确定的值，y 都有确定的对应值吗？这个值唯一吗？

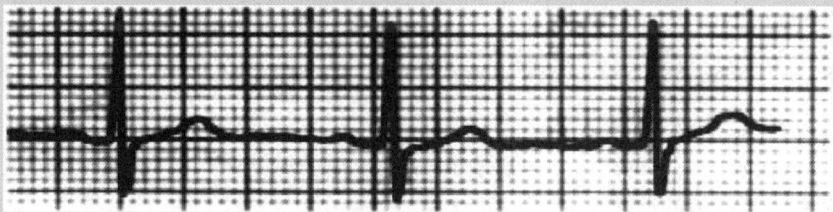

图5-2　体检时的心电图

设计意图：学生在此图中确定唯一对应关系有难度，不求准确，提示理解图像特定点的实际意义，为观察气温图做准备.

2）根据中国人口数统计表，问：年份和人口数分别看作变量 x 和 y，对于每一个确定的年份 x，都对应着一个确定的人口数 y 吗？这个值唯一吗？

设计意图：此表在于展示函数的另一种表示方法，体会函数关系的实质是变量的唯一对应关系.

3）观察某市2月份某日的气温变化图（见图5-3），这一天的6时气温是多少度？10时的温度呢？这一天的气温是 –1℃ 时是几点？气温是 2℃ 时是几点呢？这一天中，时间确定时，温度确定吗？唯一吗？气温确定时，时间确定吗？这个时间唯一吗？

设计意图：回答这两个问题并不困难，重点是区分这两个问题. 问题的设计在于引导学生区分变量的不同对应关系，从而区分自变量和因变量，并体会函数值的唯一对应性.

小结：在这一天中气温随着时间的变化而发生变化；在人口登记表中，人口随着年份的变化而发生变化；在心电图中，生物电流随着时间的变化而发生变化.

3. 总结概念及要点

1）一般地，在一个变化过程中，如果有两个变量 x 和 y，并且对于每一个确定的 x 的值，y 都有唯一确定的值与其对应，那么我们就说 x 是自变量，y（因变量）是 x 的函数.

2）如果当 $x = a$ 时，$y = b$，那么 b 叫作当自变量的值为 a 时的函数值.

3）确定自变量的取值范围时：①要使函数关系式有意义；②要符合问题的实际意义.

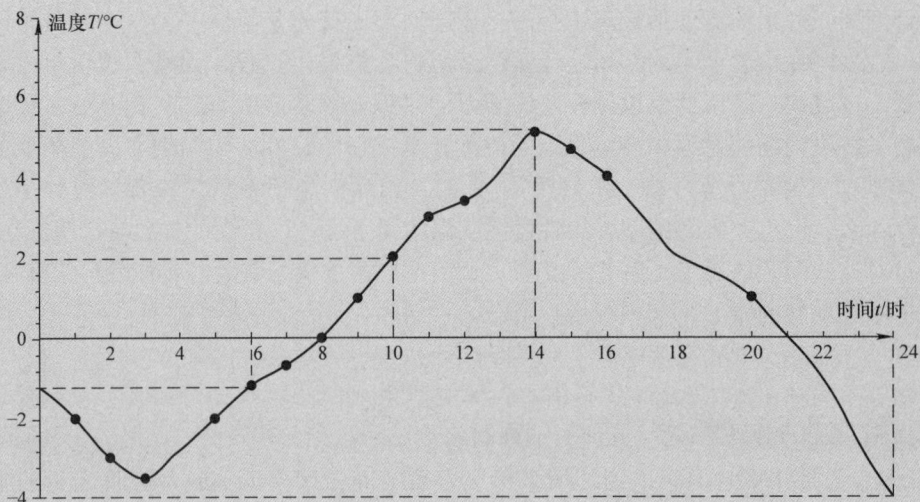

图 5-3 某市 2 月份某日的气温变化

注：1）在一个变化过程中.

2）有两个变量 x 与 y.

3）对于 x 的每一个确定的值，y 都有唯一确定的值与其对应（反之则不确定是否唯一）.

设计意图：由赫尔的概念形成理论可知：概念的形成要经历一个"具体形象——典型表象——本质抽象"的认知心理活动过程，即要经历把外部形象的感知材料经过头脑的思维加工，转化为内部心理的认识过程. 在这个过程中，对外部感知材料从具体形象到典型表象，抽取出共同的、本质性的因素进行概括，是理解概念的关键.

（三）应用举例（"明确函数概念"的学习设计）

例 1 下列各式中，x 是自变量，y 是 x 的函数吗？若是，求出自变量 x 的取值范围.

①$y=2x$；②$y=\sqrt{x-3}$；③$y=\pm\sqrt{x}$；④$y=\dfrac{1}{x}$

解：①y 是 x 的函数，x 为全体实数.

②y 是 x 的函数，因为 $x-3\geq0$，所以 $x\geq3$.

③y 不是 x 的函数（对于 x 的每一个值，y 有两个值与它对应）.

④y 是 x 的函数，$x\neq0$.

（第③题是学生判断的难点，提示学生用特殊值检验函数值的唯一对应性，进一步区分自变量和函数值.）

设计意图：通过应用举例，加深学生对于函数概念的理解，尤其要设计题目帮助学生更好的区分自变量和函数值. 概念得出后，学生只是建立了一个抽象、概括的语句框架，初步理解了概念中蕴含的基本属性，但还没有达到深刻理解的层面. 这时，抓住概念中的核心词语进行深入辨析，实现从感知到理解的深化，显得尤为重要. 这样的概念教学，不仅能使学生深刻体会到概念的缜密性，而且对学生的质疑探究能力的培养也大有好处. 从概念的内涵和概念的外延来设计问题，是明确数学概念的有效方法. 明确概念的内涵，就是对概念要素做具体界定，让学生通过对概念的正例和反例做判断，从而更准确地把握概念的细节与本质；明确概念的外延就是要言之有物，要给出符合定义或不符合定义的对象让学生思考、辨别，深化学生对概念内涵的理解，促进学生对概念外延的把握.

（四）练习巩固（"巩固函数概念"的学习设计）

例 2　填表 5-2 并回答问题.

表 5-2　例 2 表

x	1	4	9	16
$y = \pm 2x$				

1）对于 x 的每一个值，都有唯一的 y 值与之对应吗？

2）y 是 x 的函数吗？为什么？（不是，因为对于给定的每一个 x，y 的值不是唯一的）

例 3　依据图 5-4 判断下列曲线是否表示 y 是 x 的函数.

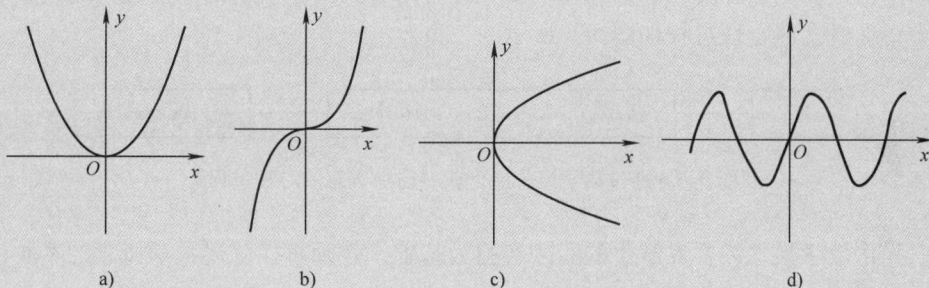

图 5-4　例 3 图

（提示：类比气温图的方法，确定自变量后对应图像上找交点，确定函数值是否唯一？）

设计意图：巩固练习，加强理解. 赫尔认为，概念的形成不仅要将一类事物的共同因素抽象出来，而且还要对它及时地做出相同的反应，才能真正地掌握概念. 鉴于此，学生在经历了概念的初识、抽象和辨析后，基本弄清了概念的意义，但要达到真正掌握，还需通过应用反馈加以巩固. 此时，教师可以设计有助于学生更好地理解、运用概念的题目，通过运用概念解决实际问题，并在问题的独立思考过程中培养学生的概念运用能力，在问题的交流、研讨过程中加深、丰富和巩固学生对数学概念的掌握.

（五）课后总结（"熟识函数概念"的学习设计）

1. 函数的概念

2. 自变量的取值范围要求

3. 函数的三种表示方法：①解析式法；②图像法；③列表法.

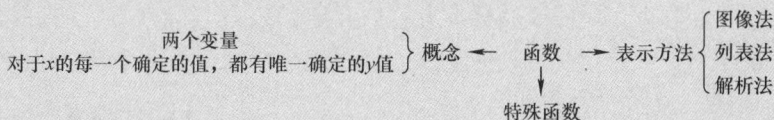

图 5-5　函数框图

设计意图：用框图的形式对概念的学习过程进行回顾与梳理，既可以让学生明确概念从"哪里来",要到"哪里去",又方便学生从整体上掌握概念,使得学生的认知结构化、体系化,从而真正熟识函数概念.

(六)布置作业

指出下列变化关系中,哪些 y 是 x 的函数,哪些不是? 说出你的理由.

① $xy = 2$;② $x^2 + y^2 = 10$;③ $x + y = 5$;④ $|y| = x$;⑤ $y = x^2 - 4x + 5$;⑥ $y = |x|$.

2. 概念同化教学模式

数学概念同化教学是指通过科学的方法和合适的技术手段,直接解释概念的定义,同时利用已有知识(即上位概念)进行概念的同化理解. 也就是说,学习新概念是从已有概念或抽象定义出发,通过逻辑演绎的方式进行概念教学的过程. 概念同化教学帮助学生更清晰地理解概念的系统性和层次性,让他们能够从概念之间的联系中学习概念,在概念体系中体会概念的作用,促进学生对概念的深入理解,并有助于灵活应用学到的概念. 通过数学概念同化获得精确概念的心理过程如图 5-6 所示.

$$\boxed{\text{阅读定义}} \longrightarrow \boxed{\text{以旧观念来明确概念的内涵和外延}} \longrightarrow \boxed{\text{新旧概念的区别}}$$

图 5-6 通过数学概念同化获得精确概念的心理过程

概念同化教学模式需要以学生的间接经验为基础,教师直接陈述数学概念的本质,学生在新旧概念的区分中,理解新概念. 例如一些描述性定义:"一般地,形如 $y = a^x$($a > 0$ 且 $a \neq 1$)的函数是指数函数.""对于函数 $y = f(x)$,把使得 $f(x) = 0$ 的实数 x 叫作函数 $y = f(x)$ 的零点."

关于数学概念的教学,不能一概而论,完全统一模式. 教师要结合概念的类型和特征,通过创设恰当的教学情境,选择适当的教学素材,让学生感悟学习新概念的必要性、合理性;要结合学生的实际情况,采取科学有效的教学方法,设计有效的引领问题或驱动任务,使学生在经历概念发生发展的过程中,认识新概念的不同特征,挖掘新概念的本质属性,归纳概括生成新的概念;要通过概念的运用训练,促进学生根据具体问题的需要改变认识角度、深入理解概念,准确运用概念解决问题,感悟概念中蕴含的思维方法,提升学生的学科核心素养.

【案例 5-2】"抛物线及其方程"的教学设计

一、教学内容分析

本节内容选自于 2019 年《高中数学教科书人教·A 版·选择性必修:第一册》第二章第 7 节"抛物线及其方程"的第一课时. 抛物线是解析几何的一种重要图形,是圆锥曲线的重要内容,是在学习了椭圆及其标准方程以及双曲线及其标准方程的后续内容. 通过对这部分知识的学习,要求学生透彻的掌握抛物线的概念及其标准方程,为学习抛物线的性质打下坚实基础.

二、学情分析

从学生知识层面看:学生在初中初步探讨了抛物线的相关知识,有二次函数的基础,这为深入学习抛物线提供了知识保证. 从学生能力层面看:高二的学生已经有一定的分析、推理和概括能力，初步具备了讨论抛物线的基本能力．所以，进一步讨论抛物线的定义及标准方程，符合学生的认知水平．

三、教学目标

1）经历从具体情景中抽象出抛物线几何特征的过程，感受抛物线在刻画现实世界和解决实际问题中的作用．发展学生的数学抽象、直观想象、数学建模等核心素养．

2）类比椭圆、双曲线的学习过程了解抛物线的定义和标准方程，巩固圆锥曲线的研究方法，进一步体会类比法、坐标法、待定系数法和数形结合思想在数学中的应用．发展学生直观想象、数学运算等数学核心素养．

四、教学重难点

教学重点：抛物线的定义及其标准方程的形成．

教学难点：抛物线的标准方程的不同形式及其推导．

五、教学方法

教法：采用启发式教学法、讲练结合教学法等．

学法：采用自主探究、合作交流等学法．

六、教学过程

（一）回忆旧知，引出新知

问题1：平面内，与一个定点 F 和一条定直线 l 的距离的比是常数 e（$e>0$）的点的轨迹是什么曲线？（投影片打出）

师生活动：教师先让学生独立思考，然后师生一起归纳结论：

1）$0<e<1$ 时轨迹是椭圆．

2）$e>1$ 时轨迹是双曲线．

教师：是否有补充意见？或者说除了以上两种曲线外，还有其他可能性吗？

这时，学生会意识 $e=1$ 的情形遗漏了！教师强调，对问题的讨论要全面，并要求学生对该问题当 $e=1$ 时重新表述，然后板书在黑板上．

问题2：平面内与一个定点 F 和一条定直线 l 的距离相等的点的轨迹是什么曲线？轨迹是否存在？你通过什么方法加以验证？

师生活动：要求学生先独立思考，然后分组讨论．找到验证存在性的方法，教师与学生分别进行交流，并要求小组的代表发言．

设计意图：由前面学习的椭圆和双曲线进入本节课的学习，通过丰富的实例让学生了解抛物线的实际背景．

（二）学习新知，认识概念

问题3：如果轨迹存在，那么它是什么形状？我们能否像椭圆、双曲线一样也用工具描绘出来呢？

师生活动：教师让学生用课前就准备好的纸板、图钉、拉线、直尺以及三角板等工具，寻求画轨迹的方法，并在小组内协作进行．

问题4：请大家考虑，点 M 在运动过程中满足了怎样的条件？并加以说明．

师生活动：学生回答后，教师可演示轨迹的描绘过程：如图5-7所示，用鼠标拖动点 N 在直线 l 上滑动，则 M 点描绘出轨迹，学生注意到 $|MN|$ 与 $|MF|$ 的长度始终保持相等．

设计意图：让学生亲自参与抛物线的形成过程，增强学生的学习兴趣；动态演示让学生对轨迹有更加直观、精准的认识；让学生留意 $|MN|$ 与 $|MF|$ 的长度始终保持相等，为概念的抽象做好充分的准备.

问题 5：至此，我们不仅明确了轨迹的存在性，还描绘出了轨迹的完整图形，这条轨迹在以前的学习中我们已经学过了，如果将图板旋转 90° 像什么？

师生活动：学生回答问题（其实轨迹就是一条开口向右的抛物线）. 教师提出：根据抛物线的画法，请同学们给抛物线下个定义，板书：平面内，与一个定点 F 和定直线 l 距离相等的点的轨迹叫作抛物线，点 F 叫作抛物线的焦点，定直线 l 叫作抛物线的准线.

图 5-7　问题 3 图

设计意图：概念教学要注重生成过程. 通过学生合作操作画抛物线，发现其几何特征，抽象概括出抛物线的定义，并用文字语言予以表征，提升学生的直观想象和数学抽象素养.

问题 6：初中学习的函数 $y = x^2$ 的图像符合抛物线的定义吗？

师生活动：教师：以前学习时我们是默认的，现在已经对抛物线进行了定义，是否能加以证明？

学生：只要证明函数 $y = x^2$ 图像上的任意一点到一个定点的距离与它到一条定直线的距离相等即可.

教师：到一个定点的距离与它到一条定直线的距离相等是抛物线定义的本质属性，也是判断一条曲线是否为抛物线的标准. 请大家按照这一想法进行证明.

证明：设 $p(x, x^2)$ 为 $y = x^2$ 图像上的任意一点，$F(0, m)$ 为定点，$l : y = -m$ 为定直线.

令 $\sqrt{x^2 + (x^2 - m)^2} = |x^2 + m|$，两边平方并整理，得 $(4m - 1)x^2 = 0$

因为 $x \in \mathbf{R}$

所以 $4m - 1 = 0$

所以 $m = \dfrac{1}{4}$.

因为函数 $y = x^2$ 图像上任意点与 $F\left(0, \dfrac{1}{4}\right)$ 和定直线 $l : x = -\dfrac{1}{4}$ 的距离相等，显然是抛物线.

类似地，可以证明函数 $y = ax^2 (a \neq 0)$ 的图像也一定是抛物线，随着学习的深入，我们将能证明任何二次函数的图像都是抛物线.

设计意图：学习新知后，师生共同将以前所学的知识做一个简单的划分，并依据本节课所学习的定义来进行证明，掌握证明的方法，得出结论"二次函数的图像都是抛物线"，方便学生联系前后知识，构建知识框架.

（三）例题训练，巩固新知

例 1

1）如图 5-8 所示，已知定直线 l 及定点 F，定直线上有一动点 N，过 N 作垂直于 l 的

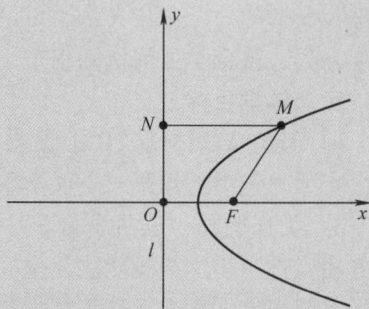

直线与线段 NF 的垂直平分线相交于点 M，则点 M 的轨迹是什么形状的曲线？

2）点 M 与 $F(4,0)$ 的距离比它到直线 $l:x+5=0$ 的距离小 1，点 M 的轨迹是什么形状的曲线？

例2 如图 5-9 所示，已知圆 $C:(x-3)^2+y^2=1$，动圆 M 与圆 C 外切且与 y 轴相切，M 的轨迹是什么形状的曲线？

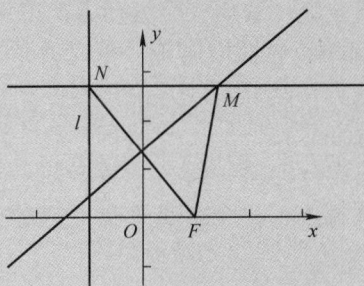

图 5-8 例 1 图

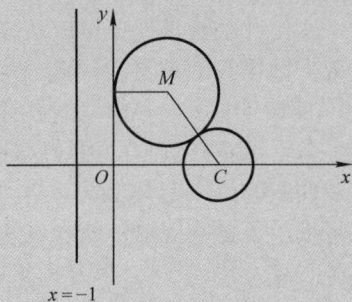

图 5-9 例 2 图

设计意图：通过例题的讲解，加深学生对于抛物线概念的理解.

（四）类比总结，加深理解

问题7：现在我们回到问题 1，通过以上的研究我们得到了较为完整的结论应该是？

学生给出如下结论：

1）当 $0<e<1$ 时，轨迹为椭圆.

2）当 $e>1$ 时，轨迹为双曲线.

3）当 $e=1$ 时，轨迹为抛物线.

问题8：这恰恰表现出数学的和谐美，我们可以想象：如果把它们放在一起会是什么情形呢？

请看投影（见图 5-10）. 由于 $e=\dfrac{|MF|}{d}$ 根据以上三种不同取值，容易发现 C_1 为椭圆，C 为抛物线，C_2 为双曲线的右支. 由此看来，这三种曲线有着其内在的必然联系. 教师让学生翻到教材第 90 页的章首图，指出：用垂直于圆锥的轴的平面截圆锥，得到的截面是一个圆. 如果改变平面与圆锥轴线的夹角，会得到一些不同的图形，本图所示的分别是椭圆、双曲线、抛物线等，其中当截面平行于圆锥的母线时，所得的图形就是抛物线. 因此，通常把椭圆、双曲线、抛物线统称为圆锥曲线.

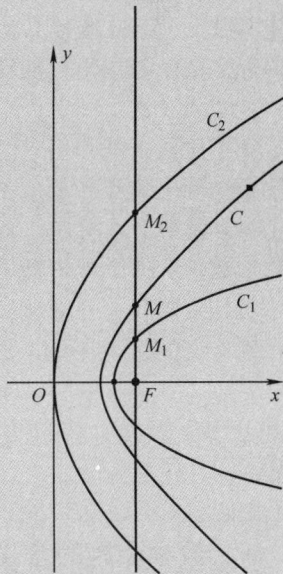

设计意图：立足于整个章节进行知识总结，椭圆、双曲线、抛物线之间既相互联系，又相互区别，在这一过程培养类比推理和知识迁移的能力，提升逻辑推理素养.

图 5-10 问题 7 图

（五）课堂小结

教师用 PPT 展示学习抛物线定义经历的主要过程，交代所有这些仅仅是对抛物线的定性研究，这还远远不够，根据解析几何的基本思想，还需要建立抛物线的方程，并通过方程研究它的性质，这就是我们下一节课的任务.

设计意图： 一堂课的总结不仅要对知识进行总结，更要对方法进行总结，加深学生对于知识的理解与掌握，在总结过程中，教师可以及时观察学生对于某些重难点知识的掌握情况，并且给出下节课的学习任务，为下节课做铺垫.

案例分析　本设计的教学任务可以从知识、技能、素质三个方面去认识，但是都围绕着一个中心任务：抛物线的定义. 因此，本课例的教学性质属于"概念教学"，具体采取了"概念同化"的设计方式，从学习论的角度我们将其分为以下五个阶段：

第一阶段：揭示抛物线概念的关键属性，给出定义.

从椭圆与双曲线的统一定义出发，给抛物线进行定义，虽然并没有给这一定义命名为抛物线，但已经揭示了抛物线这一概念的本质属性：与一个定点 F 的距离和一条定直线 l 的距离相等.

第二阶段：通过寻求抛物线的存在性，突出关键属性.

教师提出问题：轨迹是否存在？怎样验证它存在？为解决这一问题，让学生发现符合概念关键属性的三个特殊点，依据关键属性，让学生用简单工具，教师运用"几何画板"描绘概念的图形. 这样，对"与一个定点 F 的距离和一条定直线 l 的距离相等"有了充分的认识，更加突出了这一本质特征.

第三阶段：将抛物线与二次函数的图像结合起来.

应用抛物线定义证明 $y=x^2$ 的图像是抛物线这一早已默认的事实，这样有利于将抛物线的概念纳入到与二次函数相关的概念体系中去.

第四阶段：运用定义判断并证明某些动点轨迹是抛物线，并进行了肯定例证.

出示三道题目，具有明显的层次性. 第（1）题是对定义的直接应用；第（2）题需要把定直线 $x+5=0$ 调整为 $x+4=0$ 后才符合定义的本质；第（3）题中，抛物线的本质隐含在问题之中，要求学生从动圆与已知圆外切、与 y 轴相切所产生的数学关系中，发现与抛物线的本质属性之间的内在联系，这是定义的自觉运用，是高认知水平的教学任务.

第五阶段：教师引导学生将椭圆、双曲线与抛物线概念的本质属性进行比较，在同一个图形中画出焦点和相应准线相同的三种曲线，使学生了解到三种曲线之间的逻辑关系，并把抛物线概念与椭圆、双曲线一起纳入到了圆锥曲线的概念体系中，形成一个整体. 通过以上教学，使学生把握了抛物线概念的本质属性，建立了相关概念之间的联系，掌握了基本的探索流程，并同化到圆锥曲线的概念体系中，形成完整的认知结构，通过定义的强化，对定义的认识深化，数学活动也有了丰富的经验.

第二节　数学命题及其教学

一、数学命题的含义

数学命题是用来表达数学判断的语句. 因为判断有真假，所以命题也有真假. 根据命题的结构，命题也分为简单命题和复合命题两种. 其中，简单命题是结构上不能再分出其他命题的命题，复合命题是由逻辑联结词联结而成的命题，其中常用的逻辑连接词有否定（即为"非"）、合取（即为"与""且"）、析取（即为"或"）、蕴涵（即为"若……，则……"）以及等价五种，简单情况下使用"与""或""非"三种.

1. 数学命题的四种形式

通常把 $P \to Q$（若 P 则 Q）的命题称为条件命题，又称为条件命题，它的四种形式是：原命题：$P \to Q$（若 P 则 Q）；逆命题：$Q \to P$（若 Q 则 P）；否命题：$\overline{P} \to \overline{Q}$（若 $\overline{P}$ 则 $\overline{Q}$）；逆否命题：$\overline{Q} \to \overline{P}$（若 $\overline{Q}$ 则 $\overline{P}$）. 这四种命题之间的关系如图5-11所示.

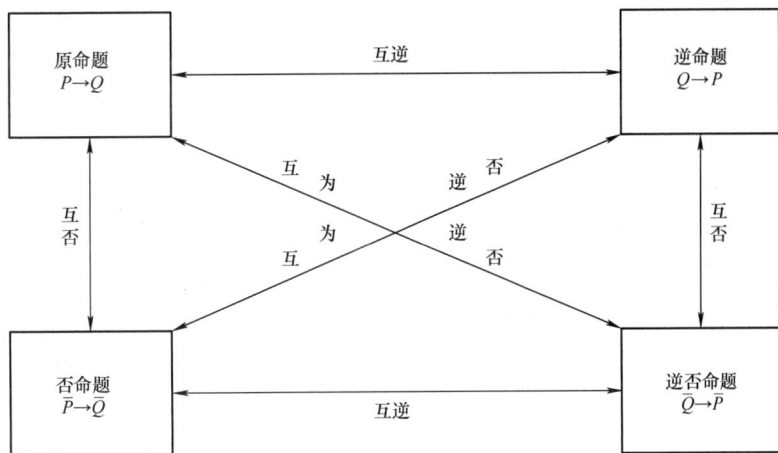

图 5-11　四种命题之间的关系

对于这四种命题，具有互逆或互否关系的两个命题，其真实性并非一致，可以两个都真，可以两个都假，也可以一真一假. 而互为逆否的两个命题同真或同假，这一性质通常称为逆否律，用符号表示就是 $P \to Q \equiv \overline{Q} \to \overline{P}$；$Q \to P \equiv \overline{P} \to \overline{Q}$（见表5-3）.

表 5-3　四种命题形式的真值表

P	Q	$\overline{P}$	$\overline{Q}$	$P \to Q$	$Q \to P$	$\overline{P} \to \overline{Q}$	$\overline{Q} \to \overline{P}$	$\overline{P} \vee Q$
1	1	0	0	1	1	1	1	1
1	0	0	1	0	1	1	0	0
0	1	1	0	1	0	0	1	1
0	0	1	1	1	1	1	1	1

所以 $P \to Q \equiv \overline{Q} \to \overline{P}$，$Q \to P \equiv \overline{P} \to \overline{Q}$ 也可用等价式推论，得 $P \to Q \equiv \overline{P} \vee Q \equiv Q \vee \overline{P} \equiv \overline{\overline{Q}} \vee \overline{P} \equiv \overline{Q} \to \overline{P}$，同理可证，$Q \to P \equiv \overline{P} \to \overline{Q}$. 由逆否律，对于互为逆否的两个命题，在判定其真假时，只要判定其中的一个就可以了.

2. 数学命题的条件和结论

数学命题常常写成"若 P 则 Q"的形式，其中，"若 P"是条件，"则 Q"是结论. 根据命题的条件 P 对结论 Q 的作用，可以把命题分为充分非必要条件、必要非充分条件和充分必要（充要）条件：

（1）充分非必要条件　若命题"$P \to Q$"为真，"$\overline{P} \to \overline{Q}$"为假，则 P 就称为使 Q 成立的

充分非必要条件.

（2）必要非充分条件　若命题"$P{\to}Q$"为假，"$\overline{P}{\to}\overline{Q}$"为真，则 P 就称为使 Q 成立的必要非充分条件.

（3）充分必要条件　若命题"$P{\to}Q$"和"$\overline{P}{\to}\overline{Q}$"皆真，即命题"$P{\leftrightarrow}Q$"为真，则 P 就称为使 Q 成立的充分且必要条件，简称充要条件.

在数学中，"P 是 Q 的充要条件"，常常表示为"Q 当且仅当 P""Q 必要且只要 P"或"Q 必须且只需 P". 这里，"当""只要""只需"是指 P 为 Q 的充分条件；"仅当""必要""必须"是指 P 为 Q 的必要条件. 充分条件和必要条件揭示了条件与结论的内部联系，可以用来指导数学的证明.

3. 数学命题的结构

数学命题通常是假言命题形式. 假言命题在逻辑学、数学、计算机科学和日常生活中都有广泛的应用，它们帮助我们理解和表达条件关系和因果关系，即某个命题（称为"前件"）的真值依赖于另一个命题（称为"后件"）的真值，通常采用"如果……那么……"的形式来表达. 其中"如果"后面跟着的是前件，"那么"后面跟着的是后件，所以假言命题的一般形式可以表示为：$P{\to}Q$. 这里，P 是前件（Antecedent），Q 是后件（Consequent），其真值（见表 5-4）.

表 5-4　假言命题的真值

P	Q	$P{\to}Q$
1	1	1
1	0	0
0	1	1
0	0	1

在表 5-4 中，"1"代表真，"0"代表假. 可以看到，只有在前件为真，后件为假的情况下，假言命题的值为假. 在所有其他情况下，假言命题的值为真.

除此之外，假言命题有以下几种特殊形式：

（1）充分条件　如果前件 P 可以保证后件 Q 的成立，那么 P 可以被视为 Q 的充分条件，在这种情况下，P 是 Q 的一个原因或触发因素.

（2）必要条件　如果后件 Q 的成立必须依赖于前件 P 的成立，那么 P 可以被视为 Q 的必要条件，在这种情况下，没有 P，Q 就不可能成立.

（3）充要条件　如果前件 P 既是后件 Q 的充分条件，也是必要条件，那么 P 和 Q 互为充要条件. 这意味着 P 和 Q 总是同时为真或同时为假.

假言命题的结构可以表述为

$$\{x_1,x_2,\cdots,x_n\}R\{y_1,y_2,\cdots,y_n\}$$

式中，两个集合分别称为条件集和结论集；关系 R 是指推出关系，它可以是由条件推出结论的单向关系，也可以是由条件与结论之间互相推出的双向关系. 在数学命题中，往往要加入以下几种逻辑联结词.

1）合取（AND）：通常用符号 $\wedge$ 表示.

2）析取（OR）：通常用符号 $\vee$ 表示.

3）蕴含（IMPLIES）：通常用符号→表示.

4）等价（IFF）：通常用符号↔表示.

5）否定（NOT）：通常用符号¬ 表示.

并且，对于命题还可以用存在量词"∃"和全程量词"∀"给对象的范围做限定. 例如命题：无论 m 取什么实数，方程 $x - 2mx + m - 1 = 0$ 必有实根. 这一命题的结构为：$\{\forall m \in \mathbf{R}\} = \{\exists x_0 \in \mathbf{R} \land x_0^2 - 2mx_0 + m - 1 = 0)\}$.

二、数学命题的学习

命题的学习关键是获得新命题与原有认知结构中的知识间的关系. 奥苏伯尔将有意义学习分为 5 类：表征学习、概念学习、命题学习、解决问题的学习与创造学习. 其中命题学习单独列为一类学习，根据原有命题与新命题的关系可知，新命题和原有认知结构中的有关知识有三种关系：下位关系、上位关系和并列关系. 如果原有认知结构中存在概括层次上高于新命题的知识，那么新命题和原有认知结构中的有关知识就构成下位关系. 上位关系与下位关系正好相反，原有认知结构中的有关知识在概括程度上低于新学习的命题，这种关系叫作上位关系. 新学习的命题与原有认知结构中的有关知识，既不能构成下位关系，又不能构成上位关系，但它们又有一定的联系，这种关系称为并列关系. 所以，奥苏伯尔进一步对命题学习分为比较细致的 3 类，即下位学习、上位学习和并列学习.

1. 下位学习

当新命题可以直接和原有数学认知结构中的有关知识发生联系、直接纳入到原有认知结构中，充实原有数学认知结构时，这样的过程称为下位学习. 例如，在掌握平行四边形的基本概念和性质后学习矩形，就可以直接在平行四边形认知结构中加入"有一个角是直角的平行四边形"这一条件，就可以把与矩形有关的新定理直接纳入平行四边形的认知结构中.

2. 上位学习

上位学习是学习者认知结构中已经形成了一些观念，通过对已有知识的归纳总结，改进原有认知结构为新的认知结构. 例如：

设 a，b 是正实数，则 $a + b \geq 2\sqrt{ab}$，当且仅当 $a = b$ 时取等号.

设 a，b 是正实数，则 $a + b + c \geq 3\sqrt[3]{abc}$，当且仅当 $a = b = c$ 时取等号.

设 a_i（$i = 1$，2，…，n）是正实数，则 $\sum_{i=1}^{n} a_i \geq n\sqrt[n]{\prod_{i=1}^{n} a_i}$，当且仅当 $a_1 = a_2 = \cdots = a_n$ 时取等号.

3. 并列学习

如果新命题与原有认知结构没有像上位学习和下位学习那样的直接关系，那么学习的关键是寻找新命题与原有认知结构中有关命题的联系，使它们在一定意义下能进行类比，即在并列学习中，新命题中概念间的关系是通过类比处于并列关系的"旧命题"中的概念间的关系获得的. 例如，梯形的面积公式 $S = \frac{1}{2}(a + b)h$ 与等差数列的求和公式 $S_n = \frac{1}{2}(a_1 + a_n)n$ 之间就有一种内在的联系，教师在讲解等差数列的求和公式时就可以从梯形的面积公式入手，引导学生去探究等差数列的求和公式.

三、数学命题的教学模式

喻平针对数学命题教学设计提出了三种模式，即发生型模式、结果型模式、问题解决型模式.

1. 发生型模式

基于布鲁纳、萨奇曼、兰本达的发现 探究学校理论和情境认知学习理论，发生型模式通过揭示命题的产生过程去学习命题. 具体操作过程如图 5-12 所示.

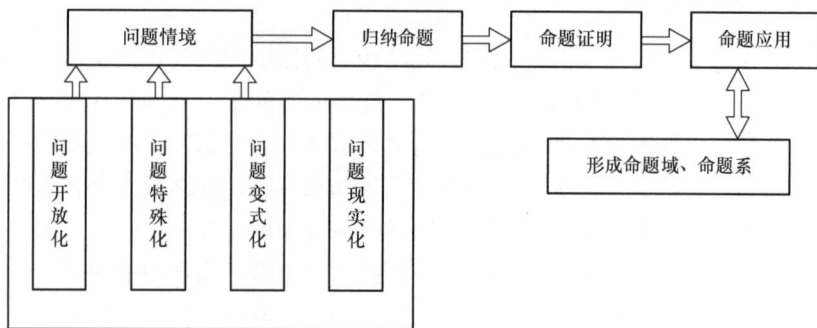

图 5-12 发生型命题教学模式

阶段 1：构造问题情境. 教师可以采用将问题开放化，或将问题特殊化，以及将问题进行变式等多种手段创设问题情境.

阶段 2：在问题情境中，教师引导学生去感知、体验、概括、抽象，从而归纳出命题.

阶段 3：分析证明思路，写出证明过程.

阶段 4：命题的应用，转入解题教学阶段.

阶段 5：在命题应用的基础上，逐步使学生形成命题域和命题系.

2. 结果型模式

基于奥苏伯尔的有意义接受学习理论和加涅的累加学习理论，结果型模式是由教师直接展示命题去学习命题，整个教学必须要有学生的积极参与，通过启发、协商和交流去构建知识，使学生的学习真正成为有意义的接受学习，而不是机械学习. 具体操作过程同"发生型模式"的阶段 3 至阶段 5（见图 5-13）.

图 5-13 结果型命题教学模式

3. 问题解决型模式

基于杜威的实用主义教学思想，情境认知理论，问题解决教学思想，问题解决型模式直接通过解决问题而引入命题. 由问题情境到引入命题阶段，要经历提出猜想、反驳猜想、修正猜想、证明猜想等一系列心理过程，这一过程对于发展学生的直觉思维，提高合情推理能力，培养学生的创新意识有积极作用. 操作程序如图 5-14 所示.

阶段 1：教师创设问题情境，其基本思想是把命题还原为一个问题，这个问题可以是现实生活中的问题，也可以是学生已经熟悉的数学问题.

阶段 2：由问题情境引入命题，或者对现实问题建立数学模型从而产生数学命题.

阶段3：分析证明思路，写出证明过程.

阶段4：命题的应用，转入解题教学阶段.

阶段5：在命题应用的基础上，逐步使学生形成命题域和命题系.

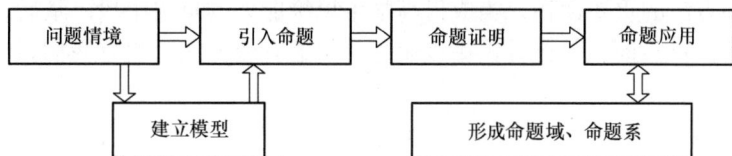

图5-14 问题解决型模式

四、数学命题的教学策略

由于数学命题是由概念联系组合形成的，命题教学复杂度通常会高于概念教学. 然而正是因为命题是概念的有机结合，所以在数学命题教学时更应当注重数学对象之间的联系，以及它们在数学整体结构中的作用，进而帮助学生形成完整的认知图式，经历发现问题、提出问题、分析问题和解决问题的全过程.

1. 注重命题的产生和证明过程

（1）积极创建合理的问题情境，引导学生经历命题的产生过程 针对命题的内涵和特征，从学生认知规律和知识的内在联系出发，利用命题的发生、发展过程，设计出适合学生的问题情境作为命题讲授的导入，可以激发学生的探索意识. 例如平行线的判定教学过程可以创设一系列问题启发引导学生思考，如：如何判断两条直线是否平行？由于直线无限延伸，用定义难以判断，你有没有其他判定方法呢？平行公理的推论是借助第三条直线判定平行，但第三条直线的位置很特殊，一般情况下，如果第三条直线与两条直线相交，是否可以借助角度判定平行呢？这样提出问题引出新课的同时，复习上节课所学的平行线的定义和平行公理及推论. 引导学生追溯命题的产生过程，就是寻找命题生长的根，从逻辑关系来看，也是追溯逻辑起点. 所以，引导学生经历知识的产生过程也是使他们厘清知识之间关系的过程. 如探究平行线的判定定理时，可以通过下列问题1进行：

问题1：你还记得如何用直尺和三角尺画平行线吗？请画出两条平行线，并回顾作图过程，回答下面的问题：

1）三角尺的作用是什么？

2）直尺又起着什么样的作用？

3）你能发现这种画法实质上是画一对什么角相等？

4）你能用文字表达出你发现的结论吗？

让学生经历动手操作—观察—分析—概括的学习过程，得到判定方法"同位角相等，两直线平行".

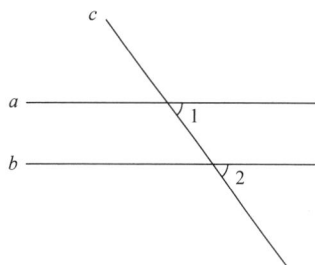

图5-15 问题1图

（2）给予学生探索命题证明的机会，启发学生对命题进行多向推证 就数学命题的教学而言，虽然数学教材中已展示了数学命题的证明过程，教师和学生只要"按图索骥"，就能获得问题的解决法，但这种教学和学习方式却不利于学生创新能力的培养.

在基础教育阶段，一些定理的证明和公式的推导方法往往具有一般性，并且，命题的证明也是学生学习的重要资源. 首先, 一个命题的证明要以某些已经证明的真命题为基础. 其次, 证明命题的过程中隐含着形式逻辑规则. 因此, 在数学命题教学中, 教师应鼓励学生独立思考, 引导学生分析、猜想解题思路和方法, 把结论的推导和方法的思考过程当成使学生领会结论和掌握方法的重要途径, 当成提高学生思维能力的重要手段. 最后, 采用多种证明途径对一个命题进行验证, 是充分挖掘该命题价值的有效方法, 也是我们强调注重命题证明过程的要义所在.

2. 加强数学命题的应用

命题应用是指利用命题去解决相关的数学问题. 教师在强调命题应用时, 不应该只关注其实际价值, 也应该适当地与学生的知识体系进行联系. 在这个过程中, 一个有效途径就是精选例题和习题, 通过命题的应用加深学生对命题之间关系的理解, 建立命题之间稳固的联系. 其次, 要强调命题的变式应用, 特别是公式的变形应用. 最后, 对命题应用的结果应及时反馈, 即对学生应用命题的情况给予及时评价. 例如韦达定理及其逆定理是代数中的重要定理, 应用非常广泛. 除了在不同的学习阶段强调它的应用之外, 还要归纳与总结应用韦达定理能解决问题的类型, 使学生做到心中有数, 遇到有关类型的问题时, 学生能自觉地想到用韦达定理去解决.

韦达定理及其逆定理, 通常可用来求解以下问题:

1) 直接解简单的一元二次方程.

2) 求解含有参数的一元二次方程.

3) 不解方程, 求一元二次方程的两根的对称式的值 (即两根和与两根积的值).

4) 构造一元二次方程, 使它的两根分别是已知的两个数.

5) 不解方程, 判断一元二次方程的根的符号.

6) 已知两数和与积, 求此两数.

7) 已知含参数的一元二次方程两根所满足的条件, 求参数值或参数之间的关系.

通过归纳总结, 全面掌握韦达定理及其逆定理的应用, 熟悉它所能解答问题的特点, 提高基本能力和解题能力.

3. 形成命题体系

教材中的定理、公式不是孤立零散的知识, 而是一个有联系的系统知识体系. 如果把数学命题看作孤立的个体, 那么结果就是所学的知识支离破碎, 在解题不容易或者不能想到相关的定理来解决. 所以教师要让学生弄清每个数学命题的地位与作用, 通过变式训练、例题习题的拓展或者复习课的方式, 对所学的数学命题进行梳理, 加强理解与记忆, 使其成为一个命题体系.

4. 注重命题的不同表达形式

文字叙述语言和数学符号语言是数学命题的基本构成部分, 图形语言是数学命题的直观表达. 人们常把这三种不同的表达形式统称为数学语言, 它是表达科学思想的通用语言和数学思维的最佳载体. 教学过程中, 不仅要注重命题的不同表达形式, 而且也要注意命题中数学语言的互译.

(1) 善于推敲文字语言的关键词句 文字语言是介绍数学概念的最基本的表达形式, 其中每一个关键的字和词都有确切的意义, 需要仔细推敲, 明确关键词句之间的依存和制约关系. 例如平行线的概念 "在同一平面内不相交的两条直线叫作平行线" 中的关键词句有 "在同一平面内" "不相交" "两条直线". 教学时要着重说明平行线是反映直线之间的相互位置关系的，不能孤立地说某一条直线是平行线，要强调"在同一平面内"这个前提，从而加深对平行线的理解.

（2）深入探究符号语言的意义　符号语言是文字语言的符号化，在引进一个新的数学符号时，首先要向学生介绍各种有代表性的具体模型，形成一定的感性认识，然后再根据定义，离开具体的模型对符号的实质进行理性的分析. 数学符号语言由于其高度的集约性、抽象性以及内涵的丰富性，往往难以读懂. 这就要求学生对符号语言具有相当的理解能力，善于将简约的符号语言译成一般的数学语言，从而有利于问题的转化与处理.

（3）合理破译图形语言的数形关系　图形语言是一种视觉语言，通过图形给出某些条件，其特点是直观，便于观察与联想. 观察题设图形的形状、位置、范围，联想相关的数量或方程，这是"破译"图形语言的数形关系的基本思想.

【案例 5-3】 "平面向量基本定理"教学设计

一、内容及地位分析

（一）向量改变学生对运算的认识

向量是近代数学的产物，是非常重要和基本的概念之一. 向量具有一套与数的运算截然不同的运算系统，特别是向量的数量积属于"$V \times V \to R$ 型"的运算，这对学生而言是一次对运算认识的飞跃，而平面向量基本定理则是统一不同运算系统的中转站，是展示数学魅力的良好载体.

（二）平面向量基本定理是沟通数与形的桥梁

平面向量的加法、减法以及实数与向量的积均体现向量的几何特征，一旦有了平面向量基本定理作保证，平面内的向量便与一对有序实数构建了一一对应的关系. 于是，向量的加法、减法、实数与向量的积、向量的数量积、两个向量平行与垂直、两个向量的夹角等都可以转化为代数运算，从而实现向量运算与实数运算的统一. 另外，利用向量还可以证明正弦定理、余弦定理、射影定理以及两角和与差的三角函数等与三角有关的问题. 向量作为沟通代数、几何、三角等内容的桥梁，对更新和完善中学数学知识结构起着非常重要的作用.

（三）平面向量基本定理连结"一维空间"和"三维空间"

空间概念是学生面临的很抽象的问题，向量的共线定理刻画了在共线的向量中选择一个基准向量之后，其余的向量便与实数构建一一对应的关系，这是一维空间. 以平面向量基本定理作为过度，学生还将学习空间（三维空间）向量分解定理，即建立空间向量与一个三维数组的一一对应关系，并以此作为理论依据，研究空间中线面、面面的位置关系.

二、目标及目标分析

1）能陈述平面向量基本定理内容，并能初步掌握定理的本质.

2）通过平面向量基本定理的形成过程，感受知识建构过程中的改造与重组，提高理性思维能力.

新课程明确指出，在教学中要重视知识的形成过程，也就是说不能只重结果而忽视过程. 本节课的重点便是如何在"向量共线定理"基础上，由浅入深、循序渐进地形成"平面向量基本定理"，体现启发式和类比思想的教学方法，培养学生发现问题、分析问题和解决问题的能力，实现知识改造和重组.

三、教学设计指导思想

(一) 重视新课程理念

高中数学新课程中新增了不少内容，平面向量便是其中之一．平面向量进入中学数学，不但改变了传统数学教学内容（数、式、方程、函数与几何图形）的模式，还改变了与运算体系相关的知识结构．

另外，在新的课程标准中十分强调"过程"一词，既要重视学生的参与过程，又要重视知识的再现过程．强调学生的参与，让学生真正成为课堂的主人，在有限的时间内探究知识，主动获取知识．

(二) 重视数学思想方法

由于向量具有两个明显特点，即"数"与"形"，这就使得向量成为数形结合的载体．平面向量基本定理即将要学习平面向量的直角坐标表示等知识的理论基础，它将向量和坐标联系了起来，进而可把曲线与方程联系起来，这样就可用代数方程研究几何问题，同时也可以用几何的观点处理某些代数问题，渗透了数形结合的解析思想．

(三) 重视向量的物理背景

向量这一概念是由物理学和工程技术抽象出来的，反过来，向量的理论和方法，又成为解决物理学和工程技术的重要工具．所以，在教学中，用了两个实例（拉力的分解，平抛运动）使学生认识到向量在刻画现实问题、物理问题中的作用，使学生建立起理解和运用向量概念的背景支持，使学生将在物理中对向量分解的感性认识上升到理性认识的高度，达到培养学生的理性思维的目的．

四、教学过程设计

贝塔朗菲强调，任何系统都是一个有机的整体，它不是各个部分的机械组合或简单相加，而是系统的整体观念．前面已经分析过，平面向量基本定理作为二维空间的重要定理，是一维空间的延续，为三维空间提供基础．平面向量基本定理正是在这样的认识下组织教学的．

环节1 提出问题，明确目标

课堂再现：屏幕上出现一组共线向量，用以复习向量共线的充分必要条件．

活动预设：当一组很有震撼力的共线向量呈现在学生面前时，便牢牢抓住了学生的注意力，引起学生强烈的共鸣，与此同时，思考老师提出的问题．

设计意图：对定理的分析是为共线定理的本质作进一步诠释：共线的向量有无数多个，在"选定一个非零向量 a"的前提下，其他向量 b 均可用 a 唯一表示，即存在唯一的实数 λ，使得 $b = \lambda a$ 成立．借助学生对数轴已有的理解，建立起向量 b 与实数 λ 的一一对应关系，为从一维（直线）到二维（平面）做铺垫．

环节2 分析问题，形成猜想

课堂再现：在同一平面内出现了一组方向各异的向量．教师提出问题：在平面内，如果也只给定一个非零向量，那么平面内的任意向量是否也可以用给定的这个向量表示？为什么？教师就学生的回答步步紧追，为什么一个不行？一个不行，那么究竟几个可以？为什么？

活动预设：一组平面内杂乱无章的向量再次吸引学生的注意力，激发学生解决问题的热情. 学生进行小组讨论, 分享各自的意见. 绝大多数同学都能从向量共线定理入手, 发现用一个非零向量不可以表示任意向量, 而是需要两个向量桁, 且发现这两个向量必须不共线.

设计意图: 教师用"问题链"的形式, 不断提出新问题, 反复冲击学生的思维, 使自己的想法不断修正, 在这个过程中, 学生一直处于思维活跃状态, 激起解决问题的欲望. 学生的充分交流, 各种想法激烈碰撞, 更加有利于发现问题的核心和本质, 为后续理性证明定理提供基础.

课堂再现: 教师在杂乱无章的向量组中, 任意选择两个不共线的向量 (记作: a, b), 让同学再选择一个向量 (记作: m), 让他用 a, b 来表示 m. 并类比向量共线定理概括出上述结论.

活动预设: 学生根据前面已有的向量知识结合物理中的力、运动的合成与分解, 能够首先将三个向量的起点移到一起, 将 m 分解在 a, b 两个方向上, 再利用向量共线定理将 m 表示成 $m = \lambda a + \mu b$ 的形式.

形成猜想: 如果 a, b 是同一个平面内的两个不共线的向量, 那么对于这个平面内的任意 m, 存在实数 λ、μ 使得 $m = \lambda a + \mu b$.

设计意图: 教师选择 a, b 的任意性, 是为基底的概念埋下伏笔; 学生选择 m 的任意性, 是为学生能更深入地理解定理. 让学生概括结论, 一方面是培养学生抽象概括能力, 另一方面是为加深对定理的理解.

环节 3　物理背景, 印证猜想

课堂再现: 教师引导学生思考, 将一个向量分解成两个向量是否有似曾相识的感觉, 可否举出实例?

活动预设: 这个问题对于学生而言不难, 学生在物理中已经学习了力、运动的合成与分解.

教师演示: 教师演示两个课件, 边演示边解释. 重点解释向量的分解, 以及向量如何用另外两个向量表示, 突出基底是不共线的两个向量这一属性.

设计意图: 用物理背景印证猜想, 一方面是为了建立跨学科间的联系, 突出数学与物理学之间的关系; 另一方面, 也是为了培养学生的应用意识, 深化对定理的理解, 物理学中关于向量分解是通过实验得到的, 作为数学学科, 理应给予理论的支持.

环节 4　解决问题, 理性思考

教师演示: 教师展示定理内容

平面向量基本定理: 如果 a, b 是同一个平面内的两个不共线的向量, 那么对于这个平面内的任意 m, 有且只有一对实数 λ, μ, 使得 $m = \lambda a + \mu b$. 其中不共线的向量 a, b 叫作表示这一平面内所有向量的一组基底.

课堂再现: 教师提出问题: 平面内的任意向量都可以用我们事先给定的两个不共线的向量表示, 那么这种表示是唯一的吗?

活动预设: 存在、唯一性问题, 学生在向量共线定理时已经接触, 有了初步的认识, 有解决该问题的基础.

设计意图: 存在性容易证明, 唯一性的证明有一定的难度, 相对比较抽象, 特别是唯一性的证明用到反证法, 且最后的矛盾与共线定理有关. 即从共线到共面最后回到共线的思辨过程, 有助学生对定理本质的认识, 且有利于培养学生思辨能力.

课堂再现: 平面向量基本定理无论从形式上, 还是从内容上, 与前面学习的向量共线定理有很大的相似之处, 请同学们对向量共线定理与平面向量基本定理进行类比 (见表 5-5).

表 5-5　向量共线定理与平面向量基本定理的类比

	向量共线定理	平面向量基本定理
条件	给定一个非零向量 a	给定两个不共线的向量 a, b
结论	对任意向量 b ($b /\!/ a$), 有且只有一个实数 λ, 使得: 对平面内任意向量 m, 有且只有一对实数 λ, μ, 使得 $b = \lambda a$.	对于这个平面内的任意 m, 有且只有一对实数 λ, μ, 使得 $m = \lambda a + \mu b$.
实质	$b \leftrightarrow \lambda$	$m \leftrightarrow (\lambda, \mu)$

设计意图: 用类比的方法, 学生更能体会到这两个定理的相同之处, 更能抓住定理的实质. 另外, 用类比的方法, 更能加深学生对平面内的 a 与有序实数对 (λ_1, λ_2) 之间的一一对应关系的理解, 为向量的坐标表示做铺垫.

环节 5　应用定理, 加深认识

例 1　已知矩形 $ABCD$, 点 E, F 分别是边 BC, CD 的中点, 设 $\overrightarrow{AB} = a$, $\overrightarrow{AD} = b$, 以 a, b 作基底来表示 $\overrightarrow{AE}$, $\overrightarrow{DE}$ 和 $\overrightarrow{BP}$.

设计意图: 以两个垂直的向量基底作为例子, 为下一节平面向量的坐标表示做铺垫.

例 2　如图 5-16, $\overrightarrow{OA}$, $\overrightarrow{OB}$ 不共线, $\overrightarrow{AP} = t\overrightarrow{AB}$ ($t \in \mathbf{R}$), 用 $\overrightarrow{OA}$, $\overrightarrow{OB}$ 表示 $\overrightarrow{OP}$.

设计意图: 该例题是教材中的一个例子, 教师通过该例中 $t \in \mathbf{R}$ 的变化, 说明向量 $\overrightarrow{OP}$ 在改变, 无论 $\overrightarrow{OP}$ 如何变化, 但总可以用不共线的向量 $\overrightarrow{OA}$, $\overrightarrow{OB}$ 表示, 加深学生是对平面向量基本定理的理解.

例 3　如图 5-17 重为 G 的光滑球在倾角为 30° 的斜面上, 被与斜面夹角为 60° 的挡板挡住时, 求斜面与挡板所受的压力为多大?

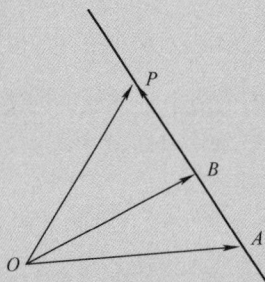

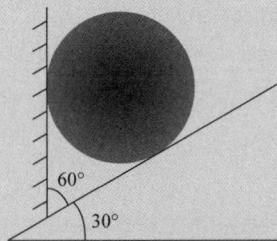

图 5-16　例 2 图　　　　　图 5-17　例 3 图

设计意图: 以一道物理题作为例子, 不但体现物理与数学的联系, 更能体现数学的应用价值.

教学反思：教学是一门艺术，无论是教谁或者教什么内容，教学决策首先要思考三个方面：①教什么内容；②学生将做什么来体现出学习行为已经发生；③教师将做什么来帮助学生学习. 如果决策出现错误，则学生的学习常常就会受阻. 本教学设计正是在深入思考了以上三个问题做出的，"空间的拓展，数理间的联系"使向量具有了活力. 所以，教师必须让所教授的内容"活"起来，只有这样，才能使知识、能力可持续发展！

第三节　数学问题解决及其教学

传统的问题解决就是传统教学中的解"纯数学问题"，即解题. 虽然在数学教学中，解题仍是一种基本的数学活动，但随着科技和社会生活的发展，学生在学校教育中需要培养更加广泛的技能.《义务教育数学课程标准（2022 年版）》提出"发现问题和提出问题，运用数学和其他学科的知识与方法分析和解决问题"的总目标.《普通高中数学课程标准（2011年版 2020 年修订）》则是在强调"问题解决"后进一步指出："在实际情境中从数的视角发现问题、提出问题，分析问题……最终解决实际问题." 此外，西方国家将跨学科的问题解决能力视为 21 世纪人才培养的焦点，大型国际学生测评项目（PISA）也专设计了学生（合作）问题解决能力测试. 由此可见，基于实际情境的问题解决，或跨学科综合性的问题解决，已成为我国课程改革和国际教育发展的趋势.

一、数学问题解决的含义

1. 数学问题解决

何谓问题解决？安德森（Anderson）把"问题解决"定义为受目标指引的认知性操作序列，即问题解决的程序就是应用一定的操作使问题从初始状态经过一步步的中间状态，最后达到目标状态的过程. 问题解决有三个基本特征：

1）目的性. 问题解决必须具有明确的目的，无明确的目的不是问题解决.

2）操作序列. 问题解决必须包括一系列的心理操作过程的序列. 没有心理操作，不能称为问题解决.

3）认知操作. 问题解决活动必须有认知成分参加，它的活动依赖于认知操作来实现.

有些活动，如打领结、分扑克牌，虽然也有目的，也有一系列的操作，但没有认知成分，不是问题解决. 因此问题解决就是由一定情境引起的，按照一定的目标，应用各种认知活动、技能等，经过一系列思维操作，使问题得以解决的过程.

在数学教育的研究中，将问题解决看成是数学教学的目的、数学基本技能或能力、从尝试到解决问题的全过程、数学课程的重要组成部分、一种教学形式等. 可见数学问题解决是方法、是学习活动、是能力也是一种教学形式，即数学问题解决是以思考为内涵，以数学问题目标为导向的心理活动过程，其实质是运用已有的数学知识去探索新情境中的数学问题，并使问题由初始状态达到目标状态的一种内部活动.

2. 数学问题的解决过程

波利亚（G. Polya）花费了整整 30 年的时间完成了世界名著《怎样解题》，该书在世界范围内广为流传，他在《怎样解题》中提出了怎样解题的四个步骤，如图 5-18 所示.

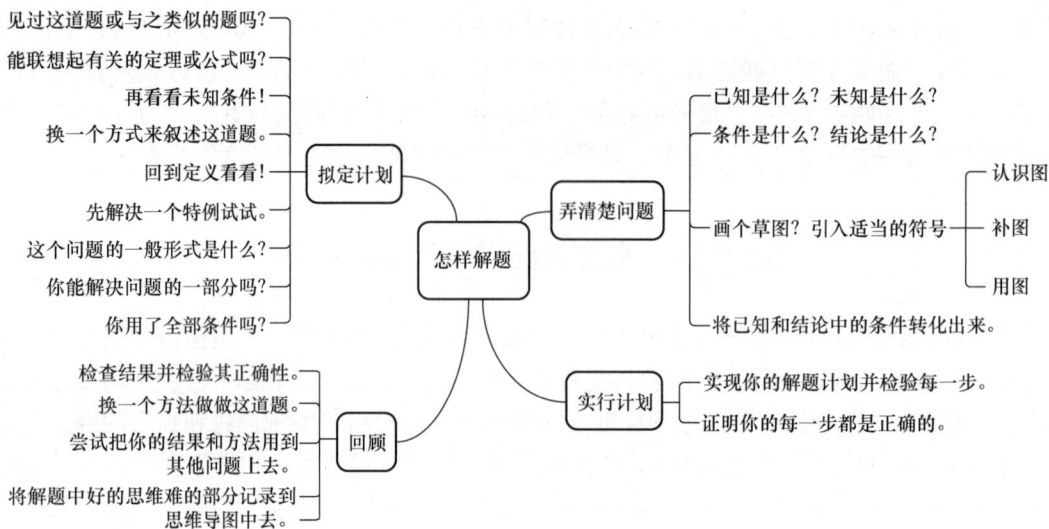

图 5-18　波利亚《怎样解题》中的四个步骤

　　这张包括"弄清楚问题""拟定计划""实行计划""回顾"四大步骤的"如何解题"是波利亚在分解解题思维的过程中得到的，他把寻找并发现解法的思维过程分为 5 条建议和 23 个具有启发性的问题，让我们对解题思维看得见、摸得着，也易于操作．波利亚也明确指出，一些"定型的"问题和建议可被看成教学启发法的核心，这也就是说，只要运用得当，这些问题和建议就能起到"思想指南"的作用，即能够给解题者以一定的启示，从而帮助他们去发现好的或正确的解题方法与解答．

　　匈菲尔德（Schoenfeld）在波利亚的基础上发展起来一个问题解决模型，模型分为 6 个阶段：读题（Reading）、分析（Analysis）、探索（Exploration）、计划（Planning）、执行（Implementation）、验证（Verification）．喻平建立了一个数学解题认知模式的"循环系统"，认为解决数学问题分为 4 个过程：理解问题、选择算子、应用算子、结果评价．与此对应，其认知过程分别为：问题表征、模式识别、解题迁移、解题监控．罗增儒认为数学问题的解题策略可分为：模式识别、映射化归、差异分析、分合并用、进退互化、正反相辅、动静转数形结合、有效增设、以美启真．梅耶（Mayer）则提出了数学问题解决的四个阶段：问题的转述；问题的整合；解决计划与监控；执行解答．其中问题的转述是将问题的已知条件和目标转换成内部特征，而问题的整合是指把问题的每个陈述合并成一个在结构上紧密相连的总的问题表征．

二、数学问题解决的教学过程

　　巴罗斯（Barrows）把问题解决教学过程分为五个环节：

1）组织小组．

2）提出问题，解决问题．

3）小组交流．

4）活动汇报．

5）解题后的反思.

乔纳森（Jonassen）从细化已有的问题解决过程的信息加工模型出发，提出了结构良好问题解决教学步骤：

1）复习概念、规则与原理.

2）呈现问题领域的概念模型或因果模型.

3）出示样例.

4）呈现练习问题.

5）支持搜索解法.

6）反思问题状态与问题解法.

并且对以建构主义为理论基础的问题解决教学过程提出了从五个方面入手，帮助学生成为更好的问题解决者：

1）利用社会交互作用.

2）在有意义的情境中呈现问题.

3）提供发现问题的练习.

4）为问题解决新手提供支架.

5）教授一般问题解决策略.

朱德全将数学问题解决教学过程总结为情境激活程式、方案构想程式、假定实施程式以及系统改良程式.

不管是在心理学领域还是数学教育领域，学者们对问题解决的教学过程虽然各不相同，但综述起来问题解决教学模式的基本思路是：把学习置于复杂的、有意义的问题情境中，通过让学习者合作解决真实的问题，来学习隐含在问题背后的科学知识，形成解决问题的技能，并形成自主学习的能力.

我们认为，在学科教学中，一般的问题解决教学模式包括以下环节.

1. 创设情境，引入问题

教师精心设计难度适中而又有助于学生形成认识冲突的问题，让学生产生一种认识的困惑，以形成积极的探究动机，创设最佳的问题情境.

2. 分析问题，收集信息

学生回想旧知识，自学新知识，形成解决问题的知识网络，以架设问题和目标之间联系的桥梁.

3. 寻找方法，设计方案

使问题情境中的问题与认知结构联系起来，以激活有关的背景观念和先前所获得的解决问题的方法，探索解决问题的途径.

4. 评价方法（或验证假设），得出结论

对问题解决过程、方法进行评价，获得新结论. 或由学生收集、整理有关假设的材料经分析、概括得出结论.

5. 应用新知，产生迁移

将新知识迁移到新情境中解决问题，从而实现对新概念的验证、应用、巩固和提高.

三、数学问题解决的教学策略

1. 教学前要进行充分的预设

在问题解决教学前要对课程进行充分且全面的预设. 既要预设各种具体解法，又要预设思路的探索过程；既要预设通解通法，又要预设巧解特法；既要预设正确解法，又要预设错误解法；既要预设教师的解法，又要预设学生的解法；既要预设解题的分析，又要预设解题后的反思；既要预设解题过程和方法，又要预设教学过程和方法.

2. 创设恰当的问题情境

创设情境和提出问题是问题解决教学的出发点，也是"现实世界"到"数学世界"的重要起点. 教师所创设的问题情境，应考虑以下三个基本的要素：未知的事物（学习目的，即存在一定的问题）、思维动机（想解决这个问题）、学生的知识能力水平（觉察到问题但不知如何解决问题，即问题处于学生的最近发展区）. 问题情境设置的目的就在于提出问题，使之与学生已有知识经验产生激烈的矛盾冲突，从而使学生萌发解决问题的欲望.

3. 设计具有启发意义的问题

除了情境创设，问题的设计也是数学问题解决教学过程设计的关键，在设计问题时应注意以下几点.

1）问题应当具有较强的探索性. 我们这里所指的问题，不仅是寻常的问题，还包括具有某种程度的独立见解、能动性和创造精神的问题. 这里所指的"探索性"的要求是与学生的实际水平相适应的.

2）问题应当具有一定的开放性. 一个好问题常常可以用许多不同的方法解决，这样学生可以通过不同的途径去"解剖"本质，明白解题不仅仅是简单地获得答案，而是数学思想的探索与发现.

3）问题应当具有一定的发展余地，可以推广或扩充到各种情形. 此类问题能够引出新的问题和进一步的思考，是丰富的数学探索活动的起点，能够给学生提供"做数学"的机会.

4）问题应当具有一定的现实和启示意义，蕴含数学思想方法，富有趣味，能够使学生逐步认识到数学价值和数学之美，感受到数学学习是一种有意义的活动. 这个问题不是"偏题""怪题"，而是真正引发学生思考的问题，不仅问题本身具有价值，其解决问题所涉及的思维模式同样具有价值.

4. 指导学生正确表征问题

问题的表征建立在对问题理解的基础上，并显著影响问题解决的难易程度. 由于人的工作记忆容量是有限的，而许多问题又是如此复杂以致工作记忆很容易超载，因此，在建立问题表征时，必须对已有信息进行筛选. 教师帮助学生表征问题可以运用各种方式，如可用抽象思维思考、绘制图表、图片、草图和列表等方法表征问题，从而简化问题.

5. 积极反思并合理评价学生的问题解决过程

教师应当引导学生将数学世界中获得的"解"放到现实世界加以评判，考虑现实情况的合理性，进而反思问题解决过程、优化数学模型、调整解决策略.

学习评价是学习和教学过程的一个关键环节. 教师不但要注重学习结果评价，还要注重学习过程的评价. 不但要评价学生获得的书本知识，还要评价学生从事实践活动及其动手操作的能力．在问题解决学习中，尤其要注重形成性评价．形成性评价能让我们及时了解学生在问题解决过程中存在的问题，并及时加以调整，这对于学生的学习更具有实际意义．可以采取的方法是让学生通过解决新的问题来检验学生的学习效果．学生要解决的新问题要与学过的知识有一定的联系，但又不是单纯套用这些知识就能解决的，既要以学过的知识为基础，又要设置一定障碍．选择这样的问题有利于检验学习存在的问题，有助于检验学生学习的效果．总之，评价不但要注重学生问题解决的过程，也要对学生参与程度、参与积极性、对集体的贡献进行评价，而不是把评价仅局限于学习结果上．

【案例 5-4】 探究圆锥曲线中一类定值问题

一、内容选择与技术准备

2019 年人教 B 版选择性必修第一册中，用例题、思考与探究等栏目提供了以下结论：

1）椭圆上任意一个动点与长轴的两个端点连线的斜率之积为定值，反之也成立．

2）双曲线上任意一个动点与实轴的两个端点连线的斜率之积为定值，反之也成立．

3）椭圆与圆密切相关，有许多性质可以借助"类比推理"获得．

把这些内容整合成一条探究主线，并设计合适的探究性问题进行引导，借助信息技术的代数运算系统、自动作图系统、动态几何系统等功能，可以开发成一节数学实验探究课．

二、创设情境，引出主题

师：同学们，今天我们用数学实验的方法探究圆锥曲线中一类定值问题．先通过一个具体的案例感受一下数学实验的基本步骤．

问题 1：如图 5-19，AB 是圆 O 的直径，P 是圆上除 A，B 外任一点，当点 P 在圆上运动时，有保持不变的几何要素或关系吗？

生：$\angle APB$ 是直角保持不变．

师：我们知道，在解析几何中，每个几何关系至少可以用一个代数关系式表示它，你会用怎样的关系式表示 $\angle APB$ 是直角？

生：$\vec{PA}\cdot\vec{PB}=0$，$k_{PA}\cdot k_{PB}=-1$ 或 $PA^2+PB^2=AB^2$．

师：这些关系式都表明点 P 在圆上运动

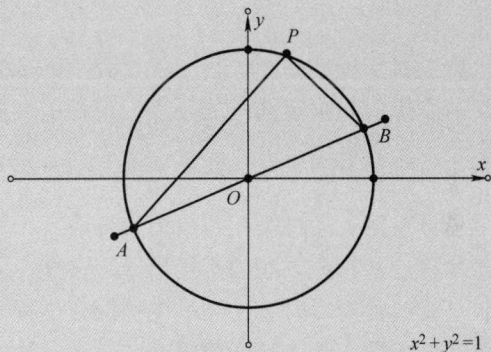

图 5-19　问题 1 图

时，有些量不会因为点 P 的运动而改变，称之为运动变化中的不变量，它是数学实验中特别感兴趣的结论．如果把圆改为椭圆，也有类似的结论吗？

生：有．

师：光说有是不够的，为了探寻椭圆中类似的结论，我们需要确认研究的对象是什么？也就是把圆改为椭圆后，相应的几何要素什么没有改变？我们要研究什么？请一个同学描述一下．

生：已知 AB 是椭圆经过中心 O 的一条弦，P 是椭圆上除 A，B 外任一点，当点 P 在椭圆上运动时，研究 PA，PB 的关系．

师：表达得很准确！这里，我们将椭圆与圆对应起来，把圆的直径类比为椭圆经过中心的弦 AB，进而考虑研究 PA，PB 的关系．这就是数学实验的第一个步骤，即确定研究的主题和对象. 接下来, 我们根据问题2开始探索性实验. 请同学们动手操作实验, 并说出你的发现.

设计意图: 本环节从学生熟悉的圆的一个性质出发, 引导学生用类比的方法思考椭圆中的类似结论, 并尝试对新的问题进行描述和动手探究, 意在使学生体会发现问题和提出问题的方法. 这里体现了数学实验的两个要素, 一是动手实践, 二是发现并提出问题.

三、明确主题, 提出猜想

问题2: 已知 AB 是椭圆 $\dfrac{x^2}{4} + y^2 = 1$ 经过中心 O 的一条弦, P 是椭圆上除 A, B 外任一点, 当点 P 在椭圆上运动时, 研究 PA, PB 的关系, 你发现了什么规律?

经过一段时间的实验探究后, 有学生提出: 我发现当 P 在椭圆上运动时, PA, PB 有时垂直, 有时不垂直.

师: 这说明圆中的这种垂直关系, 在椭圆中不再保持不变. 还有其他发现吗?

生: 有, 通过计算发现 $k_{PA} \cdot k_{PB}$ 是定值, $k_{PA} \cdot k_{PB} = -0.25$.

师: 能说说你的探究过程和思路吗?

生: 我先直观看出 PA, PB 有时垂直, 有时不垂直, 这样 $\overrightarrow{PA} \cdot \overrightarrow{PB} = 0$ 的结果有时为 0, 有时不为 0, 所以一定会变化, 这样我就去测量两条直线的斜率, 结果发现 $k_{PA} \cdot k_{PB} = -0.25$, 是定值.

师: 这是了不起的发现. 这个定值有没有什么特别之处?

生: ……

师: 对于标准椭圆, 其形状、大小以及方程可由 a, b 确定, 不论点 P 在椭圆上如何运动, 这个定值与决定椭圆的要素一定相关. 再想想……

生: 哦, $0.25 = \dfrac{1}{4}$, 这里 $4 = a^2$, $1 = b^2$.

设计意图: 通过类比获得大致想法后, 给出特殊的情形引导探究, 这样可以降低探究的难度, 也是探究方法的直接指导. 在这一环节中, 由于对学生的数学思维和概括能力要求较高, 教师需要时刻关注学生的探究进程并在数学方法上及时给予指导.

四、数学实验, 验证猜想

师: 大家已经对一个具体的椭圆进行了探究, 并得出了一个结论. 这个结论是否对其他椭圆也成立呢? 你能给出一个命题吗? 可以小组讨论一下. 经过分组讨论和全班交流, 在教师的帮助下得出如下值得研究的问题.

问题3: 已知 AB 是椭圆 $\dfrac{x^2}{a^2} + \dfrac{y^2}{b^2} = 1$ $(a > b > 0)$ 经过中心 O 的一条弦, P 是椭圆上除 A, B 外任一点, 当点 P 在椭圆上运动时, PA, PB 有什么关系?

生: 在 a, b 确定的情况下, $k_{PA} \cdot k_{PB}$ 是定值, 但不一定是 -0.25, 是变化的.

师: 这一变化的值有规律吗? 哪个小组能派代表说一下.

生: 有规律. 当直线 PA 和 PB 斜率均存在时, 有 $k_{PA} \cdot k_{PB} = -\dfrac{b^2}{a^2}$.

师: 很棒! 你是怎么发现的?

生：用几个特殊的椭圆，通过实验观察得到的．取 a，b 的一组值，拖动点 P，发现 $k_{PA} \cdot k_{PB}$ 是定值，保持 b 值不变，改变 a 值，发现 $k_{PA} \cdot k_{PB}$ 的绝对值随着 a 的增大而减小，所以猜测 a 应该在定值的分母上；保持 a 值不变，改变 b 值，发现 $k_{PA} \cdot k_{PB}$ 的绝对值随着 b 的增大而增大，所以猜测 b 应该在定值的分子上．前面，椭圆方程为 $\dfrac{x^2}{4} + y^2 = 1$，也就是 $a = 2$，$b = 1$，而定值为 $-\dfrac{1}{4}$，所以我猜测 $k_{PA} \cdot k_{PB} = -\dfrac{b^2}{a^2}$．如图 5-20 所示，再取一组值实验，如 $a = 5$，$b = 4$，得到 $k_{PA} \cdot k_{PB} = -\dfrac{16}{25}$，符合 $k_{PA} \cdot k_{PB} = -\dfrac{b^2}{a^2}$ 关系，这样我猜测

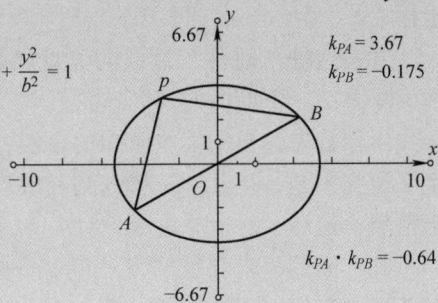

图 5-20 问题 3 图

结论是 $k_{PA} \cdot k_{PB} = -\dfrac{b^2}{a^2}$．

师：说得好，在发现规律并提出猜想上，我们总是从特殊出发归纳出一般的结论．其他同学还有不同方法吗？和大家分享一下吧．

生：用特殊位置．我想如果定值存在，找到定值并不难．取 A，B 为长轴的左、右端点，P 为短轴的一个端点，此时 $k_{PA} = \dfrac{b}{a}$，$k_{PB} = -\dfrac{b}{a}$，所以可以猜测 $k_{PA} \cdot k_{PB} = -\dfrac{b^2}{a^2}$．

师：这也是一种从特殊到一般的方法．前者用特殊的椭圆，对象特殊；后者在椭圆中考虑取特殊的点，位置特殊．当然，猜想的结论未必都正确，因此需要加以论证．

设计意图： 本环节，学生通过改变 a，b 的值来观察 $k_{PA} \cdot k_{PB}$ 的变化，拖动点 P 的位置发现 $k_{PA} \cdot k_{PB}$ 保持不变，从而得出猜测．在动手操作、发现问题之后，适时引导学生将发现的问题用数学语言叙述出来，然后提出更一般的猜想，这是设计数学实验的目的，也是培养学生创新精神与实践能力的落脚点之一．

五、推理证明，分享交流

师：经过大家的共同努力，我们得到了命题：已知 AB 是椭圆 $\dfrac{x^2}{a^2} + \dfrac{y^2}{b^2} = 1$（$a > b > 0$）经过中心 O 的一条弦，P 是椭圆上除 A，B 外任一点，当直线 PA 和 PB 斜率 k_{PA} 和 k_{PB} 都存在时，$k_{PA} \cdot k_{PB} = -\dfrac{b^2}{a^2}$．下面请大家给出证明．全班学生独立证明，请三位学生板书．其中一位学生的板书如下．

证明：根据椭圆的对称性设 A (x_1, y_1)，B $(-x_1, -y_1)$，再设 P (x_0, y_0)，则：

$$k_{PA} \cdot k_{PB} = \frac{y_1 - y_0}{x_1 - x_0} \cdot \frac{-y_1 - y_0}{-x_1 - x_0} = \frac{y_1^2 - y_0^2}{x_1^2 - x_0^2},$$

由于 $\dfrac{x_0^2}{a^2} + \dfrac{y_0^2}{b^2} = 1$ 且 $\dfrac{x_1^2}{a^2} + \dfrac{y_1^2}{b^2} = 1$，两式相减得 $\dfrac{x_1^2 - x_0^2}{a^2} + \dfrac{y_1^2 - y_0^2}{b^2} = 0$，所以 $k_{PA} \cdot k_{PB} = \dfrac{y_1^2 - y_0^2}{x_1^2 - x_0^2} = -\dfrac{b^2}{a^2}$．

师：为什么要设点的坐标？

生：涉及斜率，可以用点的坐标表示．这里的关键是用对称的性质假设 A，B 两点坐标．

师：这种"对称"假设的好处就是减少变量，"变量集中"是代数的基本思想．下面请大家总结一下前面的探究过程．

生：首先，根据某些已知的事实，比如圆的某个性质，用类比的方法推广到椭圆，确定了研究主题；接着，从特殊到一般进行了探索性试验；然后，根据实验发现规律，并提出猜想；最后，对猜想进行论证．

师：概括起来就是"发现问题——尝试探究——提出猜想——推理证明"．这个过程对于解决其他探究性问题也是一个示范，大家要认真体会．

六、学以致用，检测效果

师：接下来，我们按上述数学实验的基本步骤继续探究．你能再举圆的一条性质吗？

生：垂径分弦，即垂直于弦的直径平分这条弦，并且平分这条弦所对的两条弧．

师：垂径定理是圆的对称性的重要体现．好，那就以这条性质为类比对现象，在椭圆中进行研究．请大家先各自探索，再分组讨论、全班交流．

生：把"垂径分弦"推广到椭圆．

问题 4：如图 5-21 所示，如果 MN 是椭圆的弦（不经过中心 O），P 是 MN 的中点，则 $k_{OP} \cdot k_{MN}$ 为定值．只是在一般椭圆的情况下，这个定值是什么还没研究出来．

师：看来我们已经能大胆进行猜想，这样，我们全班同学来完成一个即时调查．

问题 5：已知 AB 是椭圆 $\dfrac{x^2}{5} + \dfrac{y^2}{3} = 1$ 的弦，点 P 是线段 AB 的中点，且直线 OP，AB 斜率都存在，那么 $k_{OP} \cdot k_{AB} = $ _____．

设计意图：与前面类似，也是从圆的性质类比到椭圆的性质，而且探究方法也一致，因此教师将探究任务交给学生独立完成．这是学生将所学知识，尤其是探究方法转化为自己的知识、能力的过程．

图 5-21　问题 4 图

在学生探究得到结论后，教师进行课堂检测，检查本节课的学习效果，以及在问题解决中所体现的探究式学习的一般过程，检查学生是否学会运用这一般过程来解决新的问题．

七、探索关联，总结升华

师：经过探究我们得到，若 AB 是椭圆 $\dfrac{x^2}{a^2} + \dfrac{y^2}{b^2} = 1$（$a > b > 0$）的弦（不经过中心 O），点 P 是 AB 的中点，则有 $k_{OP} \cdot k_{MN} = -\dfrac{b^2}{a^2}$．大家有没有发现这个结论与前面的结论很像，它们之间似乎存在某种关联？

生：如图 5-22 所示，连接 BO 并延长交椭圆于另一点 Q，则 B，Q 关于 O 点对称．连接 QA，可得 OP 是 $\triangle ABQ$ 的中位线，所以 $QA // OP$，因此有 $k_{OP} \cdot k_{AB} = k_{AQ} \cdot k_{AB} = -\dfrac{b^2}{a^2}$，斜

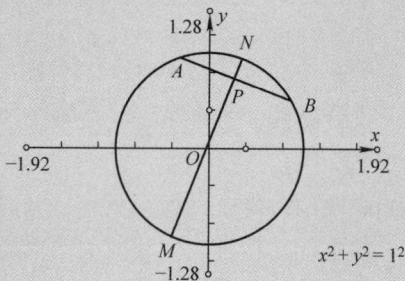

率之积为定值, 定值也与前面相同.

师: 这位同学说得太好了, 而且观察得很仔细. 事实上, 在解决数学问题时, 我们常常将要解决的问题转为已学过或类似的问题, 再进行研究.

问题 6: 今天学习了什么? 今天的学习给了我们什么启示呢?

生: 今天我们主要探索椭圆中的一些定值问题, 学习了数学实验的方法.

师: 有了数学实验的基本方法, 我们的思路将大为开阔, 推广的对象也不局限于椭圆, 可以是双曲线, 甚至是抛物线和两条相交直线等. 请大家课后继续思考, 将上述结论推广到一般的圆锥曲线.

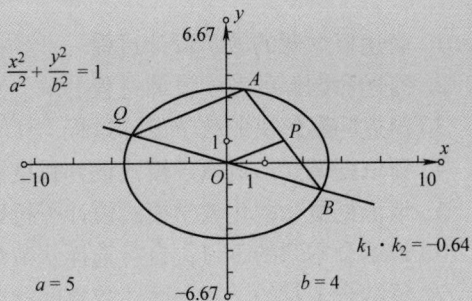

图 5-22

设计意图: 以圆和椭圆为载体的探究中, 蕴含着探究式学习的一般步骤和基本方法. 通过小结, 引导学生从策略性知识的角度进行深层思考, 同时也作为探究式学习的延续, 要求学生进一步研究圆锥曲线中的类似结论.

案例分析　本节课采用 "问题导引思考" 的方法, 教师与学生都有明确的定位. 教师通过问题来指引探究方向, 这些问题既有一定的开放性, 又能有效引导学生思考; 学生亲身动手实验, 参与每一个探究环节. 作为融合了手持技术的探究课, 学生动手操作是必须的, 但还要培养学生 "边动手边思考" 的习惯, 强调手脑并用. 虽然本节课只是数学探究式学习的一个尝试, 但借助于多媒体技术平台进行教学, 使学生化抽象为直观, 化解了学习的困难, 感受到了数学探究的乐趣. 在提倡自主、合作、探究的学习方式与启发、讨论、参与的教学方式的今天, 信息技术扮演的角色会越来越重要. 毫无疑问, 应用现代信息技术的课堂, 是应用新教育理念的课堂.

思　考　题

1. 简述概念课的教学设计过程.

2. 简述命题课的教学设计过程.

3. 简述问题解决的教学设计过程.

4. 请依据概念形成教学模式设计弧度制概念的教学过程.

5. 请依据概念同化教学模式设计平行四边形概念的教学过程.

6. 请结合本章的学习,自行选择一节命题课进行教学设计.

7. 请结合本章的学习,简述数学问题解决的含义和过程.

推 荐 读 物

［1］徐文斌. 数学概念的认识及其教学设计与课堂教学［J］. 课程·教材·教法, 2010, 30 (10)：39-44.

［2］徐章韬, 陈林. 数学命题的认识及其课堂教学设计［J］. 课程·教材·教法, 2014, 34 (11)：81-85.

［3］赵弘. 基于问题解决的数学教学设计与案例分析［M］. 大连：大连理工出版社, 2019.

参 考 文 献

［1］李春兰, 毕力格图. 中学数学教学设计［M］. 西安：陕西师范大学出版社, 2023.

［2］喻平, 单墫. 数学学习心理的 CPFS 结构理论［J］. 数学教育学报, 2003 (1)：12-16.

［3］代钦. 数学教学论新编［M］. 北京：科学出版社, 2018.

［4］李祎, 贾雪梅. 中学数学教学设计［M］. 北京：高等教育出版社, 2016.

［5］喻平. 数学教学心理学［M］. 北京：北京师范大学出版社, 2010.

［6］黎栋材, 王尚志. 平面向量基本定理教学设计［J］. 数学通报, 2015, 54 (1)：29-31;37.

［7］袁维新, 吴庆麟. 问题解决：涵义、过程与教学模式［J］. 心理科学, 2010, 33 (1)：151-154.

［8］SCHOENFELD A H. Mathematical Problem Solving［M］. Orlando, Fl：Academic Press, 1985.

［9］罗增儒. 数学解题学引论［M］. 西安：陕西师范大学出版社, 2000.

［10］朱德全. 数学问题解决教学设计类型与程式［J］. 中国教育学刊, 2010 (1)：53-55.

［11］吴立宝. 中学数学教学设计［M］. 北京：清华大学出版社, 2021.

［12］张佳, 黄炳锋. 融合手持技术的探究式学习的实践与思考：《以探究圆锥曲线中一类定值问题》为例［J］. 数学通报, 2015, 54 (10)：33-36；54.

第六章　数学教学评价

章前导语

　　评价无处不在，我们每个人都自觉或不自觉地参与评价活动或作为被评价的对象. 教育评价是在教育测量的基础上，根据评价目的与对象的不同，选择和运用不同的方法和手段，对教育活动的价值的判断. 本章首先从总体上对数学教学评价的内涵、功能、类型等方面进行概要的介绍；然后，结合《义务教育数学课程标准》（2022 年版）和《普通高中数学课程标准》（2017 年版）所倡导的评价理念对数学教学评价的发展趋向进行探讨；最后，对数学学习评价的具体操作程式进行详细的分析. 本章中的数学教学评价侧重于学生评价.

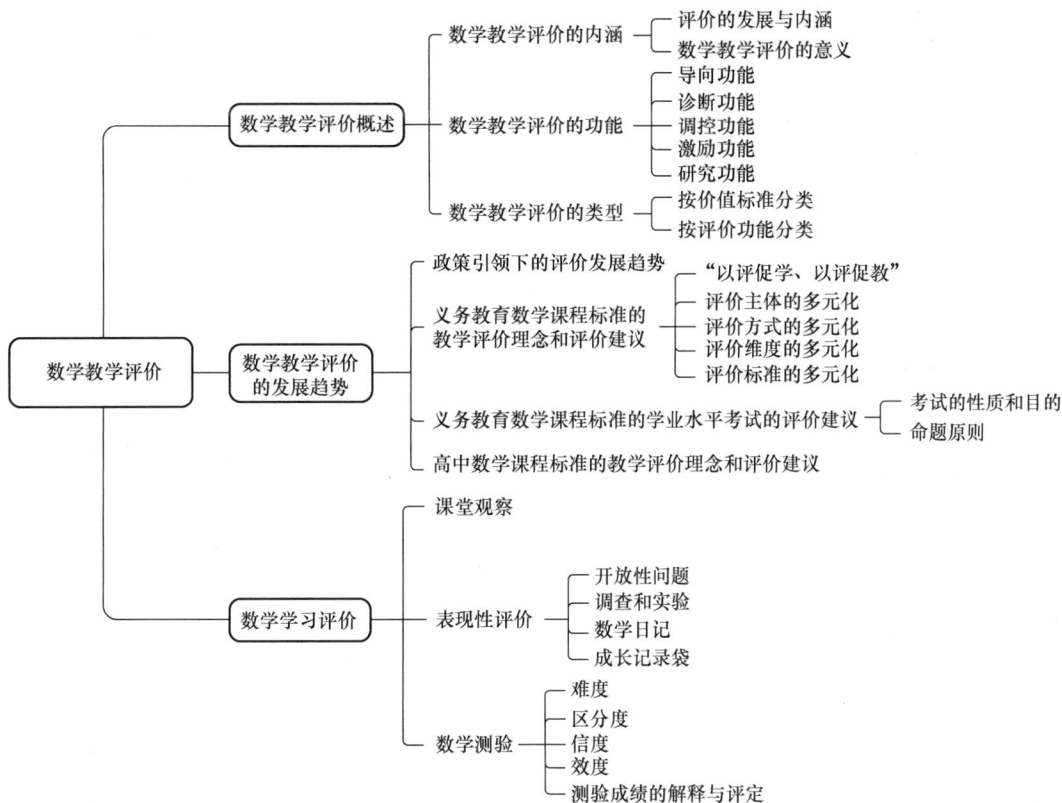

第一节　数学教学评价概述

一、数学教学评价的内涵

（一）评价的发展与内涵

"评价"是评定价值的简称，是一种价值判断的活动．教育评价是从教育测量活动中逐步发展起来的．自古以来，教育评价一直存在，只不过形式不同．《学记》是世界上最早的一篇论述教育教学问题的论著．其中记载："比年入学，中年考校．一年视离经辨志，三年视敬业乐群，五年视博习亲师，七年视论学取友，谓之小成．九年知类通达，强立而不反，谓之大成．"这一段讲的是修业年限、考试制度和考试内容．西周是以口试、实际操作和演示为主，两汉察举制和魏晋南北朝的九品中正制是以推荐为主、考试为辅的．公元606年，隋炀帝设立了进士科，这一举措标志着以考试成绩作为逐级选拔人才标准的科举制开始形成．以考试为特征的评价方式，以其有效、公正、易于操作而又避免偏见的优势，受到世人青睐．北宋时期出现了"评价"一词．根据《宋史》中有"市物不评价，市人知而不欺"的记载，这里的评价是对"货物"的价值的判断．

18世纪末以来，西方发达国家，如英、法、美等，开始借鉴中国的考试方法．直到19世纪末期之前，教育领域的评价与考试都是同一个概念．19世纪末期人们对考试成绩的可靠性和客观性提出了质疑，并开始反思以考试作为评价手段的弊端．1905年，我国废除了科举制．1931年，美国教育家泰勒提出"评价"（Evaluation）这个词，并被纳入教学过程，强调评价对教学的反馈作用．泰勒认为：要判定教育目标的"达到程度"，不仅要评价学生知识的掌握程度，还要评价学生的行为以及对知识的应用、分析、综合等高层次职能，同时也要评价兴趣、态度、价值观等情意特征．泰勒提出了以教育目标为核心的教育评价原理，即教育评价的泰勒原理，并明确地提出了"教育评价"（Educational Evaluation）的概念．从此，人们将教育评价与教育测量区分开来．教育评价学是在泰勒原理的基础上诞生并发展起来的．此后，人们为了纪念泰勒对教育评价理论的贡献，称他为"教育评价之父"．

随后，美国教育家布鲁姆继承并发展了泰勒的教育评价理论，把教学论、心理学中的研究成果进行综合整理，为认知领域、情感领域、动作技能领域的教育目标的实施提供了科学的框架，提出了风靡一时的"教育目标分类学"理论，并通过设置知识、领会、应用、分析、综合、评价等循序渐进的目标分类，建立了一套行之有效的教育教学评价体系．布鲁姆认为，评价是一种获取和处理用以确定学生水平和教学有效性的证据的方法，包括了比一般期末书面考试更多种类的证据；评价是简述教育的重要长期终极目标与教学任务目标的一种辅助手段，是确定学生按照这些理想的方式发展到何种程度的一种过程；评价是一种反馈；评价是所有成功教学的基础．泰勒的教育评价侧重于课程评价，而布鲁姆的教育评价侧重于教学评价和学生学习评价．

我国教育评价专家陈玉琨指出，教育评价是对教育活动满足社会与个体需要的程度做出判断的活动，是对教育活动现实的（已经取得的）或潜在的（还未取得，但有可能取得的）价值做出判断，以达到教育价值增值的过程．在一般教育评价的基础上结合数学学科特点，可以得到数学教育评价．数学教育评价是"全面搜集和处理数学课程与教学的设计与实施过程中的信息，从而做出价值判断、改进教育决策的过程". 数学教育评价既包括数学课程评价，又包括数学教学评价. 本章我们侧重于数学教学评价. 数学教学评价是依据数学课程教学总目标和数学教学任务的具体目标，对数学教与学的过程与结果所做的一种价值判断. 数学教学评价是指通过对数学教学过程及结果的考察，对教师的教学效果、学生的学习质量及个性发展水平做出科学的判断，诊断教学双边活动中存在的问题，进而调整、优化教学过程的数学教学实践活动.

（二）数学教学评价的意义

第一，评价标准的确定. 根据国家教育部颁布的数学课程标准对数学教学提出的总目标，制定与具体数学教学内容相关的教学目标和学习目标，并将它们作为数学教学评价的参照标准. 为了充分体现学生在评价中的主体地位，可引导学生参与数学教学评价标准的制定. 考虑到数学教学过程的动态性，评价标准并不是一成不变的，而是可以根据具体教学的操作情况做适当的调整和优化.

第二，评价标准的执行. 有了衡量数学教学质量的标准，教师需要精心设计教学，创设良好的数学学习情境，引导学生共同实现预先设定的教学目标，并结合实际情况检查达标的情况. 虽然数学教学过程是一个自我生成的动态过程，并不能与预期目标完全相同，但预设教学目标的达成度大致可以反映教学的效果，并能引导数学教学不偏离正确的轨道.

第三，评价过程的实施. 围绕数学教学的各环节收集相关资料，包括学生对基本知识和基本技能的掌握情况，对数学思想方法的理解和应用程度，合作能力、探究能力、创新能力等各种能力的发展情况，以及在数学学习中表现出来的情感、态度、价值观等方面的资料. 同时，使用定量或定性的教育测量、统计的方法对收集到的资料进行科学的处理和分析，并据此做出相应的判断和评价，其参照标准就是每一个教学环节的执行情况对所制定的各类目标达到程度的高低.

第四，评价结果的应用. 收集到的信息要及时做出评价，并及时反馈给教师和学生，使师生都能客观地进行自我评价、自我纠正，以调控教学的进程.

二、数学教学评价的功能

数学教学评价的功能是多方面的，既有导向、诊断、甄别功能，又有调控、激励、管理、反馈等功能. 以往的教学评价强调选拔功能，而现代的教学评价更加注重发展功能，如诊断、调控的功能. 评价的目的是为教学服务，即促进教师的发展和学生的发展. 这里仅对数学教学评价的导向、诊断、调控、激励和研究等功能做些介绍.

（一）导向功能

数学教学评价的导向功能是指教学评价的内容和标准对数学教学工作的导向作用.《义务教育数学课程标准（2022 年版）》（简称为《课标 2022》）在前言部分对于评价的变化做了阐述. 该课程标准针对"内容要求"提出"学业要求""教学提示"，细化了评价与考试命题的建议. 至此，在数学教学中，真正实现了"教—学—评"的一致性.《课标 2022》还增加了评价的案例，这不仅明确了"为什么教""教什么""教到什么程度"，而且强化了"怎么教"的具体指导.

实施教学评价之前，要制定科学合理的评价目标和评价标准. 在测评中，根据评价目标和标准对被评价对象做出数值描述和价值判断. 因此，测评内容决定着被评价对象的关注点，测评标准决定着被评价对象的努力方向．由此可见，评价内容和评价标准发挥着"指挥棒"的作用，发挥着导向功能．因此，数学教学评价的导向功能集中体现在评价标准的建立上．

（二）诊断功能

数学教学评价的诊断功能是指通过测量所得的结果对测评对象进行合格与否、优劣程度、水平高低的判断，为总结教学活动成功的经验和失败的教训，进行归因分析并找出改进的办法．实际上就是对数学教学过程及其结果进行诊断，为确定、筛选和管理服务提供教育决策的材料．

诊断本是指医生对患者的病情进行检查，经过分析做出结论的过程．数学教学评价借用"诊断"一词，可以恰如其分地体现评价的本质属性．如对学生数学学习困难的诊断；对学生数学学习心理的诊断；对课程设置、课程计划、课程实施的诊断．当然，诊断纳入到教学评价系统中来，其内涵也已变得更加丰富．诊断并不只是对数学教学的过程和结果做出价值判断，得出科学的结论，更重要的是对诊断后的结论做出对症下药的"治疗"，使数学教学沿着正确的方向发展下去，这才是数学教学评价的真正目的．

（三）调控功能

数学教学评价的调控功能是指在数学教学过程中根据设定的评价目标以及反馈的信息，及时调节、控制教学，使之尽快地达到教学目标要求，从而获得理想的教学效果．调控功能与诊断功能一样，都需要对数学教学的过程和结果做出价值判断，得出科学的结论，据此采取相应的"治疗"措施．调控功能可分为微观和宏观两个层面．从微观层面来看，调控功能强调即时性，即强调教学过程中随时将反馈的信息经过分析、比较、选择、加工，形成有效的调节措施，使教学获得理想的效果．具体包括对教学内容、教学进度、教学节奏、教学难度等方面的监控和调整．从宏观层面来看，调控功能也涉及对数学教学的整体目标进行调控．例如，对某区各层次数学教学目标的调控，对某学段学生数学学习的教学目标的调控等．反馈和调控是数学教学评价的关键环节，涉及诸多静态因素和动态因素．例如知识、技能、能力、学生的认知心理、教师的素质与态度等，这些因素对于激励学生的学习和改进教师的教学起着十分重要的作用．经过反馈和调控后的数学教学，应当以更优化的教学结构实现预定的教学目标．

（四）激励功能

数学教学评价的激励功能主要体现在评价可以激发被评价者的内部动机，激励学生学习，使他们产生强烈的自我效能感，积极进取、努力追求理想．具体来讲，对教师的激励作用，主要是通过教学评价使教师明确哪些教学方法和教学技能可以有效地提升学生的数学素养，总结经验．通过反馈信息，使教师产生强烈的事业心和责任心，建立正确的价值观，把做好数学教学工作作为自己可以奉献终生的理想追求，而不是着眼于所谓评优、晋职、提干等外在的名利刺激．对学生的激励作用，主要是通过对学生的学习成绩和表现中的"闪光点"予以肯定和表扬，使学生看到自己学习的成果，获得成功的体验，激发学生努力学习数学的积极性和主动性，提高学生学习数学的自信心．通过反馈信息，使学生明确学习动机，建立学习目标，激发起强烈的求知欲望、积极的学习态度、主动探索新知的学习方式，而不是片面追求外在的表扬与奖赏、考试分数的优胜和升学的期望值．当学生发现他们在给定的任务中取得进步或者缺乏进展时，评价能激励他们学习，也能激励学生培养自律意识和系统的学习习惯. 发挥好数学教学评价的激励功能, 需要把握好一个关键, 即内在激励. 有研究表明, 对于内在价值较高的学生来说, 来自社会环境的鼓励与评价更有可能发挥其激励作用, 如提高掌握经验和数学自我效能.

（五）研究功能

教学评价具有探索教学过程中的现象和活动规律、选用一定的方法和手段促进学生发展的功能. 例如, 教师通过教学评价发现了教学中存在的问题, 调控了教学环节, 从而取得了更好的教学成绩；或者, 教师用激励的方法提高了教学效率等. 教师通过教学评价积累了教学活动规律和教学经验. 这为他们今后开展教学研究, 不断提高理论和实践经验提供了帮助. 著名教育学家布鲁姆也提出"评价是教育研究与实践中的一种工具".

三、数学教学评价的类型

数学教学评价按照不同的角度可分为不同的类型. 比如, 根据评价的价值标准的不同, 可分为相对性评价和绝对性评价；而根据评价目的不同, 则可分为诊断性评价、形成性评价和终结性评价；根据评价手段的不同可分为定性评价和定量评价. 定性评价和定量评价是教育评价的基本手段, 它们融合在其他评价模式中, 此处不再单独介绍.

（一）按价值标准分类

按照评价的不同参照标准可以将数学教学评价分为相对性评价与绝对性评价.

1. 相对性评价

相对性评价是指在被评价对象的集合内确定一个恰当的评价标准, 然后利用这个标准来确定每一个评价对象在这个集合内的相对位置和状态的一种价值判断. 相对性评价标准常常是以学生的平均分或其中某个对象的成绩为参照的.

例如, 某学生一次数学考试得了 90 分, 他的成绩怎么样呢？这时, 我们需要结合被评价对象所在的群体来做出评价. 比如, 这次考试的总体平均分是 95 分, 那么这位同学 90 分的成绩只能属于下游；同样地, 某学生一次数学考试得了 50 分, 也不能说这位同学的成绩很差. 因为如果这次考试的总体平均分只有 40 分, 那么这位学生考试仍属于上游.

根据被评价对象的群体状态决定每个对象的位置情况, 因此, 相对性评价只适合于特定的群体, 或者是只适合该群体. 如果某个学生在某一阶段处于群体内部的相对位置发生了改变, 那么说明这个学生的学业成绩发生了变化, 教师或学生本人就可以据此分析进步或退步的原因, 从而采取相应的措施；反之, 如果某个学生在某一阶段处于群体内部的相对位置没有发生改变, 即使该生的考试分数提高了, 也不能认定其取得了进步. 可见, 相对性评价对价值的判断与评价对象所在的集合有关. 因此, 它难以起到诊断作用, 主要用于选拔与甄别人才. 通常进行的中考、高考就属于相对性评价. 相对性评价的结果要切实发挥其促进教学、改进教学的作用, 切不可将它与教师、学生的奖惩联系起来. 例如, 我国每年的普通高等学校统一招生入学考试, 在各省（或直辖市）录取时, 都要根据录取比例及试题难易程度的变化, 对大学"一类本科""二类本科"等划定相对的"录取分数线", 达到了这个相对标准才有可能进入相应批次的大学, 而每年的分数线随着考生的整体水平而变化. 这种考试属于相对评价的范畴. 比较常见的相对评价是以全体被评价对象或一个标准化样本的测验成绩的平均水平作为参照标准来进行评价的这个用来作为参照标准的平均水平叫作常模, 一般是可以进行比较的、平衡的数据, 如平均数、众数、标准差等.

2. 绝对性评价

绝对评价是指在被评价对象的集合之外预定一个客观或者理想的评价标准（如课程标准、教学目标、教学要求等），并运用这个标准去评价每个对象. 这里不需要关注被评价对象彼此之间的位置，而是强调被评价对象自身的水平. 绝对评价的关键在于评价标准的确立. 如果评价标准偏高，可能会使多数人（包括许多优秀）都不能被评判为优秀；如果评价标准偏低，那么几乎所有人都可能被评为优秀. 因此，客观评价标准的制定应该经过反复斟酌、科学论证.

在数学教学中，确定绝对评价的标准主要是课程标准所提出的教学目标. 例如，课程标准提出的总体目标以及"数与代数""空间与图形""概率与统计"各部分的具体目标，是判断学生是否达到学习目标的客观评价标准. 就数学学习成效的评定来说，高中毕业数学会考就是一种绝对评价. 会考试卷根据高中数学课程标准或教学大纲提出的教学目标进行命题，考前规定好会考的合格水平（比如，满分为 100 分的试卷，得 60 分以上者为合格）. 如果一个学校有 90% 以上的学生达到合格水平，就说明该校基本完成了教学任务. 可见，绝对评价不考虑被评价者之间的差异，也不用来分等级、排名次. 相对于常模参照测验，以数学课程标准中制定的学习目标作为参照标准进行的测验，也称为目标参照测验.

（二）按评价功能分类

美国教育家布鲁姆基于其"教学目标分类学"原理，将教学目标评价按其功能分为形成性评价、诊断性评价和终结性评价.

1. 形成性评价

已有研究中，人们对形成性评价的定义各不相同. Black 和 William 认为，形成性评价不是一个简单的工具或活动，而是包含相同特征的活动集合：它们都能产生促进学习的行为. 形成性评价是对老师和同学给出必要的反馈，它代表了当前的理解水平和技能发展程度，以便选择合适的发展道路. 形成性评价是指一种专门对表现提供反馈，以提高和加速学习的评价. 形成性评价被认为是一种能促进学习或者教学，在教学过程中实施的评价. 形成性评价之所以具有形成性，是因为它能立刻用于调整学习，从而产生新的学习. 广义上，形成性评价指的是教育者和学生共同参与的合作过程. 它能帮助理解学生的学习和概念框架，鉴别优势、诊断劣势，发现有待提高的部分. 老师可以把它作为制定学习计划的信息源，学生可以利用它加深理解和提高学业成就. 形成性评价的研究有一个共性，那就是工具本身并不能被称为"形成性". 只有根据需要，运用收集到的信息来调整教学和学习，为下一阶段的学习提供信息，才能贴上"形成性"的标签. 形成性评价最早是由斯克里芬提出，是指在教育活动过程中所进行的阶段性、过程性的评价，旨在了解教育过程中存在的问题和可以改进的方向，以便及时调整教学计划. 数学教学活动中，形成性评价是指在数学教学实施过程中为了查明学生在某一阶段的数学学习活动达到学习目标的程度（包括存在的问题和取得的进步）而使用的一种评价. 形成性评价在数学教学中发挥着重要的地位和作用. 教学中可以采用作业小测验、单元测验等方法来进行形成性评价. 其目的就是为了获取数学教学的反馈信息，以便随时采取恰当的修改或强化措施，为后续的教学与学习任务做好充分准备.

数学教学过程中开展形成性评价要防止两种倾向：一是将形成性评价作为对学生排名次、分等级的工具，以显示他们在数学学习上的差异性. 这种倾向容易使学生经常处于一种紧张、高压的被动状态，久而久之产生对数学的厌烦甚至恐惧心理；二是不能有效地利用形成性评价所反馈的信息，只关注评价测试中所获得的分数，而不注重分析分数背后所蕴含的重要的信息资源（比如，全班学生整体达标的程度、学习中普遍存在的问题、个别学生存在的学习困难等），致使形成性评价最终流于形式.

形成性评价是一种过程性评价. 这种评价的功能主要体现在以下两个方面. 一是为教师提供反馈信息. 数学教师根据这些反馈信息及时了解学生情况，调整教学方案. 对问题较多的学生，教师可以针对问题给予学生及时的辅导与帮助，提高学习效果. 二是为学生提供反馈信息. 学生根据这些反馈信息可以了解自己是否达到阶段性目标、目前存在的问题及今后可以努力的方向. 针对这些问题，学生可以调整学习方法，改进学习策略.

2. 诊断性评价

诊断性评价也称为准备性评价，是在学习教育活动之前进行，为了解学生是否具有学习新知识必备的知识基础、认知水平，了解学习困难之所在以及学生之间的差异性，以便有针对性地进行数学教学而开展的评价. 诊断性评价一般是在学期初或者某个教学章节之前进行的. 通过诊断性评价，教师可以了解学生目前的数学学习基础，确定学生当前的已有知识储备和能力起点. 例如，在认知方面，可以了解学生对新知识的掌握情况和能力的发展情况；在情感方面，可以了解学生的性格特征、学习风格、能力倾向以及对数学学习的兴趣、态度和动机等情绪反应.

教学中可以通过测试、调查表、学籍档案等方法来进行诊断性评价. 诊断性评价的目的不是为了给学生分等级，而是为了使数学教师更深入地了解学生的生活背景和现有发展水平，以便选择合适的教学方法，设计一种切实可行的教学方案，有效地提高教学质量. 诊断性评价除了从总体上了解学生的学习水平之外，还可以对学困生和学优生进行个别指导. 如教师可以剖析学困生数学学习的深层次原因，从而采取针对性的提升措施，促进这部分学生的最佳发展；教师可以指导学优生完成深度学习等等.

3. 终结性评价

终结性评价（又称总结性评价），是在某个相对完整的学段或一门课程的学习结束后，对整个数学教学活动进行的全面评价，目的是考核学生是否达到了数学教育教学目标，并以相应的数学学习成绩对学生该阶段（或课程）的学习状况做出价值判断，同时提供教学目标适当性与教学策略有效性的信息.

可以说，终结性评价是一种结果性评价. 用来进行终结性评价的测试成绩，可以作为确定某学生在班集体中所处位置的依据，作为评价他进步状况的依据；而对于教师来说，通过终结性评价，可以评定其教学方案的有效性，评定其教学水平的高低. 比如，期末考试、毕业考试、升学考试都属于终结性评价.

在运用终结性评价时，要注意通过评价得出的结果不是一个单一的分数或一个单一的描述性术语，更不能仅凭一次或几次具有偶然性的终结性评价，就对学生的数学学习能力或教师的数学教学能力给出结论. 因此，终结性评价的结论并非最终的确定性结论，需要以变化、相对的眼光来看待它. 正如泰勒所言："较为客观的评价结论的得来，需要把一定时期的、前后进行的几种评价手段所得出的结果加以比较，以便估计正在发生的变化量."

形成性评价、诊断性评价、终结性评价的划分是相对的. 它们之间既有区别，又有联系. 在教学活动中，诊断性评价应用较多，可以在每次数学教学活动开始前进行，以便有针对性地设计教学；形成性评价次之，可以在一种数学新观念或新技能的教学初步完成时进行；终结性评价次数较少，一般在较大范围或者较长时间内针对数学教学内容的掌握情况进行．此外，终结性评价还用于教育决策，如学生是否符合毕业，是否给予升学录取资格等．

第二节　数学教学评价的发展趋势

随着数学课程改革的逐步推进，数学教学评价体系在评价理念、评价内容、评价形式等方面都将会发生较大的变化．本节将从政策和课程标准两方面对数学教学评价的发展做阐述．

一、政策引领下的评价发展趋势

2001 年 6 月，教育部颁布了《基础教育课程改革纲要（试行）》，标志着我国新一轮基础教育改革的正式启动．《基础教育课程改革纲要（试行）》指出应建立三个课程评价体系，对学生、教师、课程评价提出了新的要求．

第一，应建立促进学生全面发展的评价体系．评价不仅要关注学生的学业成绩，而且要发现和发展学生多方面的潜能，了解学生发展中的需求，帮助学生认识自我，建立自信．发挥评价的教育功能，促进学生在原有水平上的发展．

第二，应建立促进教师不断提高的评价体系．强调教师对自己教学行为的分析与反思，建立以教师自评为主，校长、教师、学生、家长共同参与的评价制度，使教师从多种渠道获得信息，不断提高教学水平．

第三，应建立促进课程不断发展的评价体系．周期性地对学校课程执行的情况、课程实施中的问题进行分析评估，调整课程内容、改进教学管理，形成课程不断革新的机制．

《国家中长期教育改革发展规划纲要（2010—2020 年）》指出要改革教育质量评价和人才评价制度．改进教育评价活动．做好学生成长记录，完善综合素质评价．探索促进学生发展的多种评价方式，激励学生乐观向上、自主自立、努力成才．

《教育部关于全面深化课程改革，落实立德树人根本任务的意见》提出加强考试招生和评价的育人导向．注重综合考查学生发展情况，引导学校实施素质教育，科学选拔人才．加强发展性评价，发挥评价促进学生成长、教师发展和改进教学实践的功能．其中"发展"成为评价的关注点，这也为评价提出了更高的要求．各地要组织实施中小学教育质量综合评价改革，鼓励学校积极探索，完善科学多元的评价指标体系，引导树立科学的教育质量观．

《中共中央　国务院关于深化教育教学改革全面提高义务教育质量的意见》（以下简称为《意见》）指明了评价的新方向，《意见》要求健全质量评价监测体系．建立以发展素质教育为导向的科学评价体系，国家制定县域义务教育质量、学校办学质量和学生发展质量评价标准．县域教育质量评价突出考查地方党委和政府对教育教学改革的价值导向、组织领导、条件保障和义务教育均衡发展情况等．学校办学质量评价突出考查学校坚持全面培养、提高学生综合素质以及办学行为、队伍建设、学业负担、社会满意度等．《意见》指出，学生发展质量评价应突出考查学生品德发展、学业发展、身心健康、兴趣特长和劳动实践等．坚持和完善国家义务教育质量监测制度，强化过程性和发展性评价，建立监测平台，定期发布监测报告．

二、义务教育数学课程标准的教学评价理念和评价建议

数学教学评价改革是与数学教育质量息息相关的重要问题. 评价改革是数学教育改革乃至基础教育改革很难解决的问题. 传统数学教学评价的单一性并不能对学生各方面的能力进行综合评价. 《课标2022》规定了关于数学教学评价方面的理念，提出应探索激励学习和改进教学的评价，既要关注学生的数学学习成果，还要关注学生的数学学习过程. 对学生的数学学习过程的评价包括学生的自信心、独立思考的能力、在课堂中与他人合作交流的能力、兴趣和焦虑程度，以及数学认知发展水平等方面的评价. 为了促进学生的全面发展，数学教学评价应逐步走向以评促学、以评促教，根据评价的目的和内容确定了评价主体的多元化、评价方式的多元化、评价维度的多元化和评价标准的多元化等.

（一）"以评促学、以评促教"

《课标2022》指出，要发挥评价的育人导向作用，坚持"以评促学、以评促教". 与《义务教育数学课程标准（2011年版）》相比，《课标2022》增加了"学业质量"内容. 学业质量以核心素养的学段表现为依据，以结构化的数学内容主题为载体，利用不同水平的情境和活动方式，对不同学段学生的学业水平提出要求. 这个内容的增加，反映了对以往初中课程标准弱化学业质量评价倾向的反思和修正，体现了新课程更加重视"以评促教"的设计理念. 新课程将发展学生学科核心素养作为教学的目标，相应的学习质量评价转向关注学生通过学科知识的学习，其核心素养是否得到了发展、发展达到了什么水平？这是学习评价的转型，是一场从评价对象到评价方式的改革. 此外，要发挥"以评促教"的作用，需要将教学评价适度优化. 这就要求在课堂教学中，教学与评价融为一体. 评价不孤立于教学设计，而是渗透到了教学活动的每一个关键环节.

（二）评价主体的多元化

从《义务教育数学课程标准（2011年版）》关注评价对象转向关注评价主体的多元化. 有研究者认为，评价应多方面参与，听取多方意见，协调不同价值标准间的分歧从而得到公认的结果. 目前，评价主体的多元化逐步成为教学评价改革的发展趋势. 评价主体的多元化，是指除了教师作为评价者之外，学生、家长、评课专家和同行等都可以作为评价主体，即将教师评价、学生自我评价、学生互评、家长和社会有关人员评价等结合起来. 多元的评价主体参与数学教学过程之中，可以从不同角度获得学生发展过程中的信息，特别是日常生活中的关键能力、思维品质和学习态度的信息，最终给出全面、公正、客观的评价. 合理利用这样的评价，可以有针对地、有效地指导学生进一步发展.

特别地，学生的"自我评价""自主反思"与他们的数学活动联系在一起，更与他们的数学核心素养的养成密切相关. 学生的"自我评价""自主反思"更能增加其数学问题意识和学业优化意识，而这些恰恰符合学生数学核心素养养成的需要，也部分实现了由评价促进学生学会学习的目的. 在多元评价的过程中，要重视教师与学生之间、教师与家长之间、学生与学生之间的沟通交流，互相尊重和互相合作，努力营造良好的学习氛围，发挥数学教学评价的激励和反馈功能，在促进学生全面发展的同时促进教师和学校等多方面的发展. 当然，评价主体多元化的同时，也会导致评价开展和整合的工作量急剧增大，这可能不利于教师根据评价结果及时调控教学. 因此，可以借助人工智能技术，如安装摄像头、眼动仪等实时地采集课堂信息.

（三）评价方式的多元化

《课标2022》指出评价方式应多元化，鼓励学生自我监控学习的过程和结果。评价方式的多元化是指除了传统的书面测验外，还可以采用课堂观察、口头测验、开放式活动中的表现、课内外作业等评价的形式。一个人形成的思维品质、学习态度、合作交流能力，以及思考的习惯和深度通常会表现在许多方面，因此对学生的评价不能只依靠书面测验，而要综合多种评价形式才能得到更为客观、全面、科学地反映学生数学学科核心素养的达成情况。

定性的评价学生的数学学习，可以通过观察、记录、交流、座谈等形式，采用记录档案袋、写评语、点评、欣赏学生的课题研究成果等多种方法进行。尤其是利用档案袋记录学生的数学学习情况，是近年来被广为推崇的定性评价手段，也是记录学生成长过程的行之有效的方法。采用定性评价要多看到学生的进步，多用肯定、赞扬、欣赏等鼓励性语言，以便更好地发挥评价的激励功能。

当然，提倡评价方式的多元化，并不是忽视考试、测验等定量评价手段的重要作用。实际上，考试、测验始终应是评价的基本方式。只不过要对定量评价的手段加以创新和调整，使之变得更科学、合理，适应新课程形式的需要。

（四）评价维度的多元化

评价维度的多元化，是指在评价过程中，在关注"四基""四能"达成的同时，特别关注核心素养的相应表现。评价不仅包括对知识、技能和能力的评价，还包括对过程与方法以及情感、态度、价值观等多方面内容的评价。《课标2022》提倡评价维度的多元化，正是旨在改变以知识水平为主的评价方式，全面考核和评价学生核心素养，例如，通过对函数概念的理解，能够运用数学思想分析并解决实际问题，同时使得由现实问题抽象出数学问题的能力得到提升。目前，国际数学与科学教育趋势研究（The Trend in International Mathematics and Science Study，TIMSS）是国际教育成就评价协会的旗舰研究。自1995年起，TIMSS每四年进行一次，主要是对小学四年级和初中八年级学生的数学与科学学习成就、发展趋势、教育影响因素等进行国际比较分析。TIMSS 2019数学评价框架分为内容与认知两个维度，前者主要评价学生对数学基础知识的理解与掌握情况，后者主要评价学生解决数学问题过程中的思维过程与水平。该研究评价理念和框架对我国数学教育提供了有价值的启示。第一，TIMSS是以基础知识为载体，评价学生认知的发展。第二，TIMSS是以问题解决为形式，重点评价学生的高阶思维。第三，TIMSS是以学生的学习和家庭背景等非人为因素来探索影响学生数学学习的原因。测量结果将有助于参与国家和地区基于调查做出教育优化和改革的决策。

（五）评价标准的多元化

评价标准的多元化，是指对不同的学生有不同的评价标准，或对需要评价的内容从不同的角度来衡量。一方面，评价要尊重学生的个体差异，尊重学生对数学的不同选择，不是以一个整齐、划一的标准衡量所有学生的状况；另一方面，对某一数学内容学习的评价，不应仅以是否达到某个规定的结果作为目标评价的唯一标准，还要关注学习过程中的经历与体验等标准。

三、义务教育数学课程标准的学业水平考试的评价建议

课标2022新增了学业水平考试的评价建议。

（一）考试的性质和目的

《课标2022》指出，学业水平考试由省级教育行政部门组织实施，考试成绩是学生毕业

和高一级学校招生录取的重要依据，对评价区域和学校教学质量、改进教学提供重要参考.

（二）命题原则

《课标2022》指出，适当提高应用性、探究性和综合性试题的比例，题目设置要注重创设真实情境，提出有意义的问题，这体现了为提高学生核心素养的义务教育数学课程在教学内容、教学方式会发生重要的变化. 此外，对命题规划和试题命制等问题进行了阐释，明确了评价的要求，有利于评价的落地.

四、高中数学课程标准的教学评价理念和评价建议

《普通高中数学课程标准（2017年版）》（简称为《高中课标》）指出了高中数学学习评价方面的理念，总体上提出重视过程评价、聚焦素养、提高质量. 高中数学学习评价不仅关注学生知识技能的掌握，更关注数学学科核心素养的形成和发展. 为此，需要制定科学合理的学业质量要求，促进学生在不同学习阶段达到相应的数学学科核心素养水平. 评价既要关注学生学习的结果，也要重视学生学习的过程. 开发合理的评价工具，将知识技能的掌握与数学学科核心素养的达成有机结合，建立目标多元、方式多样、重视过程的评价体系. 通过评价，旨在提高学生学习兴趣，帮助学生认识掌握知识、增强自信；帮助教师改进教学方法、提高教学质量.

可以看出，数学新课程标准所持的评价理念首先突出了发展性. 数学教学评价不仅是为了甄别学生的数学学习水平或智力发展水平，更多的是通过评价来促进每一个学生全面的、综合的发展. 其次，评价体现了多元化，评价的目标、内容、方式等方面呈现出多元化的趋势. 再次，注重了评价的过程性，评价将贯穿数学教与学的整个过程，将学生在数学学习活动过程中的全部情况都纳入评价的范围，而不只是评价学生数学学习的结果. 过程性评价主张内外结合、开放的评价方式，主张评价过程与教学过程的交叉与融合，评价主体与客体的互动与整合. 最后，将四基、四能、数学素养的表现作为了评价学生学习的依据. 这些理念与《基础教育课程改革纲要（试行）》要"建立促进学生素质全面发展的评价体系""建立促进教师不断提高的评价体系""建立促进课程不断发展的评价体系"，从而与建构素质教育课程评价体系的要求是一致的.

高中课标对教学评价和学业水平考试两部分分别做了"评价建议". 在评价建议部分指出：数学教学评价是数学教学活动的重要组成部分. 评价应以课程目标、课程内容和学业质量标准为基本依据. 日常教学活动评价，要以教学目标的达成为依据. 评价要关注学生数学知识技能的掌握，还要关注学生的学习态度、方法和习惯，更要关注学生数学学科核心素养水平的达成. 教师要基于对学生的评价，反思教学过程，总结经验、发现问题，提出改进思路. 因此，数学教学活动的评价目标，既包括对学生学习的评价，也包括对教师教学的评价.

第三节 数学学习评价

数学学习评价是依据数学课程标准，对应测量的结果，通过对学生的数学学习过程及学习结果进行考察，对学生的学习效果、学习质量及个性发展水平做出科学的判断. 数学学习评价的主要目的是：提供反馈信息，促进学生的学习；促进教师调整和优化教学过程；对学生数学学习的成就和进步进行评价；改善学生对数学的情感、态度和价值观；修改项目方

案，包括课程、教学计划等．评价方式应包括书面测验、口头测验、活动报告、课堂观察、课后访谈、课内外作业、成长记录等，可以采用线上与线下相结合的方式．

一、课堂观察

课堂观察评价最早可以追溯到 20 世纪 60 年代，弗兰德斯建立了弗兰德斯互动分析系统（FIAS），即通过将师生课堂上的对话进行编码来评估课堂情况．近年来，多种各有特色的课堂教学质量的观察评估工具涌现了出来，其中，美国研究者开发的 UTOP（Utech Observation Protocol）被证明信效度好，方便操作，可以推广到不同年级．

课堂是学生学习的重要场所，课堂观察是教师掌握学生学习情况的最主要途径．课堂观察是一种科学的观察方法，它不同于一般意义上的观察，是研究者或者观察者有目的、有计划地凭借自身感官（如眼、耳）以及辅助工具（如观察表、录音、录像设备等），直接或间接从课堂情境中收集学生资料，并根据收集资料做相应研究的一种科学研究方法．通过课堂观察法可以了解学生的学习过程、学习态度和学习策略，从而获得有关学生最直接、最真实的信息．因此观察者可以获得对学生的数学学习进行客观评价的真实可靠的资料．例如，评价学生参与数学学习的程度，需要观察学生是否积极主动地参与数学活动（如积极发言、提出并回答问题等）；评价学生的合作交流意识，需要观察学生是否积极主动地与同伴讨论、沟通；评价学生的情感与态度，需要观察学生对数学学习的自信心和学习兴趣等．表 6-1 是课堂观察中需要重点考核的几个参考指标．

表 6-1　课堂观察考核表

项目	因素	很好 = 5	好 = 4	一般 = 3	较差 = 2	很差 = 1
观察学生的基础知识和基本技能掌握情况	数与式					
	方程与不等式					
	函数					
	图形的性质					
	图形的变化					
	图形与坐标					
	抽样与数据分析					
	随机事件的概率					
观察学生的能力发展	发现问题					
	提出问题					
	分析问题					
	解决问题					
观察学生的学习行为	积极发言、交流					
	积极回答问题					
	与同伴合作、交流					
	倾听同伴的意见、观点					
观察学生的数学思考能力	对数学思想方法的理解与掌握程度					
	在不同问题情境下对数学思考方法的应用					

（续）

项目	因素	很好＝5	好＝4	一般＝3	较差＝2	很差＝1
情感态度价值观	学习积极情感					
	良好的学习习惯					
	克服困难的态度					
	学习数学的信心					
	对数学价值的认同					
	数学学习兴趣					

二、表现性评价

表现性评价，也称为"基于表现的评价"、"真实性评价"、"替代性评价"．表现性评价最早运用在心理学领域和企业管理领域，在教育评价中作为一种正规的考试形式，出现在20世纪90年代的美国、英国、加拿大、澳大利亚以及我国的香港地区．表现性评价的产生有一定的现实背景，一方面，随着教育教学方式的改革，人们开始质疑选择式测试，并认为选择式测试只关注学生"知道"什么，但无法测量出学生"能做"什么．另一方面，大规模的标准化测试给教师和学生分别带来了教学和学习压力．学校只关注考试结果，教师为考试而教学，学生为考试而学习．这种评价导致了人们只关注甄别和选拔，背离了评价的目的．

一般地，表现性评价是指通过学生完成实际任务来表现知识和技能成就的评价，是评价学生学习成效的一种方法．这里的实际任务是指具有一定情境，而不是直接给出一个问题的具体答案．表现性评价可以从交流、操作、运动、概念的获得和情感五个领域反映学生的学习成效．它的主要特点是重视知识和技能的应用，使用现实中的问题培养发散性思维，力求有多种答案．表现性评价是一种教师评价与学生自我评价相结合、评价的内容和过程融为一体的定性评价方式，它能够反映出学生发展与进步的历程，可以提供学生"能做什么"和"怎么做"等多方面的信息．表现性评价也可以考查学生多方面的表现，如相关的知识与技能，对实际问题的理解水平，完成实际任务所采取的策略和解决问题的能力，以及学生表现出来的态度和信心等．因此，表现性评价也被称为"真实评价"．

下面，从一个具体实例出发，请同学们思考表现性评价与传统测验有什么不同？

传统测试题：小明到文具店购买一支15元8角钱的签字笔，他给售货员20元，那么售货员应该找给他多少钱？

表现性任务题：老师带领学生到商店购买文具．每个学生可根据自己的需要购买文具．老师评价学生在这一过程中的能力表现．老师安排给学生的任务单可以参考下表，让学生填写任务单．

表6-2　表现性评价任务单

任务	任务1：确定你目前有的钱数	任务2：确定你需要买的学习用具	任务3：确定你需要买的学习用具的价格	任务4：计算你剩余的钱数
学生（填写）				

如果买学习用具的钱不够了，你会怎么办？

基于表现性评价的概念以及上述实例，可以得出表现性评价有以下几个方面的特点。第一，表现性评价具有全面性和科学性，有利于收集学生多方面的学习信息，一定程度上弥补纸笔测试中存在的问题与不足，如有些学生在纸笔测试中因焦虑而不能正常发挥出其数学能力。第二，表现性评价具有很强的任务性，富有情境性，答案有可能是不确定的。这样，充分考查了学生运用所学知识、技能解决现实问题的能力，以及在解决问题过程中所表现出来的情感、态度和价值观。教师通过给学生呈现模拟真实世界的挑战任务，让学生在任务中扮演的特定角色增强了情境的真实性，这就把真实性带进了课堂。第三，表现性评价不只是评价的工具，也是一项实践活动。它主要是围绕着任务，并且活动的结果要求学生开发出一个有形的产品或表现，以此反映出学生的思考过程和独特的方式、方法。

有些学生的思维趋向于深思型，在规定的时间内不能顺利答好试题；有些学生更擅长动手实验操作等。这些情况，仅凭纸笔测试不能全面反映学生的数学能力，就需要通过调查实验、数学日记、档案袋等形式记录下学生的表现，以便从总体上考察学生的发展水平。数学表现性任务包括以下几种类型。

（一）开放性问题

从狭义上讲，开放性问题是解法和答案不唯一的问题；从广义上讲，开放性问题意味着需要一个较为复杂且开放性的问题情境。解决这样的问题需要经过几个阶段：提出假设、对问题情境做出合理解释、确定解题的方向、进行概括或者解决该问题。

传统问题要求学生练习和应用所学的计算法则、定理等，这种问题无法评价学生计算能力以外的能力。《课标 2022》中明确指出，评价应关注学生的过程性评价，很显然，开放性问题有助于教师收集到更全面的有关学生的信息，对学生开展过程性评价。

传统数学问题 1：小明要购买一个价值为 100 元的商品，如果小明每个月存 10 元，现有 15 元，那么他还需要再存几个月才能买下这个商品？

将传统数学问题 1 改造成开放性问题 1 可以参考如下做法：

开放性问题 1：如果你只有 100 元，想要给妈妈送一份生日礼物，请根据超市广告宣传单上的价目表，指定一个购买清单。

传统数学问题 2：现有一个长 11m，宽 3m 的矩形，请你求出它的面积和周长。

将传统数学问题 2 改造成开放性问题 2 可以参考如下做法。

开放性问题 2：请你构造两个矩形，使得前者周长更长、后者面积更大。或者请你构造两个矩形，使得前者的周长是后者的两倍，而后者的面积是前者的两倍。

将传统数学问题进行改造后，学生不再是旁观者，而是在问题情境里成了主角。他们需要从事和完成相关任务。因此，在这个解决问题的过程中，教师能获得关于学生真实能力的评价。将学生置于真实的问题解决的情境中，是设计和开发开放性问题的最简单的做法。开放性问题的提出，体现了学生的参与性，它有利于调动学生的学习积极性，促进学生积极思考，提升学生的思维。从这个角度来看，开放性问题的设计和开发有助于将有效的课堂提问策略与对学生的评价匹配起来。

（二）调查和实验

调查和实验是表现性评价的各种动手操作活动的常见形式。通过学生的调查和实验有助于培养学生一系列能力，如将现实生活情境融入其他学科，构建普适的数学模型，有助于理解数据的意义与价值，进而加强学生数学的表达与交流的能力，并有助于培养学生科学的精神等．数学的调查和实验，有助于发挥学生的主动性、创造性，培养学生遇到困难继续坚持的精神，也为教师评价学生的发展提供了依据．

调查和实验的设计可参考如下两个例子．

例 1　请到超市去调查某商品在一周时间的销售情况，根据销售情况，给超市提出价格和进货的建议．

例 2　假如一个家庭包括爸爸、妈妈和 14 岁的孩子三人，请你为他们设计一个星期的营养餐，并估算这一星期的餐费．食品价格可以根据超市的价格计算，也可以根据线上销售价格计算．

（三）数学日记

通过日记的方式，学生可以对自己所学的数学知识和方法进行总结、反思，可以像和自己谈心一样写出自己的情感、态度以及感兴趣或认为有价值之处．教师可以引导学生评价自己的认知能力，写出学习的感受、困难之处、感兴趣之处等，最终形成自我报告．数学日记既发展了学生反省认知的能力，又为评价学生真实的学习情况提供了第一手资料．一般来说，学生刚开始写数学日记会十分困难．教师可以要求学生写一写如何解决某一个问题或者记录某一天的问题解决的活动，或者教师给学生提供一个数学日记的规格，规定他们要写的内容．高中课标提出了数学课程要培养学生的核心素养，主要包括"三会"，而数学日记无疑是提供了一个让学生观察生活，表达观点，并逐步建立现实世界与数学之间的逻辑联系的机会．此外，数学日记还可以成为一个自我报告，评价自己的能力或反思自己问题解决的能力．因此，数学日记有助于学生自我反思、自我提升．

（四）成长记录袋

传统的纸笔测试有时也不能准确地反映学生的学习情况．如有些学生在考试中因焦虑而产生躯体反应从而影响考试成绩，也有的学生因为焦虑而使得右侧杏仁核区域（对工作记忆和数字处理至关重要）表现出过度活跃，从而不能正常发挥出其数学水平；有些学生思维趋向于深思型，思考问题比较全面和深刻，他们需要更多的时间完成问题的解答，因此，他们在规定的时间内不能顺利完成试题；有些学生更擅长动手实验操作等等．纸笔测试并不能对他们的学习情况进行全面和准确的评估．

成长记录袋是指将反映学生学习进步的重要资料记录保存下来，整理建档，可为学生的发展成长过程提供一个很好的形成性评价．成长纪录袋是一种重要的质性评价方法．从成长记录袋中可以了解学生的发展变化．记录的资料可以不拘一格，是由教师和学生共同参与完成的．教师可以引导学生在成长记录袋中收录反映学习进步的重要资料，如最满意的作业、最有意义的探究活动成果、印象最深的问题、解决问题的反思记录、阅读数学读物的体会以及数学小论文等．另外，成长记录袋还可以按学期初、学期中和学期末的三个阶段，收集学生的学习资料，以反映学生的数学学习的进步过程．通过成长记录袋的形式，不仅有助于教师收集到学生全面而丰富的信息，而且它本身也为多元化和多样化的评价体系提供了一个合理的评价方式．

三、数学测验

数学测验是根据评价的内容和目的，拟定一些题目、作业或操作性练习，让学生做出书面、口头回答或实际操作，旨在了解学生在知识、技能、能力等方面所达到的水平．数学测验一直是评价学生数学学习水平的重要手段，也是一种相对较为客观、准确地反映学生的知识掌握水平、能力发展情况的方法．

数学测验有许多不同的类型．比如，按照测验参照标准可分为常模参照测验和目标参照测验；按照测验的作用可分为诊断性测验、形成性测验和终结性测验；按试题的主客观类型又可分为主观型测验和客观型测验．对学生的数学学习的评价要做到客观、公正、合理，使之发挥其应有的功能，必须把握好测验过程中的每一个环节．为此，应该做到以下几点：一是要编制出高水平的试题，尽量在知识的交汇点上做文章，保持各部分之间的适当比例，使试题具有代表性、层次性并有较广泛的覆盖面，且注意突出考察的重点；二是要能对测验结果进行科学的分析和总结，根据测验的结论及时改进教学工作．这就是说，数学测验结果的可靠性、有效性、目的性对于评价数学学习的质量至关重要．因此，下面重点对评价数学测验质量的一些指标作介绍，这些指标主要包括难度、区分度、信度和效度．

（一）难度

难度是反映试卷（题）难易程度的指标．一般用试卷（题）的得分率或答对率（P）表示，所以 P 值在 $0 \sim 1$ 之间，数值越大，说明试卷（题）越容易．

1. 客观性试题的难度计算（通过率法）

对于二分法计分的题目，如选择题、判断题等，难度 P 可以用如下公式来计算：

$$P = \frac{R}{N}$$

式中，R 是答对该题目的人数；N 是参加全体考生数．这样，难度 P 实际上是试题的通过率．

例3 一次数学测验，有54人参加．某道题共有27人答对，求该题的难度．

2. 主观性试题的难度计算（平均值法）

对于非二分法计分的题目，如计算题、证明题、论述题等，难度 P 可以用如下公式来计算：

$$P = \frac{\overline{X}}{X}$$

式中，$\overline{X}$ 是参加考试的学生解答该题的平均分；X 是该题的满分．

例4 某道试题满分为12分，全体考生在该题的平均得分为9分，求该题的难度．

可以看出，难度 P 的数值越大，题目难度越小；难度 P 的数值越小，题目难度越大，这恰恰与通常所说的难度意义相反．因此，也可用公式 $Q = 1 - P$ 表示难度．这样，Q 越大，题目难度也越大；Q 越小，题目难度也越小，与"难度"的意义一致．

3. 整份试卷（或教育测量）的难度计算（平均值法）

整份试卷（或教育测量）的难度计算可采用平均值法．平均值法还可以细分为简单算术平均数和加权算数平均数．

简单算数平均数是将教育测量看作一个整体，将被试者完成教育测量的所有试题或项目后的平均得分作为分子，将教育测量的所有试题或项目的满分作为分母，计算得出的．而加权算数平均数法是以教育测量所包含的每道测试题或每个测量项目为计算单位，以被试者在每道试题或每个测量项目为计算单位，以被试者在每道试题或每个项目的难度为对象，以每道试题或每个项目满分占教育测量总分的比值为权数，计算得出的.

例5 某次教育测量包括 10 个测量项目，总分值是 600 分. 每个测量项目所占分值和难度值如表 6-3 所示，请计算该教育测量的整体难度（保留两位小数）.

表 6-3 教育测量各项目所占分值和难度值

项目序号（i）	分值（X_i）	难度值（P_i）	项目序号（i）	分值（X_i）	难度值（P_i）
1	20	0.5	6	70	0.2
2	30	0.6	7	80	0.5
3	50	0.2	8	80	0.8
4	50	0.6	9	70	0.6
5	60	0.9	10	90	0.2

解：$X = X_1 + X_2 + \cdots + X_{10} = 600$

$$P = P_1 \times \frac{X_1}{X} + P_2 \times \frac{X_2}{X} + \cdots + P_{10} \times \frac{X_{10}}{X} = \frac{P_1 \times X_1 + P_2 \times X_2 + \cdots + P_{10} \times X_{10}}{X}$$

$$= \frac{0.5 \times 20 + 0.6 \times 30 + \cdots + 0.2 \times 90}{600} = 0.48$$

答：该次教育测量的整体难度是 0.48.

（二）区分度

区分度是反映试题对于不同学生实际学习水平的区别程度的指标. 题目的区分度反映了该题区分能力的强弱. 如果一个题目的测试结果是水平高的考生答对（得高分），而水平低的考生答错（得低分），那么这道题的区分能力强. 区分度高的试题，能把分数拉开；而区分度低的试题，分数都很接近，往往不能准确反映学生的学习水平. 一般地，区分度低于 0.3，题目不好；区分度达到 0.3，题目便可以接受；区分度在 0.3 以上为好题目；区分度在 0.4 以上为优秀题目（见表 6-4）.

表 6-4 区分度与试题评价表

区分度	试题评价
0.4 以上	优
0.30 ~ 0.39	良好
0.20 ~ 0.29	尚可，需要改进
0.19 以下	不好，必须淘汰或者改进

题目区分度的实质是用以鉴定一个题目有效性的指标，它的高低对测验的质量具有重要的影响.

当试题是客观性试题时，试题的区分度常用分组计算法. 分组计算法（又称为极端分组法）是指将学生水平按照测验的总分进行排序，再根据一定比例确定高分组（前 27%）和低分组（后 27%）的人数，对他们在某一项目上的通过率与平均得分进行差异比较，最后确定区分度指标，以此来衡量试题的质量. 分组计算法一般用于教师自编的测验项目中.

区分度 D 的计算公式为

$$D = P_H - P_L,$$

式中，P_H 和 P_L 分别为高分组和低分组的通过率.

当试题是主观性试题时，试题区分度的计算公式为

$$D = \frac{X_H - X_L}{N(H - L)},$$

式中，X_H 和 X_L 分别是高分组和低分组所得的总分；H 和 L 分别为考生解答该题时的最高得分和最低得分；N 为考试总人数的 27%. 难度与区分度是衡量测量项目质量的基本指标.

（三）信度

信度是指可靠性和稳定性的程度. 测验信度是指测量结果的可靠程度，也就是测试对象实得分与其真实水平的接近程度. 显然，测试中偶然因素越大，稳定性和可靠性越差，信度也就降低，测试就不可靠；反之，如果测试受偶然因素影响较小，那么信度较大. 信度在 0.9 以上，表示测验可靠；信度在 0.8—0.9 之间，表示测验相对可靠. 像中考、高考这样正规的大型考试，信度一般都要求达到 0.9 以上. 在经典测量理论的真分数模型中，受测者在测验中所获得的测定值叫作实得分数或者观察分数，记为 X；受测者在测验预测的真实水平值叫作真实分数，记为 T；在实际测验中，实得分数与真分数不会完全相等，二者之差为测量误差，记为 E. 因此，理论上三者关系式可以表示为：$X = T + E$. 上式中，E 可正可负，是随机产生的，从理论上说误差分数的期望值为 0，且 E 与 T 相互独立，也就是说，二者相关系数为 0，根据这一假设，可以得到

$$S_X^2 = S_T^2 + S_E^2$$

式中，S_X^2 为实得分数的方差；S_T^2 为真实分数的方差；S_E^2 为误差分数的方差；

由此，信度 r 可定义为真实分数方差与实得分数方差的比率，即 $r = \dfrac{S_T^2}{S_X^2}$，或者 $r = 1 - \dfrac{S_E^2}{S_X^2}$.

由此可看出，信度的取值范围为 $[0,1]$，误差分数的方差越小，信度的取值就越接近 1，即测量的信度越高. 上述计算信度的公式并不能用于信度的计算，因为真实分数是未知的. 信度的种类有很多，常见的有重测信度、复本信度、同质性信度等.

1. 重测信度

重测信度是用同一份测试试卷在两个不同时间，对同一组受测者施测两次所得结果的一致性程度，其大小等于该组受测者在两侧测验中实得分数的相关系数. 在教育测量中，通常假设同一试卷对相同受测者测验两次，其结果应当是一致的、稳定的，不会随着时间的推移而改变. 因此，重测信度又称为稳定性系数. 重测信度可采用皮尔逊积差相关系数公式表示为

$$r = \frac{N \sum XY - \sum X \sum Y}{\sqrt{N \sum X^2 - \left(\sum X\right)^2} \sqrt{N \sum Y^2 - \left(\sum Y\right)^2}}$$

式中，r 是两次测验结果的相关系数；N 是受测者人数；$\sum XY$ 是每位受测者两次测验分数的乘积之和；$\sum X$ 和 $\sum Y$ 分别是受测者第一次和第二次测验分数之和；$\sum X^2$ 和 $\sum Y^2$ 分别

是受测者第一次分数的平方和和第二次分数的平方和.

例6　以某试题对 10 为学生进行一次测验，三个月后用原量表对其重测一次，前后两次得分分别记为 X 和 Y，两次测试成绩如表 6-5 所示，计算其重测信度.

表6-5　例6数据

学生	1	2	3	4	5	6	7	8	9	10
X	64	61	70	75	65	67	60	67	63	65
Y	72	67	74	80	72	79	72	78	70	75

解：根据表中数据可得 $\sum X = 657$，$\sum Y = 739$，$\sum X^2 = 43339$，$\sum Y^2 = 54767$，$\sum XY = 48679$，

将以上统计量中代入公式

$$r = \frac{N \sum XY - \sum X \sum Y}{\sqrt{N \sum X^2 - \left(\sum X\right)^2} \sqrt{N \sum Y^2 - \left(\sum Y\right)^2}}$$

可得

$$r = \frac{10 \times 48679 - 657 \times 739}{\sqrt{10 \times 43339 - 657^2} \sqrt{10 \times 54767 - 739^2}} = 0.77$$

注：在实际测验中样本应至少取到 30 以上，否则会因为数据太少而使得所求出的积差相关系数失去意义，此处数据是为了便于计算和理解公式而采用小样本.

重测信度既有优点又存在缺点. 其优点是测验方式简单、明确，测验试题只需要一套，节省了编制测验试题的时间与精力. 其缺点是两次测验时间间隔的长短对重测信度的影响较为显著. 时间间隔过短，第二次测验可凭回忆作答，夸大了测验的稳定性；时间间隔过长，在此期间受测者身心的发展、经验的积累等因素都可能影响测验的稳定性. 因此，重测信度只适合测量那些不会随时间推移而改变的特质. 一般来说，IQ 测试、人格测试可以用重测信度；相反，情绪测验、学业成就测验不能采用重测信度.

2. 复本信度

为测量受测者的同一特质，可编制多个平行的等值测验，这些测验在内容、题型、数量和区分度等方面都相当，但试题不相同的测验被称为复本测验，或者平行测验. 复本信度是指同一组受测者在两个平行测验上所得结果的一致程度. 因此，复本信度又称为等值稳定性系数. 复本信度的大小等于同一组受测者在两个复本测验上所得分数的相关系数. 它的计算方法可参照重测信度的计算方法.

3. 同质性信度

在实际工作中，同一测验重复施测或者编制完全等值的复本都存在困难，因此，需要有一种只测验一次就能得出评价的信度. 由此，人们更多地关注同质性信度. 同质性信度指的是同一测验内所有试题间的一致性程度，具体来说是指测验各题目间得分的相关系数. 下面主要介绍两种同质性信度的方法.

（1）分半信度

分半信度是将一次测试的题目按由易到难的顺序排好，然后按奇偶分成两半，再计算学生在这两部分所得分数的一致性程度．采用奇偶分半的方法，得到了两个半测验得分的相关系数．测验长度减少会对信度产生影响，因此还需要矫正，才能求得整个测验的信度，这种方法称为斯皮尔曼-布朗方法．斯皮尔曼-布朗公式为

$$r = \frac{2r_{hh}}{1 + r_{hh}}$$

式中，r 为校正后整个测验的信度系数；r_{hh} 为分半信度系数．

例7　有一份试题由 100 道题组成，有 10 名学生参加了测验，测验结果如表 6-6 所示，用分半法计算该测验的信度．

表 6-6　例 7 数据

学生	1	2	3	4	5	6	7	8	9	10
奇数题总分 X_1	42	40	41	42	40	37	38	37	36	29
偶数题总分 X_2	41	38	35	38	37	33	36	36	33	32

解：根据表中数据，可得 $\sum X_1 = 382$，$\sum X_2 = 359$，$\sum X_1^2 = 14728$，$\sum X_2^2 = 12957$，$\sum X_1 X_2 = 13790$，将以上统计量中代入公式

$$r = \frac{N \sum XY - \sum X \sum Y}{\sqrt{N \sum X^2 - \left(\sum X \right)^2} \sqrt{N \sum Y^2 - \left(\sum Y \right)^2}}$$

得

$$r_{hh} = \frac{10 \times 13790 - 382 \times 359}{\sqrt{10 \times 14728 - 328^2} \sqrt{10 \times 12957 - 359^2}} = 0.79,$$

再用斯皮尔曼-布朗公式得

$$r = \frac{2r_{hh}}{1 + r_{hh}} = \frac{2 \times 0.79}{1 + 0.79} = 0.88.$$

（2）克伦巴赫信度

克伦巴赫于 1951 年提出了试卷信度系数的一个基本计算公式

$$r = \frac{n}{n - 1} \cdot \frac{S^2 - \sum_{i=1}^{n} S_i^2}{S^2}$$

式中，n 是试题总数；S^2 为所有被测学生总分的方差；S_i^2 表示被试学生第 i 题得分的方差．

例8　一份试卷共 8 道解答题，对 10 名学生施测，得分情况如表 6-7 所示，计算该测验的信度．

表 6-7 例 8 数据

学生	题目								总分
	1	2	3	4	5	6	7	8	
1	8	9	11	7	10	12	12	9	78
2	7	12	10	6	9	9	10	8	71
3	5	10	9	4	11	8	8	7	62
4	8	11	12	8	11	10	9	12	81
5	7	12	11	7	6	9	10	8	70
6	5	9	9	6		8	8	6	60
7	6	10	11	5	7	10	9	8	66
8	8	11	12	9	10	7	11	10	78
9	4	8	10	10	9	9	8	6	64
10	7	10	8	8	9	11	12	8	73

解：根据表中数据可得

$S^2 = 52.68$，$S_1^2 = 2.06$，$S_2^2 = 1.73$，$S_3^2 = 1.79$，$S_4^2 = 3.33$，$S_5^2 = 2.54$，$S_6^2 = 2.23$，$S_7^2 = 2.46$，$S_8^2 = 3.29$，$\sum\limits_{i=1}^{8} S_i^2 = 19.43$

将以上数据代入公式

$$r = \frac{n}{n-1} \cdot \frac{S^2 - \sum\limits_{i=1}^{n} S_i^2}{S^2}$$

得

$$r = \frac{8}{8-1} \cdot \frac{52.68 - 19.43}{52.68} = 0.72.$$

（四）效度

效度是衡量测验有效性、准确性的重要指标，反映的是一次测试达到既定目标的成功程度. 效度体现了测验的准确程度，它主要包含两层意思：一是效度具有特殊性，即任何一种测试只对某种特殊目的有效，例如，不能以仅包含几何知识的测验来反映学生掌握代数知识的水平；二是效度具有相对性，即任何一种测试仅对所要测试的特性做间接的推断，只能达到某种程度的准确性. 在教育测量理论中，效度被定义为在测量中与测量目的有关的真实变异数在总变异数中所占的比例，即效度

$$r = \frac{S_V^2}{S_X^2}$$

式中，S_V^2 是符合测量目的的真分数方差；S_X^2 为实得分数的方差.

在经典测量理论的真分数模型中，$S_X^2 = S_T^2 + S_E^2$. 其中真分数的方差 S_T^2 可分解为两部分，一部分是符合测量目的的真分数方差 S_V^2，另一部分是由系统误差引起的与测量目的无关的方差 S_I^2，即 $S_T^2 = S_V^2 + S_I^2$，所以，$S_X^2 = S_V^2 + S_I^2 + S_E^2$.

通常应用较为广泛的测试效度主要有内容效度和效标关联效度. 数学测试的内容效度是

指测试内容在多大程度上可以反映测试目的所规定的学生的某些能力水平，它是一个定性分析的指标．通常用测试试题与教学内容相比较，两者吻合的部分越多，且试题能够充分概括教材的重要内容，那么这次测试就具有较高的内容效度．编制试卷时，应先编排教材内容和教学目标的双向细目标，因为这样有助于提高效度．

效标关联效度，也被称为实证效度，它衡量的是一次测试的成绩与另一作为参照标准的测试（这一参照标准被称为效标，有时也包括学生平时学习中掌握数学知识和能力的水平与有经验的教师的评定等）成绩之间的一致性程度．测验和效标的一致性程度高，测验的效标关联效度就高；反之，效度就低．通常情况下，效标关联效度是用测验和效标之间的相关系数来表示的．一般地，我们把考试的得分与效标分数之间的相关系数作为测试的效度值．

如果 n 个学生的测试分数为 x_i，效标分数为 y_i，那么效度指标 r 可表示为

$$r = \frac{\sum\limits_{i=1}^{n}(x_i - \bar{x})(y_i - \bar{y})}{\sqrt{\sum\limits_{i=1}^{n}(x_i - \bar{x})^2 \cdot \sum\limits_{i=1}^{n}(y_i - \bar{y})^2}}$$

式中，$\bar{x}$，$\bar{y}$ 为相应分数的平均值．

一般认为，效度值 r 在 0.4 和 0.7 之间比较合理．提高测试效度可采取下列措施：①把握课程标准或教学大纲提出的教学要求，了解学生的实际水平；②试题不以偏题、怪题的面孔出现；③提高试题的信度，如增加题量、控制难度等；④拟定编题计划，以避免命题的盲目性．因此，提高测试效度的关键在于编好试卷．

（五）测验成绩的解释与评定

根据测验的评分标准，从试卷直接得到的分数叫作原始分数．一般情况下，我们不能直接用原始分数来评价学生的学习效果．为了科学地评价学生的学习情况，需要对原始分数进行处理．常用的量化数据有以下几种．

1. 集中量

如果一个数据反映了某个被测群体的整体水平或者集中趋势，则称它为集中量数．常见的集中量数有平均数、加权平均数、中位数等．

其中

算术平均数：$\bar{X} = \dfrac{\sum\limits_{i=1}^{N} X_i}{N}$，

加权平均数：$\overline{X_W} = \dfrac{\sum\limits_{i=1}^{N} W_i X_i}{\sum\limits_{i=1}^{N} W_i} = \dfrac{W_1 X_1 + W_2 X_2 + \cdots + W_N X_N}{W_1 + W_2 + \cdots + W_N}$，

式中，W_i 表示第 i 组频数；X_i 表示第 i 组平均数．

2. 标准差

标准差是描述一组数据离散程度的量，用公式 $s = \sqrt{\dfrac{\sum\limits_{i=1}^{N}(\bar{x} - x_i)^2}{N}}$ 计算．s 越大，说明

平均数的代表性越差；s 越小，说明平均数的代表性越好.

例 9　某班甲、乙两组学生在一次测验中的成绩分别是 65，68，71，72，74 和 30，50，86，90，94. 如何评价两组学生的学习情况？

解：第一组学生的测验成绩平均分为 $\overline{X_1} = \dfrac{65 + 68 + 71 + 72 + 74}{5} = 70$，

第二组学生的测验成绩平均分为 $\overline{X_2} = \dfrac{30 + 50 + 86 + 90 + 94}{5} = 70$.

通过计算，这两组学生的测验成绩平均分相同. 要评价两组学生的学习情况，还需要计算它们的标准差. 第一组学生的测验成绩标准差为

$$s_1 = \sqrt{\frac{\sum\limits_{i=1}^{5} (\overline{x} - x_i)^2}{5}}$$

$$= \sqrt{\frac{(65 - 70)^2 + (68 - 70)^2 + (71 - 70)^2 + (72 - 70)^2 + (74 - 70)^2}{5}} = 3.16.$$

第二组学生的测验成绩标准差为

$$s_2 = \sqrt{\frac{\sum\limits_{i=1}^{5} (\overline{x} - x_i)^2}{5}}$$

$$= \sqrt{\frac{(30 - 70)^2 + (50 - 70)^2 + (86 - 70)^2 + (90 - 70)^2 + (94 - 70)^2}{5}} = 25.42.$$

第二组学生的测验成绩标准差大于第一组学生的测验成绩标准差，说明第二组学生的离散程度大，平均分代表性差. 因此，虽然两组学生的平均分相同，但是第一组学生的整体情况好.

3. 标准分数

标准分数是由原始分数换算得来的可以进行比较的量数. 它的计算公式为

$$Z = \frac{x - \overline{x}}{s}$$

式中，x 是原始分数；$\overline{x}$ 是平均分数；s 是标准差.

标准分数又称为 Z 分数. 可以看出，Z 分数是以平均分为中心，以标准差为单位. 当原始分数大于平均分时，Z 分数为正；当原始分数小于平均分时，Z 分数为负. 将原始分数转化为标准分数后，我们可以对它们进行比较，并由此对学生的学习进行评价.

例 10　某班甲、乙两位同学的期末考试成绩情况（见表 6-8），问：

（1）甲同学的语文和数学哪科成绩相对较好？

（2）甲同学和乙同学相比，谁成绩较好？

解：（1）由 $Z = \dfrac{x - \overline{x}}{s}$ 得

$$Z_1 = \frac{73 - 48.3}{13.9} \approx 1.78, \quad Z_2 = \frac{79 - 66.9}{18.5} \approx 0.65,$$

显然，$Z_1 > Z_2$. 所以，甲同学的语文成绩比数学成绩好.

表 6-8　例 10 数据 1

考试科目	学生		所在班级平均成绩	标准差
	甲	乙		
语文	73	62	48.3	13.9
数学	79	85	66.9	18.5
英语	75	80	67.2	14

（2）甲、乙两位学生的考试原始分都是 227 分，不能通过比较总分来比较判别两位同学的成绩好坏. 那么他们到底谁的成绩比较好呢？通过计算其余四个 Z 分数，并合计出总的 Z 分数（见表 6-9），显然 $Z_甲 > Z_乙$. 所以，甲同学的学业成绩比较好.

表 6-9　例 10 数据 2

考试科目	所在班级平均成绩	标准差	原始分数		Z 分数	
			甲	乙	甲	乙
语文	48.3	13.9	73	62	1.78	0.99
数学	66.9	18.5	79	85	0.65	0.98
英语	67.2	14	75	80	0.56	0.91
合计	182.4	46.4	227	227	2.99	2.88

思　考　题

1. 请你通过网络搜索或者图书翻阅，找出 1~2 个我国历史上关于评价的阐述，并用自己的语言概括出它们的优点和缺点.

2. 请你通过网络搜索或者图书翻阅，找出 1~2 个国外历史上关于评价的阐述，并用自己的语言概括出它们的优点和缺点.

3. 请你用自己的语言概括出数学教学评价的功能.

4. 请你用自己的语言概括出数学教学评价的发展趋势.

5. 请你设计 1~2 个开放性问题.

6. 请你设计 1~2 个学生的成长记录袋.

推 荐 读 物

[1] CHAPPUIS J. 学习评价 7 策略 [M]. 刘晓陵，译. 2 版. 上海：华东师范大学出版社，2018.

[2] 马云鹏，孔凡哲，张春莉. 数学教育测量与评价 [M]. 北京：北京师范大学出版社，2009.

[3] 陈玉琨. 教育评价学 [M]. 北京：人民教育出版社，1999.

[4] 布卢姆，等. 教育评价 [M]. 邱渊，王钢，译. 上海：华东师范大学出版社，1987.

[5] 陈瑶. 课堂观察指导 [M]. 北京：教育科学出版社，2002.

参 考 文 献

[1] 泰勒. 课程与教学的基本原理 [M]. 施良方，译. 北京：人民教育出版社，1994.

[2] 布卢姆，等. 教育评价 [M]. 邱渊，王钢，译. 上海：华东师范大学出版社，1987.

[3] 陈玉琨. 教育评价学 [M]. 北京：人民教育出版社，1999.

[4] 马云鹏，孔凡哲，张春莉. 数学教育测量与评价 [M]. 北京：北京师范大学出版社，2009.

[5] 中华人民共和国教育部. 高中数学课程标准（2017 年版）[M]. 北京：人民教育出版社，2017.

[6] SIVAKUMAR A, MOORTHY T. Measurement and evaluation in education [M]. New Delhi：A. P. H. Publishing Corporation. 2019.

[7] 甘艳. 社会说服与高中生数学自我效能的关系：一个有中介的调节模型 [J]. 数学教育学报，2022，31（1）：28-34.

[8] BLACK P, WILLIAM D. Inside the black box：Raising standards through classroom assessment [M]. Granada Learning，1998.

[9] HARLEN W, JAMES M. Assessment and learning：Differences and relationships between formative and summative assessment [J]. Assessment in Education：Principles, Policy and Practice, 1997, 4 (3)：365-379.

[10] SADLER D R. Formative assessment：Revisiting the territory [J]. Assessment in Educatio：Principles, Policy and Practice, 1998, 5 (1)：77-84.

[11] SHEPARD L A. The role of assessment in a learning culture [J]. Educational Researcher, 2000, 29 (7)：4-14.

[12] 喻平. 《义务教育数学课程标准（2022 年版）》学业质量解读及教学思考 [J]. 课程. 教材. 教法，2023，43（1）：123-130.

[13] 喻平. 核心素养指向的数学学习评价设计 [J]. 数学通报，2022，61（6）：1-8；66.

[14] 吴立宝，曹雅楠，曹一鸣. 人工智能赋能课堂教学评价改革与技术实现的框架构建 [J]. 中国电化教育，2021（5）：94-101.

[15] 潘小明. 基于数学核心素养的课堂教学评价再认识 [J]. 教学与管理，2018（18）：85-87.

［16］胡航，杨旸．多模态数据分析视阈下深度学习评价路径与策略［J］．中国远程教育，2022（2）：13-19；76.

［17］中华人民共和国教育部．义务教育数学课程标准（2022 年版）［M］．北京：北京师范大学出版社，2022.

［18］MULLIS I V S, MARTIN M O. TIMSS 2019 assessment frameworks ［M］. Stockholm：International Association for the Evaluation of Educational Achievement, 2017.

［19］曾小平，曹一鸣．TIMSS 2019 数学评价的框架、结果与启示［J］．课程·教材·教法，2022，42（1）：147-153.

［20］高凌飚．关于过程性评价的思考［J］．课程·教材·教法，2004（10）：15-19

［21］陈瑶．课堂观察指导［M］．北京：教育科学出版社，2002.

［22］YOUNG C B, WU S S. The Neurodevelopmental basis of math anxiety. Psychological science, 2012, 23（5）：492-501.

［23］涂荣豹，王光明，宁连华．新编数学教学论［M］．上海：华东师范大学出版社，2006.

第七章　数学模拟授课和说课

章前导语

百年大计，教育为本；教育大计，教师为本. 好的教育的前提是有好的教师，迈入"国将兴，必贵师而重傅"的新时代，教师教育的重要性得以从战略高度获得充分认识与肯定. 师范院校是培养教师的主要阵地，教学基本功是教师职业素养的关键部分. 目前，教育行政部门以及许多师范院校都非常重视师范生教学基本功的训练与培养. 当今，数学模拟授课和说课不仅被列为师范生教学基本功比赛的重要项目，而且在教师资格证考试、数学教师招聘考试、全国师范院校师范生教学技能竞赛等各种活动中都成为了必不可少的测试项目.

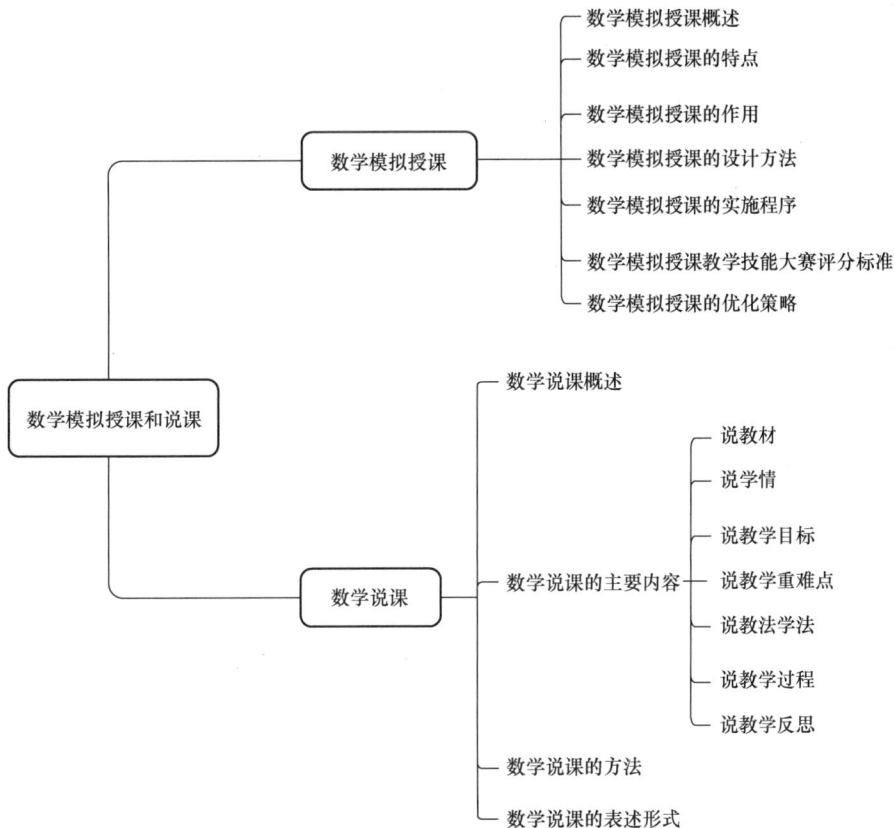

```
                                    ┌─ 数学模拟授课概述
                                    ├─ 数学模拟授课的特点
                                    ├─ 数学模拟授课的作用
                  ┌─ 数学模拟授课 ──┼─ 数学模拟授课的设计方法
                  │                 ├─ 数学模拟授课的实施程序
                  │                 ├─ 数学模拟授课教学技能大赛评分标准
                  │                 └─ 数学模拟授课的优化策略
数学模拟授课和说课 ┤
                  │                 ┌─ 数学说课概述
                  │                 │                      ┌─ 说教材
                  │                 │                      ├─ 说学情
                  │                 │                      ├─ 说教学目标
                  └─ 数学说课 ──────┼─ 数学说课的主要内容 ─┼─ 说教学重难点
                                    │                      ├─ 说教法学法
                                    │                      ├─ 说教学过程
                                    │                      └─ 说教学反思
                                    ├─ 数学说课的方法
                                    └─ 数学说课的表述形式
```

第一节　数学模拟授课

一、数学模拟授课概述

(一) 数学模拟授课的概念

模拟授课，即讲课老师在模拟授课的情景中，在没有学生的情况下，用自己的语言把一堂课中的主要教学过程描述出来的一种上课形式，也称为"无学生的上课"．具体而言，模拟授课就是在没有学生的环境下，教师模拟实际教学情景，根据预设时间，通过语言、体态表达和其他教学技能与组织形式的展示，按照预先设计的教学方案完成一个或多个教学任务的教学片段．它是一种将个人备课、上课实践与教学研究紧密结合在一起的教研活动，既能够突出教学活动中的本质特征和主要矛盾，也能摒弃非本质的因素，使教学研究的对象直接从客观实体中抽象出来，具有节省时间和提高效率的特点．

数学模拟授课融合了现场教学与传统授课方式的优势，但是也对老师要求更高．以相声来做比喻，假如现实授课是"群口相声"，那么模拟授课就是"单口相声"，这就要求老师既需要扮演好自己的角色，也必须扮演好不同学生的角色．而老师也必须展示预设的课堂教学流程，一般有情景创设、新知探索、小结作业等教学过程，但并不意味着必须严格遵循课堂环节的完整性，而是根据教学需要灵活调整．数学模拟授课是一种崭新的教学形态，基于其较强的针对性、实战性和易操作性，以及教学实施的低成本等特点，迅速在数学教师招聘以及各种教学技能比赛中占有了一席之地．

(二) 数学模拟授课的界定

1. 数学模拟授课与真实上课的区别

数学模拟授课是一种模拟课堂的情景下展开的教学活动，学生并不直接参与，即教师在整个过程是唱"独角戏"，既要求教师表演不同角色，以达到上课的效果，还需要教师做好充分的预设，并在相应的学生活动的环节中巧妙过渡．另外，模拟授课的教学内容安排要求精简，应该截取一个相对独立的教学部分，而不是将每个相关知识点的来龙去脉讲解清楚．真实上课则是有真实学生出现的课堂，教师在心理上不会产生较大的压力，同时师生配合也比较默契，不太容易发生冷场的情况，教学内容则需要有一定的完整性与连贯性．

数学模拟授课的难度超过真实上课的有生授课，虽然眼前没有一个学生，但教师们仍然要声情并茂的讲述，或循循善诱，或表演示范，或激发兴趣，让听课者感觉好像被带进了真实的课堂．模拟授课与真实上课的最大区别和难点是"互动"和"对话"，是教师与学生之间进行交流，是"此时无'生'胜有'生'"的一种生动演绎．教师需要做到"话说给学生、眼看着学生、心装着学生"，在这个过程要体现对学生的"启发、引导与设问"．

2. 数学模拟授课与微型课的区别

首先，模拟授课与微型课的时长不同．模拟授课的时长区间一般在 $10\sim15\mathrm{min}$；微型课的时长区间在 $20\sim25\mathrm{min}$．其次，模拟授课与微型课的流程也有区别．模拟授课的主要流程是揭示课题和新知探究，而不要求授课环节的完整性，对于需要陈述的次要环节也是一带而过．微型课的主要流程与真实上课的流程基本相同，不仅要求环节完整，而且对于教学活动安排、师生交流、生生互动、结果评价等都要呈现，对于每一项教学活动的任务、要求、目的都要说清楚.

　　3. 数学模拟授课与说课的区别

　　（1）内涵不同　模拟授课是在有限的时间中，教师通过口头语言、肢体语言和各种教学技能与组织形式的展现而开展的一种教学形式，更侧重于反映教师的综合素质和实践能力，考查教师的综合能力. 说课则是要求教师以语言作为主要的表述工具，根据备课基础，面对专家和同行，系统而概括地解说自己对具体课程的设计，同时表述自己在组织某课题教学时的理论依据以及具体执教时的教学设想、策略、方法等.

　　（2）目的不同　模拟授课的目的是将书本的知识转化为学生自己的知识，培养学生的能力，并对其进行思想教育，最终目的是达到教学目标. 而说课的目的是向听者介绍某节课的教学设计与设想.

　　（3）方法不同　说课是以教师自己的解说为主，模拟授课则是教师模拟与学生进行双边互动的教学活动，即在教师引导下，模拟学生通过读、讲、议、练等形式完成学习任务的过程. 简而言之，说课就是教师对听者说出本节课的教学设计和教学思路，模拟上课就是教师上一节没有学生的课. 两者相比，数学模拟授课面对的是"像学生一样的专家"，数学说课面对的对象仅是同事或者专家；数学说课如果是一场演出的"编剧"，而数学模拟授课则是"导演与演员"同时附体.

　　由上述可知，数学模拟授课不同于真实的数学课堂，也不同于数学微课，更有别于数学说课. 首先，它超越说课，更接近真实课堂教学，同时又节约了比赛的"成本"；其次，它可以考查教师的学科知识的深度、广度、教材处理能力、语言表达能力、教学状态、教学特色等；最后，通过模拟授课还可以直观地看出教师教学手段和教学方法的选择是否合理、板书设计是否合理美观、情境和问题创设是否有效、教学思路是否清晰、教学任务是否达成等，故可以比较准确地考察教师的教学能力与整体素质. 因此，数学模拟授课是一种更加贴近教学实际的教研活动.

二、数学模拟授课的特点

　　数学模拟授课，本质上就是在没有学生的情况下，将整个数学教学过程完整呈现，通过教师的"自问自答"，让听者明白执教者的教学理念、教学流程和教学设计. 数学模拟授课之所以受到广泛的青睐和运用，是因为它作为一种新兴的教学研究形式具有以下特点.

　　（一）机智性

　　在进行数学模拟授课时，一般是在上课前一个小时，教师才知道自己要讲的内容，备课时间短，难度大，要求高，因此要想取得较好的成绩，就需要一定的机智性.

　　（二）竞争性

　　数学模拟授课往往是以教学比赛的形式与同行进行交流与汇报，一般适用于招聘教师或选调教师时的面试考核，因此它具有一定的竞争性.

　　（三）技巧性

　　数学模拟授课要求一节正常的 40min 的课限时 10~15min 完成. 需要在这么短的时间内展示上课的完整流程，这显然对教师的要求是非常高的. 教师对模拟授课教案的准备必须去粗取精，准确地把握教学的重难点，精心设计教学的流程，才能够保证在规定的时间内完成教学任务. 在这么短的时间内，教师要让评委与专家听得明白、清楚，需要掌握一定的方法和技巧，深刻理解自己的教学设计，从而从众多的选手中胜出．

（四）新颖性

在新课改的背景下进行数学模拟授课，必须能够体现出新理念和新教法．尤其是在比赛中，往往使用的是同一个课题，教师只有做到新中更有创新，才有可能达到出奇制胜、脱颖而出的效果，从而得到较好的评价．

（五）艺术性

数学模拟授课没有学生面对面的配合，完全需要教师自编、自导、自演．教师不仅要演得像模像样、有板有眼、形象逼真、生动有趣，还要能够较全面地体现教师在教学理念上的新颖性、教学机智的灵活性、教学评价的恰当性、教学手段的合适性等多方面的素养，这无疑是一种艺术．

三、数学模拟授课的作用

数学模拟授课是一种省时高效的教研形式，不仅节省了评委和授课教师的时间，也能充分体现教师的综合素养，并且不会对学校的教学进度和学生的学习造成太大影响．数学模拟授课在实践过程中不断探索和完善，从而在数学备课、数学教研和数学教师成长等方面发挥其独特的作用．

（一）增强教研实效

数学模拟授课有利于突出教研的主题，增强教研活动的可行性和实效性．主题教研是现代教研新的研究趋势，教师需要树立"问题即课题"的思想，在教学过程中要善于发现问题并以问题作为自己研究的"小课题"．模拟授课就是使"小课题"研究卓有成效的重要而又实用的途径，如教学方法的创新应用、教材处理的创新设计等．通过模拟授课先进行尝试，不仅可以避免盲目运用研究对学生造成的损失，而且能增强研究的效果．此外，虽然模拟授课不能非常精确真实地反映上课的实际情况，但是至少能够给教师一个展示教学、驾驭课堂的平台，可以对一些重要的环节进行针对性的研究，是对说课的一种很好的补充和延伸．进行模拟授课可以使教研主题更加明确，教学重点更加突出，从而提高教研活动的实效性．

（二）提高备课质量

数学模拟授课有利于深化集体备课，进行教学预测，提高备课的质量，以及增强备课的实效性．在实际教学中，多数数学教师在备课时可能更多的只是在关注该怎样教，很少会去想为什么要这样教，在教之前也没有对学生进行充分的预设，只是简单地备课，而没有对学生进行深入了解．对于集体备课形式的模拟授课，是教研组在集体备课后，选择一名教师进行模拟授课，大家一起进行听课评论，可以从中发现集体备课的不足和缺失，进而提前检测课堂教学是否具备合理性、有效性和可操作性，同时能让青年教师尝试体验上课的真实过程，更加准确地把握教情和学情，改善预设效果，提高应变能力，思考如何才能教得更好．这样从感性备课逐渐上升到理性备课，可以从根本上提高数学备课的质量．

（三）促进教师成长

数学模拟授课有利于促进数学新手教师和骨干教师的快速成长．虽然模拟授课与说课不同，不用阐述"为什么这样教？"，但是模拟授课的设计仍然需要先进的教学理念做指导，需要较高的教学基本功做支撑，需要清晰的教学思路来表现．所以，模拟授课就对教师提出了更高的要求，这就促使数学教师需要不断地去学习、去更新自己的教育教学理念，提高理论水平. 另外，模拟授课要求教师使用语言展示出自己的教学思路、教学设想以及教学过程的每一环节，这又在无形中提高了教师的语言组织能力和语言表达能力，提高教师的自身素质.

四、数学模拟授课的设计方法

在设计数学模拟课堂时，要做到技巧与内涵并重，才能达到较好的效果.

（一）数学模拟授课的技巧

所谓数学模拟授课的技巧，是指数学教师教学的技巧，包括数学模拟课堂中的调控技巧、评价技巧以及呈现技巧.

1. 调控技巧

数学模拟授课能够反映出教师个人扎实的专业功底、丰富的知识储备、深厚的综合素养，展示教师对知识的理解程度与对教学的驾驭能力，是教师的教学方法与教育理念的融合. 所以，教师在课堂上恰当地运用口头和肢体语言，调控现场气氛，营造激情飞扬、教学相长的课堂"气场"，对精彩地实施模拟授课是十分必要的.

2. 评价技巧

无论是模拟授课还是平时上课，都少不了对学生的表扬与批评. 在模拟授课中，教师需要掌握得恰到好处，指出学生到底好在哪里，不足在哪里，哪些方面值得表扬，哪些方面还需改进，这是教师对学生进行表扬与鼓励的一种正确的方式. 如果评价过于单一、简单，容易给人重复、滥用的感觉，反而会有一种莫名的厌烦. 所以，这就需要教师灵活运用评价语言.

3. 呈现技巧

模拟授课虽是虚构的，但应有的教具、学具是必不可少的. 好的器材加以合理利用，会给课堂增色不少，使人一目了然，也恰到好处地渲染了课堂氛围. 因此，教师模拟授课前要充分准备如卡纸、记号笔、直尺等学具，便于模拟授课时制作直观学具.

（二）数学模拟授课的内涵

数学模拟授课的内涵，即数学上课内容的设计. 模拟授课是无生课堂，教学内容、流程必须拿捏得当，否则容易流于形式.

1. 精彩导入——有快、准、活、趣的开始

模拟授课是在完全封闭状态下进行的，每名教师如何在张口的一瞬间出奇制胜，导入是关键. 在常规课堂中教师需要抓住的是学生的眼球，而模拟授课的对象则是评委老师，要抓住他们的眼球难度就更大，这就需要教师把握导入四要诀：快、准、活、趣.

2. 充分预设——有绘声绘色的对话

模拟授课是没有学生在场的，这是其远离真实的硬伤，但是充分的预设则可以及时弥补此遗憾. 在教学设计时，教师可以通过情景的创设来预设课堂学生的回答、学生可能出现的错误以及教师需要的答案. 虽然这整个过程都是教师在自编、自导、自演，但是在一来一去中，教师可以很自然地把问题抛给学生，引发他们的思考. 这个过程中的一问一答看似自然，却是备课时的预设，是对学生可能的答案的预设，是对教学需要答案的预设. 这是一种"充分"的预设，也正是因为有了这种"充分"，才有了模拟授课中的对话与互动，才突显

出模拟授课的鲜活与灵动.

3. 有意生成——无"生"当有"生"的演出

在模拟授课中,所有的观点争辩和交锋都通过授课老师一人之口中表述出来,教师自编、自导、自演了这一出"课堂话剧",故意设计教学陷阱,让学生在辩论中得到知识点的动态生成. 实践是学生认识的来源,学习是学生认识的途径,这两者并不矛盾. 这个过程远比上课时教师直白的告知或直接的呈现更真实,更具有存在感. 无"生"当有"生"的故意,才能点亮模拟课堂.

要设计出精彩纷呈的模拟课堂,需要教师在平时的教育教学中不断丰富自己的教育教学理念,提高自己的教学水平,形成自己的教学风格,这样才能在比赛和面试中稳操胜券.

五、数学模拟授课的实施程序

数学模拟授课的实施程序大体包括准备阶段和上课阶段两大部分.

(一) 准备阶段

虽然模拟授课要求时长一般不超过 15min,但是前面的准备时间是必需且要求充足的. 通常模拟授课的准备时间为 1h,参赛者要在无网络、无参考资料的前提下进行,主要包括熟悉教材、编写教案、课程试讲、修改完善等主要环节. 根据不同比赛或模拟授课的要求,也可能要求参赛者不仅要完成教案编写,同时要利用电子素材包制作课件,比赛时要结合课件进行模拟授课. 准备阶段参赛者的主要工作如下.

1. 初读教材,熟悉内容

一般模拟授课只有课题与教学内容,这是参赛者手头最有价值的资料. 由于比赛一般在无网络、无参考资料的条件下进行,选手如果需要制作课件,组织方会提供电子素材包.

2. 精心备课,编写教案

在确定了教学目标、教学重点与难点后,参赛者的主要任务就是设计出各个授课环节的主要内容,以及授课时的导入语、过渡语与结束语.

3. 尝试试讲,修改完善

教案编写完毕后,要留有足够的时间进行试讲. 在试讲中发现问题,及时调整部分不恰当的步骤或进一步完善个别环节.

(二) 上课阶段

在此阶段,模拟授课与真实上课的流程几乎一致,大体都包括导入新课、新授讲解、课堂提问、课堂结束这一教学流程. 然而,两者的教学环节有些许不同. 对于模拟授课来说,学生的练习过程、学习过程、学习结果以及师生互动等都是用教师的口头或肢体语言去呈现出来的,授课环节也不必追求过于完整,主要强调揭示课题和新知探究的教学环节.

在日常授课中主要包括复习旧课、新知导入、讲授新课、练习巩固、布置作业等这几个环节. 根据比赛的具体特点,可以将这五个环节缩减为导入(包括复习)、新授和结课(包括巩固、作业)三个方面,下面以 10min 的模拟授课为例.

1. 导入环节

导入是模拟讲课环节中的一个开始环节,设计应具有针对性、新颖性和精炼性. 一堂课开个好头非常重要,课堂的导入如果引人入胜,便会使教学活动变得更加容易进行. 因为比赛整体时间较短,导入不宜过分曲折迂回,最好开门见山、简明扼要,控制在 1min 左右为宜.

2. 新授环节

新知讲授是模拟授课的主要环节，在这个环节需要教师花费最多的时间，一般是以 7～8min 为宜. 授课教师应利用这宝贵的 8min 左右的时间去突出重点、突破难点，实现教学目标. 具体而言，在这 8min 的教学活动中，教师和学生是教学的主体，教师活动应控制在 5min 左右，学生活动应控制在 3min 左右. 因为比赛的特殊性，教师的活动时间可以适当延长至 6min 左右，学生活动时间可以缩短为 2min 左右.

3. 结课环节

最后的结课环节不可拖泥带水，应该干净利落，以 1min 左右为宜.

六、数学模拟授课教学技能大赛评分标准

数学模拟授课教学技能大赛评分标准见表 7-1.

表 7-1　数学模拟授课教学技能大赛评分标准

一级指标	二级指标	观测点与描述	分值
教学设计与教案撰写（40 分）	结构规范	要素齐全，格式规范，陈述清楚，图文并茂.	5
	目标解析	课时目标定位合理，具体明确，表述准确，操作性强.	5
	内容诠释	准确揭示教材编写者意图，透彻分析教材结构.	5
		对数学本体的认识到位，教学重点的分析明确、到位.	5
	学生分析	对授课对象的画像清晰，对其认知结构、认知方式的分析到位，教学难点分析充分、有依据.	5
	过程分析	教学设计理念先进，体现问题意识、大观念、跨学科等理念.	5
		教学意图清晰，突出重点有招，难点突破有法.	5
		基本环节完整，表达贴切，进程安排符合实际，有助于课时目标达成.	5
模拟教学（60 分）	言语技巧（15 分）	口齿清楚，表达流畅，交流意识强，使用普通话.	5
		教态自然大方，气度良好.	5
		板书整洁、美观、规范，有整体性，辨识度高.	5
	知识解析（30 分）	教学基本过程与教学设计（教案）同源.	5
		教学思路清楚，有逻辑，主线明朗，教学重心清晰.	5
		内容讲解精准，解析清晰、透彻.	5
		问题意识强，设计合理，有整体性；情境贴切、自然，有必要性.	5
		教学难点突破有力，数学思维启发、引导有力，促进学生探究式学习.	5
		教学方法多样，有变化，能够吸引学生注意，激发数学学习兴趣.	5
	方法技术（15 分）	教学手段选用合理、多样，配合协调，变换自然，信息技术与内容整合，体现出应用的必要性、有效性.	5
		课件逻辑清晰，层次清楚，有交互性，播放顺序符合教学逻辑.	5
		课件信息呈现符合学生特征；版面清爽，观感良好；排版合理，信息可辨度高；图文合理、准确规范.	5

七、数学模拟授课的优化策略

(一) 深入解读教材，明确"主角"身份

备好课是上好课的前提条件，模拟授课也是如此．并且模拟授课需要在短时间内完整展示出各环节教学的内容，教师如果不能突出重点、突破难点、抓住关键，就必然会导致模拟授课失败．要准备一节精彩纷呈的模拟课堂，需要教师熟读教材，深入理解并解读教材．在熟悉内容的同时，尽量了解教材的前后关联，如果能在讲课中承上启下的引用相关内容，那么可以令课堂更加真实．

教师还需要确定自己在模拟授课中的"主角"的身份．在进行模拟授课时，只有老师没有学生，整个教学过程完全依靠教师的自编、自导、自演，不仅需要呈现出教师"教"的过程，还需要展现出学生"学"与"练"的过程、氛围和效果．教师是模拟授课中唯一的"主角"，而课堂是教师一个人的舞台．因此，教师找准自己的身份是上好模拟课的关键和前提．

(二) 精心组织环节，合理安排时间

虽然模拟授课的时间一般限定在15min内，但也是按照平时正常上课的流程进行．首先有师生问好，然后进行课堂导入、学习目标展示、教与学的实施、评价与反馈等．特别是师生互动环节一定要体现，对于学生的活动过程可以简单概括，但要体现学生的参与过程．这就要求教师在限定的时间内不仅要展现出教学过程，而且要体现出教学理论、学法指导以及师生的双边活动等诸多模拟环节，从而体现出教师所具备的灵活的课堂把控力和迅速地调整能力．模拟授课中，学生对问题的思考、对学生的提问、学生的回答等各个预设环节的处理必须遵循简洁高效原则，需要注意把控空白时间的节奏，要尽量避免时间的浪费．由此可见，教师精心组织教学环节，并合理安排教学时间是课堂成功的必备条件．

(三) 课堂教态自然，语言精炼准确

模拟授课犹如在充满学生的教室上课，教师需要及时进入良好的教学或参赛状态，保持自然的教态，尽量放松自己的教学状态，可适当走动和增加肢体语言，使教态松弛有度，切勿姿态僵硬或者姿态散漫．同时，老师要尽量积极和评委进行眼神互动，从而体现出教师的自信．另外，在模拟课堂实施过程中，教师要做到教学语言精炼准确，准确的发音和抑扬顿挫的语调可以调动课堂的整体氛围，也更容易引起评委的共鸣．教师只有自己先进入教学情境，才能更好地帮助听课者进入真实情境，从而更好地体现整个模拟课堂的真实生动的过程．

模拟授课完全是一个人的表演，表演的手段主要靠语言．具体而言，教师的语言要做到：首先，上课开始时不能省略组织教学的开始语，而且要犹如学生在场一样，力求语言具有趣味性和情境性；其次，不能简略启发语、引导语和过渡语，听课者通过这三种语言可以判断教师把握学生特点、理解学生心理的能力和水平；再次，提问语要做到指向明确，清楚明白，有思考的价值，学生经过思考是能够回答的，听课者可以通过这种语言判断教师理解教材的准确度；最后，评价语和总结语必须紧扣教学目标，力求精炼准确，听课者通过这两种语言可以判断教师理解教材和把握教学目标的情况．

(四) 设计突出亮点，师生互动自然

在进行模拟授课时要能够体现出新的理念和教法，尤其是在比赛中，往往采用同一

个课题，只有在设计课堂时突出自己的特点和亮点，才可能达到脱颖而出、出奇制胜的效果，得到比较好的评价. 一节优秀的模拟课，必须要有完整的教学过程、顺畅的教学流程、清晰的教学思路，这就要求教师需要在教学的重点和难点处下功夫，要做到详略得当，而不能平均用力.

模拟授课中师生互动环节是最难处理的环节. 因为这时候缺少学生的配合，评委也不会做出回应，那么教师应该怎样解决后面环节的过渡或者抛出的问题呢？有两种处理的方法：一是教师对学生的语气进行模仿，代替说出学生的回答；二是通过一个短停顿来表现此时是学生的活动，之后教师继续进行后面的内容. 在具体操作第二种方法的时，分为三种情况：第一种情况是学生回答的语言没有什么重要的意义，如简单的问答式，此时教师只要给予停顿即可；第二种情况是如果该内容是要求学生着重掌握的教学重难点或者是教学目标，此时教师需要自己巧妙地把回答说出来；第三种情况是学生自己看书的部分或是学生小组讨论的部分，此时只需要省略学生真正去做的那部分时间，并假设他们已经完成任务，只需要给出简要评价即可.

（五）预设课堂活动，巧妙应对生成

在进行模拟授课时，参赛教师需要对课堂的诸多环节进行有效预设，这一关键步骤更烘托了模拟课堂的真实性，是体现学生参与教学活动的有效手段. 模拟授课过程中虚拟问答及虚拟学生活动都是通过教师的预想完成的，因此教师在预先设计问题及答案时，要注意进行灵活预设. 由于在模拟授课中，教师还需要体现出实际课堂中学生的不同思路以及可能存在的不同层次的多种解答，因此参赛教师必须要对学生"怎么学"和"怎么答"做到心中有数，并且在设计模拟教学时应当对此予以重点考虑，在教学的呈现过程中也应当有目的的展示.

模拟授课与师生真实的双边活动的课堂相似，在展示过程中会有一定的"教学"生成，教师如何巧妙地运用这些课堂生成，直接决定着模拟授课效果的优劣. 比如，有些教师在模拟授课中的操作失误或口误等，会让他们简单视为失误的生成，那么教师是否机智对待这些生成，也是评委对参赛教师在模拟授课中教学机智表现的重要观察点之一.

总之，在教师的教学成长过程中模拟授课发挥着至关重要的作用，它不仅能够提升教师综合的教学素质，而且也能够对教师真实的课堂教学水平的提高给予莫大的帮助. 所以，教师在教学之余，可以积极参与此类教师单边活动背景下的模拟教学活动，多探索模拟课堂中的情境，并做到总结得失、及时反思，再有机地融入自己平时的教学过程中，从而完善自身的教学能力，促进个人综合教学水平和教学素养的提升.

第二节　数学说课

由于学生知识储备及课堂时间的限制，教师在日常课堂中很难完整地展现知识发生、发展、形成的真实过程以及知识概念间的横纵联系，这可能会造成教师在课堂中"不会说、不敢说、不宜说"的尴尬局面，而说课就是为了突破这一局限而产生的教研改革手段. 数学说课作为新颖的中小学教研活动形式，正在有力地改变着教师备课的思维方式，促进教师专业能力的提升. 如今它已被广泛应用于学校日常数学教研、数学教师培训以及数学教学技能比赛的活动中. 实践已经证明，说课活动可以有效地调动教师积极地学习教育理论、研究课堂教学、投身教育教学改革，它是造就研究型、学者型、创新型教师，提高教师教学素养的有效途径.

一、数学说课概述

（一）数学说课的概念

说课有广义和狭义两种定义. 广义上来说，说课是指说课活动，即教师以口头语言的表达形式为主，以教材和教育教学理论为依据，针对某节课或某个课题的具体内容，以青年教师或师范学生为对象，对其进行数学技能训练与培养的组织形式，是有计划、有目的、有组织地促进教师深入备课，提高教师职业素质的研究活动和教学活动. 狭义上来说，说课就是教师以教育教学理论为指导，在精心备课的基础上，面对同行、领导或教学研究人员，用口头语言和现代化信息手段阐述某一具体课题的教学设计，并与听课者一起就教学目标的达成、教学流程的安排、重点难点的把握及教学效果与质量的评价等方面进行预测或反思，共同研讨进一步改进和优化教学设计的教学研究过程.

数学说课，就是指教师面对数学教育同行或者专家，在对数学教学的某个内容认真备课的基础上，系统地叙述自己对教学内容的理解和教学设计的思路，并阐述自己准备采用什么教学策略和方法，特别是突出重点、化解难点、抓住关键的总体设想及其理论依据，然后由听课者评析，最终达到相互交流、实现共同提高的目的. 数学说课主要包括教材内容分析、学生情况分析、教学目标设计、教学方法选择、教学过程设计、课堂板书设计以及教学评价预设和对上述的总结反思等.

（二）数学说课的类型

数学课说课的类型很多，按照不同的分类标准有不同的类型. 从时间上，可按功能分为课前说课（也称为预测性说课，主要是按照"教什么""怎么教""为什么教"的思路展开）与课后说课（也称为反思性说课，根据课前的教学设计，进行实际教学，通过反馈，总结评价）；从范围上，可按说课人数分为个人说课、两人说课、多人说课；从内容上，可分为课时说课、单元说课、章节说课、专题说课、电教说课等.

在日常教学中，较常见的分类是按照说课形式和目的将其分为以下三种类型.

1. 研究型说课

研究型说课主要应用于日常教学研究活动中，一般以教研组或学段备课组为单位，针对某个研究专题进行. 它通常以集体备课的形式，先由一位教师事先准备好说课稿，进行集体研究、商议后再进行说课，说课结束之后再进行反思、评议、交流，最终将个人的智慧通过集体智慧的提炼转变成组内每位教师个人的智慧. 这种说课形式可以由教研组内各位教师轮流、互动进行，既可以按计划进行，也可以临时单独进行，还可以结合上课、评课活动进行. 这是大幅提高数学教师业务素质和数学课堂教学艺术的有效途径，也是目前提倡的校本教研的主要形式之一.

2. 示范型说课

示范型说课主要用于指导教师、培训骨干等活动中. 通常组织者先选择一些素质好的优秀教师向听课教师进行示范型说课，然后由说课教师进行教学观摩，而后对该教师说课及课堂教学的情况进行交流与评析，最后现场指导进行导向性发言，使得受训教师明确"示范点"及今后的努力方向. 听课教师可以从"看上课""听说课""听评析"中开阔眼界，增长见识. 由于"示范"的目标, 示范型说课在选择说课教师时具有很强的针对性和典型性, 是最能锻炼人的一种说课方式, 也是培养教学能手的重要方法之一.

3. 评比型说课

评比型说课运用较为广泛, 可以运用于检查、诊断、考核、展示、比赛、招聘等, 是一种考查说课者真实业务和理论能力的说课. 它要求说课者在规定的时间和地点, 根据指定的教材独立撰写出说课稿, 之后进行说课, 最后由听课评委来评定成绩、名次或等级. 评比型说课具有很强的竞争性. 对于参与者来说, 说课的创新性或独创性成为决定成败的关键. 评比型说课也常常与说课之后的上课结合进行, 用以进一步验证说课者的"说"在教学实践中的效度, 进一步将理论与实践经验紧密结合起来.

(三) 数学说课的特点

数学说课, 就是教师口头表述具体课题的理论根据及教学设想. 从说课的内容和性质来看, 它不同于日常上课, 也不等同于备课, 是介于备课和上课之间的一种集体教学研究活动. 数学说课的主要特点有以下几个方面.

1. 简单易行, 操作灵活

数学说课形式灵活, 简单易行, 不受时间、地点、人员、教学进度和教材的限制. 大到国家、省、市范围内的说课竞赛, 小到学校教研组的说课教研以及师范生的说课训练, 无论何时何地参与者之间都可以进行交流. 可见, 说课具有较好的参与合作的特点, 能很好地补齐教学与教研、理论与实践相脱节的短板. 另外, 和教案相比, 说课稿可长可短, 讨论范围可大可小, 涉及教学内容可多可少, 操作具有较大的灵活性.

2. 理论与实践相结合

数学说课, 就是数学教师要结合教育学、心理学以及教学方法论等理论去阐明课程与教材、教法与学法、教学各环节与练习设计的关系, 厘清"课理", 讲清楚各个环节的安排, 清楚说明"怎么想""怎么做""为什么这么做"及其理论应用的必要性. 因此在进行说课准备和展示时, 务必要做到教学理论与教学实践相结合, 这样才能称为一节合格的说课.

3. 集思广益, 智慧互补

数学说课是一种集思广益的智慧活动. 对说课者来说, 可以通过说课深入反思自己教学设计和教学实施的优点和问题, 发现自己的长处, 树立自信, 也能及时认识到自己的缺陷, 及时弥补, 促进专业发展. 更重要的是, 说课者还能听到同行和专家非常有针对性的点评和建议, 弥补"当局者迷"的缺陷, 听到先进教学理念与教学实际的结合路径, 非常有助于专业成长. 另外, 对于听课者来说, 通过听说课者的说课, 学习他人之长, 帮助同伴成长, 同时也帮助自己成长. 最后, 对于专家来说, 可以通过说课深入教学一线, 了解教学实际, 加强教学理论和教学实践的结合, 也是十分有益的.

4. 系统整体, 全面深入

数学说课是数学教学中的一个子系统. 它是由口头表达、教育理论、教材剖析、教学设计、教师素质等因素组成的相互制约、相互作用的一个有机整体. 说教材环节, 考察教师对教学重点和难点的把握等能力; 说学情环节, 考察教师的学生观; 说教法学法, 考察教师针对教学对象和具体教学内容的灵活处理能力; 说教学过程, 考察教师教学理论和教学实践相结合的能力; 说板书设计, 考察教师信息技术与学科整合的能力以及教师的板书能力等教学基本功. 因此, 说课活动是说课者综合教学素养的展示, 全面深入地考察教师结合教学理念和实际的能力，它受多种因素制约，任何一个说课环节的起伏变化都会影响说课活动的质量和水平.

（四）数学说课与备课的关系

数学说课是数学备课的理性延伸. 数学备课重在对数学课堂微观操作的安排，数学说课则是从实施的理论依托上对备课的情况做简要的剖析与说明. 因此，从两者的内容和要求来看，数学说课与数学备课既有共通之处，也存在不同点.

1. 数学说课与备课的相同点

无论是说课还是备课，它们目的都是为上课服务，都是属于课前的准备工作. 从主要内容上看，说课是一种深层次备课后的展示活动，它们的教学内容都是相同的；从主要做法上看，它们都要教师认真研究课程标准，吃透教材，了解学生学情，运用相关教学理论，选择恰当教法学法，设计最优化的教学过程.

2. 数学说课和备课的不同点

首先，说课和备课的内涵概念不同. 说课是一种动态的教师集体开展的教学研究活动，相比备课而言说课的研究问题要更加深入，属于教研活动；而备课则是一种静态的教师个体独立进行的教学研究行为，主要任务是设计教学任务如何完成的方法步骤，属于教学活动.

其次，说课和备课的目的不同. 说课是帮助教师学会反思、优化和改进备课的能力，使教师能够认识备课的规律，从而实现教师专业发展，提高教师整体素质；而备课则面向学生，是为正常、高效、规范地上好课而服务的，能够促使教师优化教学过程、做好教学设计、提高课堂效益.

再次，说课和备课的对象不同. 说课是对其他教师说明自己的备课依据和思路；备课则是向学生展示结果，即面对学生去上课.

最后，说课和备课的要求不同. 在进行说课时，教师不仅要说明每一个具体环节的教学设计，即"做什么""怎么做"，而且还要解释"为什么要这样做"，也就是从理论上阐述设计的依据；备课的特点则在于实用，主要强调教学活动安排的科学合理，为上课提供条理清晰和操作性强的教学流程，只需要写出"做什么""怎么做".

（五）数学说课与上课的关系

数学说课是一种日常备课和上课之前的集体教研活动，与上课相比，说课是一种更为严谨的科学准备过程. 数学说课与上课有如下异同.

1. 数学说课与上课的相同点

说课是对教学方案的探究说明，上课则是对教学方案的课堂实施，这两者都是围绕着同一个教学课题，从中都能够反映教师的教态、语言、板书等教学基本功，也可以展示教师的课堂教学艺术. 通常而言，教师上课的神情可以从教师说课的表现中预见，而从说课的成功也可以预见该教师上课的成功. 说好课可以为上好课服务，通过说课说出了教学理论依据及教学方案设计，使得上课更具有针对性和科学性，从而避免了随意性和盲目性. 上课积累的实践经验，又为提高教师说课的水平奠定了基础. 这些都反映了说课与上课的共性和联系. 此外，课前说课中所展示的教学内容、教学方式、教学流程和教学媒体等，都会充分体现在上课时；而课后反思时所涉及的内容，则更多的是上课时师生互动的再现.

2. 数学说课和上课的不同点

首先，说课和上课的对象不同. 说课是在课堂外与教师同行之间的教研活动；上课则是在课堂上教师与学生之间的双边教学活动. 说课的对象是具有一定教学研究水平的同行、专家和领导, 而上课的对象是学生. 因为对象不同, 相比上课, 说课就更加灵活, 它不受空间限制, 不会干扰正常的教学, 也不受教学进度的影响; 另外, 由于说课不受年级、教材、人员的限制, 因此其可小到教研组, 也可大到学校.

其次, 说课和上课的方法不同. 说课主要是以教师的解说为主, 即教师独白; 而上课则采用讲、读、议、练等多种师生互动的形式.

再次, 说课和上课的要求不同. 说课不仅解决"教什么""怎么教"的问题, 而且还要解答"依据是什么""为什么这么教"的问题; 而上课主要是解决"教什么""怎么教"的问题.

最后, 说课和上课的评价标准不同. 说课的评价标准更看重教师在掌握教材、应用教学理论、设计教学方案以及展示教学基本功等方面; 而上课的评价标准虽然也对教师课堂教学方案的实施能力方面有要求, 但更重视课堂教学的效果, 更重视学生实际接受新知和发展智能的情况. 通常来说, 说课水平与上课水平呈正相关关系, 但是也存在例外, 即某些教师的说课表现不差, 但其实际课堂教学效果却不甚理想. 其中一个重要原因就是相比说课, 上课多了一个难驾驭的学生因素, 学生是随时参与并作用于教学活动全过程的主体, 而不是被动接受灌输的听众. 因此教师需要上课时主动地调动学生的积极性、有效控制教学进程、机智处理教与学中的矛盾等, 而说课则往往涉及不到这些方面.

(六) 数学说课稿与教案的区别

数学说课稿是说课的依据, 是阐述教学设计意图、教学思想、理论依据及其教法、学法等的总结报告; 而数学课的教案则是对课堂教学的设计, 是对教学内容、方法、步骤、过程的具体安排, 是课堂教学的依据.

二、数学说课的主要内容

数学说课, 作为一种简便易行、实效性强、使得教师的教学思考更具有理论意义的教研活动, 它可以集"说、上、评、写、辩"于一身, 也可单独进行其中任何一项活动, 并达到活动所预期的效果. 原则上说, 数学说课一般说来包括以下内容.

(一) 说教材

数学教学进行的基本载体是教材. 教师以此载体作为基本凭借, 遵循课程标准, 对学生进行学情分析, 从而确定教学目标, 制定教学方案, 并实施教学. 所以, 解读教材就是数学说课中一项最先考虑也是最基本的内容, 即什么样的教材解读就决定了什么样的教学基础.

1. 教材的地位与作用

首先, 说教材要阐述所选课题在数学整个课程中的地位和作用. 这需要依据课标中所规定的教学原则和教学要求, 在整体把握教材编写意图和知识体系的前提下, 一方面通过对说课课题的内容特点进行分析, 确定其在教学单元乃至教材整体中的地位; 另一方面, 通过阐述教学内容是前面所学的哪些知识的应用与延伸, 又为后面哪些内容的学习做铺垫, 即对新旧知识的联系进行分析, 确定其在单元教学或整体教学中的作用.

2. 教材的特点

数学课程其本身具有鲜明的特点. 在说课中不需要阐述其所有特点, 但是必须根据数学课程的某一特点, 结合学段和教材的实际进行解说, 这有利于教师站在数学课程的高度把教材编写的思路理清，从而全方位地理解和解读教材. 既可以统领审视本课教学的全局，又能够在理论层面获得数学教学中某一方面的支撑与突破.

3. 教材重难点的处理

突出教学重点、突破教学难点始终是课堂教学的焦点. 数学教学往往因学科课程特点、教学要求、师生素质状况、教师对教材的解读及师生学习生活与文本的实际差距等因素的不同，呈现出不同的教学重点和难点. 因此，在说课时教师应依据学生的实际与教材的安排，结合课时安排等不同情况对教学内容进行准确的定位，清晰地阐述出"什么是重点""什么是难点"以及确定重难点的依据.

此外，在这些"说教材"的常规内容基础上，教师可以增添个人的思维亮点，例如对教材内容的调整、重新组合以及对教材设计思路的另类处理. 总之，教材分析要把握"透"——就是对教材把握的准、高和深的原则.

下面来看一个说课案例的教材分析部分。

【案例 7-1】 指数函数说课——教材分析

1. 教材背景

指数函数是学生在学习了函数的现代定义及其图像、性质，掌握了研究函数的一般思路，并将幂指数从整数扩充到实数范围之后，学习的第一个重要的基本初等函数，是《函数》这一章的重要内容. 本节内容分三课时完成，第一课时学习指数函数的概念、图像、性质；第二、三课时为指数函数性质的应用，本课为第一课时.

2. 本课的地位和作用

本节内容既是函数内容的深化，又是今后学习对数函数的基础，具有非常高的实用价值，在教材中起到了承上启下的关键作用.

在指数函数的研究过程中，蕴含了分类讨论、数形结合、数学演绎推理、数学归纳等数学思想方法，通过本节课的学习可以帮助学生进一步理解函数，培养学生对函数的应用意识，增强学生对数学的兴趣.

（二）说学情

数学教学是一个过程. 教材决定了"教什么"的问题，而学生则决定了"怎么学"和"学到什么"的问题. 要达到预想的教学目的，对于教材和学生这两个不同的源头的解读和分析同等重要. 只有将教材的解读与学情的分析有机结合起来，才能在教学的过程中有效达成最初的设想.

1. 学生的年龄特点和认知规律

根据学生年龄大小和学习层次，可以分为低、中、高年级学生. 低年级学生的特点是听话、好学，但是他们学习时有意注意的时间较短，且思维方式更侧重于直观形象思维，因此如何在教学中及时变换多种直观形象的教学方式来调节、引导学生的学习，是在教学预设时学情分析部分的重要内容. 中年级学生虽然有意注意的时间略有延长，知识学习、学习方法、情感体验略有积累，但是它们正处于"难管好动"的年龄阶段，既存在低年级的学习过程中获得的知识、能力学习中的缺陷，又存在与今后高年级的学习活动相衔接的问题，因此在此阶段的学情分析中，既需要对教学方式进行变换思考，又需要对低年级知识、能力学习的补缺补漏及对高年级知识、能力学习的衔接点铺垫的思考. 高年级学生已经通过四年多的学习活动，在知识、能力、学习方式、学习态度等方面相对成熟，教师的教学就更加侧重于指导学生自我学习能力的形成，因此学情分析既要有对中年级学生学情分析的特点，更要指导和强化学生自如运用学法，形成学习习惯，提升学习能力的特点.

2. 学生已有的知识基础和经验

对学生已掌握的知识和技能的分析是最基本的分析. 这里的知识、技能是指学生在学习新内容之前所必需具备的基本的、前提性的知识和技能，它们构成了学生开始新学习的基础，也是教学活动的基本立足点. 教师需要针对本课时或本单元的教学内容，来确定学生需要掌握哪些知识、具备哪些生活经验，再分析学生是否掌握和具备这些知识经验. 可以通过提问或抽查等非正式的方式，也可采取单元测验、问卷、摸底考查等较为正式的方式. 如果发现学生所具备的知识经验不足，不仅可采取必要的补救措施，还可以适当调整教学方法和教学难度.

3. 学生的风格特点和学习能力

同一班级的学生在一起时间久了可能会形成"集体性格"，比如有些班级反应迅速、思维活跃，但往往准确性稍微欠缺或思维深度不够；而有些班级虽稍显沉闷，但也许具备一定的思维深度. 对于不同的学生个体也是如此，教师应该敏锐捕捉相关信息，结合课堂观察和教学经验，通过提出挑战性的问题、促进学生合作交流等方式尽量取学生之长，补学生之短.

对学生能力进行分析是指对学生学习新内容中所具有的包括"最近发展区"等的学习能力的分析. 这些能力包括观察能力、判断能力、思维能力、知识运用能力、知识迁移能力、实践操作能力等. 教学的重要目标之一就是对学生能力的培养，学生的能力也是教学活动能够顺利开展的重要资源与因素. 正确且准确地分析学生的已有能力，既是准确地设计教学目标的前提，也是合理地设计教学活动的基础. 因此，教师需要分析不同班级的学生理解和掌握知识的能力如何、学习新操作技能的能力如何，从而设计出深度、难度和广度合理的教学任务.

奥苏伯尔说道："一个概念要获得心理意义，必须与头脑中已存在的概念建立起实质的必然联系."因此，要想设计出一节优秀的说课，对学习者知识水平起点、技能水平起点、态度起点的学情定位分析必不可少.

下面来看一个说课案例的学情分析部分.

【案例7-2】 指数函数说课——学情分析

1. 有利因素

学生已经学习过函数的定义、图像、性质，掌握了研究函数的一般思路，这对于本节课的学习会提供很大的帮助.

2. 不利因素

本节内容的思维量较大，对学生思维的严谨性、归纳推理、分类讨论等能力有较高的要求，学生学习起来存在一定的难度.

（三）说教学目标

就数学教学的总目标而言，应体现出"数学学科核心素养"的内容. 对于具体的数学教学，一个明确、具体、准确的教学目标是数学教学活动实现教学效果的保证. 在说课中设计和提出教学目标时需要注意三个方面：一是阐明目标确定的依据，如新课程标准要求、教育理论、学生心理特点及认知规律的依据等；二是需要注意将目标分层化解，从大到小、从抽象到具体、从整体到部分；三是要将目标具体化，即具有可操作性，要从认识、理解、掌握、应用四个层面来确定教学目标．教学目标越明确、越具体、越准确，说课者的认识就越充分，教学设计的安排越合理．

下面来看一个说课案例的教学目标分析部分．

【案例7-3】 总体百分位数的估计说课——教学目标分析

1）结合情境实例，能够理解百分位数的定义，学会计算一组数据的第 p 百分位数，提升数据分析的核心素养．

2）能够掌握用样本百分位数来估计总体百分位数的方法，体会用样本估计总体的统计思想，提高学生分析问题和解决问题的能力．

3）通过具体实例，能够体会实际生活中百分位数的应用．逐步引导学生用数学的眼光观察世界，用数学的思维思考世界，用数学的语言表达世界．

4）学会使用 Excel 软件去计算百分位数的方法，体会信息技术是统计学习中有效的辅助手段．

（四）说教学重难点

教学的重点是针对教材而言的．教学重点是教材中起决定作用的内容，是教学中最基本、最重要、最核心的知识和技能，是普遍性问题，需要遵循课程标准、教学内容和教学目的而确定．教学的难点是针对学生而言的．教学难点是学生学习时的困难所在，是学生容易错、难理解、难掌握以及教师较难进行教学处理的内容，需要依据各学科特点和学生的认识水平而定．

如何确定数学说课中的教学重点与教学难点呢？第一，根据所选教材的知识结构，理解整体逻辑结构和详细知识点，从知识点中梳理出教学重点．第二，根据学生的认知水平，把握学生同化知识的能力，从教学重点中确定教学难点．第三，值得注意的是，设计教学重难点时最好要与前面预定的教学目标相对应，加强说课整体性．

如何突破数学说课中的教学重点和教学难点呢？可以参考以下策略．

1. 突出教学重点的策略

① 抓住"题眼"，即题目的含义分析．

② 依据教材内容结构，层层深入．

③ 抓住教材中概括性、总结性的中心句、重点段分析．

④ 抓住教材的关键字词进行分析和研究．

⑤ 运用图表、模型以及多媒体等工具突出重点．

⑥ 通过设疑问难来激发学生急于求解的意愿，从而突出教学重点．

2. 突破教学难点的策略

① 化整为零法——把一个比较难懂的难解的问题分成几个小问题，先指导学生弄懂小问题，进而大问题也就迎刃而解．

② 集中一点法——通过许多问题的讲解集中解决一个主要难点问题．

③ 提问助答法——把教学难点化解为问题形式，通过提问等方式帮助学生解决难点．

④ 架桥铺路法——设计一些铺垫，通过"架桥铺路"，帮助学生突破难点.

下面来看一个说课案例的教学重难点分析的部分.

【案例7-4】 指数函数说课——教学重难点分析

教学重点：本节课的主要内容是指数函数的概念和图像，并学习根据指数函数的图像特征去归纳其他性质. 因此，本节课的教学重点就是掌握指数函数的图像和性质.

教学难点：

1）对于指数函数图像的不同特征，学生不容易归纳认识清楚. 因此，弄清楚底数 a 对函数图像的影响是本节的难点之一.

2）底数相同的两个函数图像间的关系.

（五）说教法学法

说教法学法，就是说出选用什么样的教学方法、教学手段和采取什么样的学习方式，以及选择这些教学方法手段和学习方式的理论依据与实施过程是什么.

1. 说教法

说教法，就是主要对"怎样教"的问题和"为什么这么教"的道理进行说明. 根据教学内容的特点和学情，要说清楚本节课教学内容的主要特点，以及它在整个教材中的位置、前后联系和作用，并说出是如何根据教材内容和大纲的要求确定本节课的教学目标、重难点及关键点的. 比如，为处理某个习题所采取的策略和措施；为突出重点和突破难点所采用的手段和理由；为完成教学任务所采用的课堂教学模式和教学方法及其理论依据等. 而选择何种教学方法，关键在于教师对学生认知规律和教材特点的把握，但无论采用什么样的方法，都要始终贯彻"突出主体性""注重思维发展"以及"具有启发性"的原则.

常用的数学教学方法有讲授法、谈话法、讨论法、演示法、练习法、启发式、探究式等.

2. 说学法

说学法，主要是介绍学生"怎样学"的问题和"为什么这样学"的道理. 说学法时要把主要精力放在解说如何实施学法指导上，而不能仅停留在介绍学习方法这一层面上. 教师不仅要讲清自己是如何激发学生的学习兴趣、强化学生主动意识、调动积极思维的，而且要讲出是如何根据学生的年龄、心理特征和年级特点，运用哪些学习规律和方法指导学生进行学习的.

常用的数学学习方法有目标导学法、观察法、讨论法、归纳法、自主—合作—探究法等.

下面来看一个说课案例的教法和学法分析的部分.

【案例7-5】 圆的标准方程——教法学法分析

1. 教法分析

为了充分调动学生学习的积极性，本节课采用"启发式"问题教学法，用环环相扣的问题将探究活动层层深入，使教师总是站在学生思维的最近发展区上，另外恰当的利用多媒体课件进行辅助教学，借助信息技术创设实际问题的情境，既能激发学生的学习兴趣，又直观的引导了学生建模的过程.

2. 学法分析

通过对圆的标准方程进行推导，加深学生对用坐标法求轨迹方程的理解；通过对圆的标准方程进行求解，使学生理解要确定一个圆必须具备三个独立的条件；通过对圆的标准方程进行应用，让学生熟悉用待定系数法求解的过程.

（六）说教学过程

说教学过程就是向听课者介绍教学流程的设计，这是说课的重点部分. 只有通过对教学过程的分析，才能看到说课者独具匠心的教学安排，它反映了教师的教学风格、教学思想与教学个性，也只有通过对这一过程设计的阐述，才能了解说课者的教学安排是否科学、合理和艺术.

一般来说，数学说课中的说教学过程要解释清楚几个问题：第一，说课的设计思路与教学环节的安排，包括本课设置了哪些教学环节、教学内容是怎样展开的以及这些设计的理论依据是什么；第二，说课的教学程序，主要包括教师"教"与学生"学"的双边活动安排、教学重点与教学难点的处理、本节课的课堂练习及练习意图等；第三，说课的辅助教学手段，即本课采用哪些教学手段进行辅助教学；第四，说课的板书设计的思路、依据以及具体内容；第五，说课的作业设计，即说出本节作业的布置情况与设计意图.

要设计出精彩纷呈的"说教学过程"环节，有以下策略.

1. 提纲挈领说框架

说教学过程时要注意先提纲挈领地介绍整个过程的几个主要步骤（或几个板块、几个活动、几大部分），然后再具体阐述各个环节. 一般来说，一节数学课完整的教学流程有引入新课、新知传授、例题讲解、课堂练习、课堂小结、布置作业等教学环节.

2. 精雕细琢说名称

设计板块名称时，要字斟句酌. 具体而言，各标题最好要做到四点：一是字数相等；二是结构相近；三是层次清晰；四是用词前卫. 现代教学强调教与学的互动、情境创设与情感体验，教师在课堂教学中会设计若干师生互动的模块，对于这些模块要设计合适的标题，如创设情境、架设桥梁；探究新知、自主构建；回归生活、解决问题；布置作业、拓展延伸等，这就是一种常见且规整的说课环节名称.

3. 详略得当说过程

基本环节简略说，要做到惜墨如金；重点环节，如教学重点、教学难点、教学亮点、教学特色等要具体说，要做到不惜工本，下大力气宣讲，以给评委留下深刻的印象. 说课的对象是教师同行，而不是学生，所以说课时不需要把每个过程说得太过详细，而是要重点说明引导学生理解概念、掌握规律的方法，说明如何带领学生攻克教学重难点，说明提高教学效果与培养学生学习能力的途径.

4. 选准切口说理论

说理论要精心设计，找准切口. 说理论依据不是多多益善，而是择其精要，点到为止，只要选五六个关键处简要说说即可. 一般而言，说课的理论依据有：

1）数学教育的基础理论，包括教育学、心理学、教学论及其他教育科学的基础理论.

2）新课程标准、教材类型、数学学科的规律和特点.

3）教育教学专家的言论、观点.

4）一切已形成广泛共识的公理、社会认可的事实、实践证明的法则和规律，以及约定俗成的认识、观点、习惯、行为等.

说理论依据时，教师需要注意简洁明了、突出重点、画龙点睛. 不需要每个教学行为都解释理论和根据，或不管需要不需要都一概把有关甚至是无多少联系的理论都展示出来，这样会有些啰嗦，让人有一种"卖弄"或画蛇添足的感觉. 另外，所提到的理论还要做到具体、准确、贴切，与教学行为有紧密的内在联系，切忌教条式地照搬，或空话、大话、言之无物.

总而言之，说教学过程时需要做到：

1）说出教学整体的结构设计，即"起始—过程—结尾"的内容安排. 说教学程序时需要把教学过程的基本环节说明清楚，但具体内容只需进行概括介绍，仅讲清楚"教什么""怎样教"即可，不需要按照教案像给学生上课的讲法.

2）在介绍教学过程时，不仅需要说明教学内容的设计和安排，还需要解释"为什么这样教"的理论依据（包括教学大纲依据、课程标准依据、教育学和心理学依据、教法学法依据等）.

3）需要重点说明教材展开的主要环节、逻辑顺序、时间安排以及过渡衔接.

4）说明针对教法学法要求及课型特点，在不同教学阶段师与生、讲与练、教与学是怎样协调统一的.

5）需要对教学过程做出动态性预测，考虑到可能出现的状况及其调整对策.

（七）说教学反思

说课中的教学反思具体体现在教师在备完课乃至讲完课之后，说明自己是如何处理教材内容及其理由，即讲出自己解决问题的策略. 对这些策略的说明，正是教师对其处理教材方式和方法的回顾和反思. 一般而言，说课的对象是教育同行，同行听后会进行评比与提出建议，这是一个良好且有效循环的教学反思途径，并能形成反思群体，从而使集体共同提高. 在说教学反思时，主要是说明本节课对学生进行分层次训练的效果、学生掌握知识及发展能力的程度. 对于研究性说课，还可以说明本课教学设计有缺陷或有待精进之处，进而与听课者进行交流与研讨得出合理解决方案，打磨出一节更加完美的说课，从而不断促进与改善教师个体和群体的教学工作.

三、数学说课的方法

说课需要有专业的教育理论支撑，有预设的行为和过程以及有预期的目标达成. 因此，了解了数学课说课的内容，并不等于就能说好一节数学课，还需要掌握一些说课的方法.

（一）说课内容的处理方法

根据实际说课内容和时间长短的需要，可以把说课内容按"三说、四说、五说、六说"分成不同模式，分别说各环节. "三说"模式，即把说课内容分为"说教材""说教学程序设计""说板书"三部分，它可以迅速抓住说课的关键内容，省时高效；"四说"模式，即把说课内容分为"说教材""说教法""说学法""说教学程序"，这种模式更为细致具体；"五说"模式，即把说课内容分为"说教材""说教法""说学法""说教学程序""说板书或练习设计"，这种模式可以让说课者在吃透教材与确定教法学法的情况下，能够突出板书或练习设计；"六说"模式，即把说课内容分为"说教材""说教法""说学法""说教学程序""说板书或练习设计""说设计的指导思想"和"着重注意的一些问题".

虽然可以将说课内容按照不同要求分为各个构成部分,但是在说课时应避免做报告式的呈现方式,要注意整体的流畅性,几个环节要自然过渡.比如,在教材分析后,确定教学目标时,可以说"下面我侧重谈谈对这节课重难点的处理""基于对教材的分析和理解,我将该节课的教学目标定位为……".

(二)数学说课的方法和技巧

1)教学理念和教学思想贯穿说课的始终.

2)将说课的重点放在说教学过程中.

3)详实的情景材料展示与案例呈现,让说课"丰满起来".

4)将"活化"教材的做法说出来,尽量展现自己的教学魅力.

5)适度使用电子教学手段,做到说课意图直观化.

(三)数学说课应注意的问题

1)在说教学程序的设计时,所有采用的手段、方式和方法,都必须有充分的理论依据或比较成熟的个人观点.

2)随着说课的步骤可以提出说课的理论依据,使教理与教例有机结合.

3)防止说课变质,既不能把说课变成"压缩式上课"或"试教",也不能把说课变成简述讲课要点或宣读教案.说课时要抓住一节课的基本环节,说思路、说内容、说过程、说方法、说学生,紧紧围绕一个"说"字,突出说课的特点,完成说课的进程.

4)在竞赛类的说课中,尽量避免套用一知半解的思想、方法,教师只有深刻理解才能灵活运用.

5)当时间有限时,重点部分一定要说透,而不需要面面俱到,对于非重点的环节不用花费太多时间讲得过于仔细,只要在讲的时候提到即可.

6)说课过程中,先进和现代的教育思想必须与教学紧密结合,切记空洞的理论堆砌.

7)一个完整的说课包括评价说课或者答辩,因此说课者要做好问题准备,评价者往往以此来定位其教学素质和教育修养.

四、数学说课的表述形式

口才是一节课成功的基础.一节说课能否生动、吸引人且内容深刻,"说功"是关键.说课者在说课中要合理地使用好独白语言、肢体语言和课堂语言,才能达到较好的说课效果.

(一)独白语言

说课者在说明课堂教学的设计理念,分析课堂学习目标的设计、教学的具体内容、学生的学情、学习重点和难点、教学流程的安排及其原因等,以及表述自己操作意向的理论依据部分和描述性部分时,都应使用独白语言.另外,由于说课者面对的主要是教学同行,因此在独白语言的使用时要尽量做到条理清晰、言简意赅.如果说课者能够用好这种语言,那么可以让听课者迅速且清晰地了解说者的设计意图和具体的操作策略,进而使说课变得有感染力与亲和力.

(二)肢体语言

虽然说课只是说课者的单方面活动,但说课者若能充分运用自己的肢体语言,则会为其说课效果增色许多. 值得注意的是, 说课者不能目中无人、手舞足蹈, 尤其要注意与听课者做好眼神交流.

（三）课堂语言

说课者在预演或反思课堂中将会出现的教学情境时, 要将其身份由说课者转换为课堂的上课者, 把预演或反思的教学情境以绘声绘色的课堂语言展现在听者的眼前, 将听者带入真实的课堂教学情境中去, 这正是课堂语言在说课中的独特魅力. 需要注意, 一般课堂语言只能用在"说教学流程"环节中.

总之, 说课虽有一些基本要求, 但并没有统一的格式. 教师如果想要在说课中体现个人的教学风格和教育能力, 就需要不断运用教育理论来指导教育实践, 分析和研究教育对象, 从而在提高个人综合素质的基础上得心应手地讲好说课.

下面来看一份详细的说课讲稿, 以此进一步理解数学课的说课要求.

课题《变量与函数》

尊敬的各位老师, 大家好! 我是华中科技大学附属中学的万兵. 今天我说课的题目是《变量与函数》, 我将从教材解析、教法学法、教学流程、教学过程、教学反思五个方面进行展示.

一、教材解析

1. 说教材

本节课的内容为人教版《义务教育教科书·数学》八年级下册（以下统称"教材"）"19.1.1 变量与函数", 是"一次函数"这一章的第1节. 此前学生已经学习了求代数式的值、二元一次方程和找规律等知识, 对变量和常量已有一些模糊的认识. 本节课从具体的生活实例出发, 使学生感悟到现实世界中存在着大量一个量随另一个量的变化而变化的现象. 通过将生活中与数学有关的内容（变化过程中的量）进行抽象, 并对量进行分类, 得出数值变化的量和数值始终不变的量, 归纳出变量与常量的概念, 这是本节研究的对象. 与研究对象的存在性相比, 研究对象之间的关系更为本质. 本节课后半部分着力探究变量之间的关系, 通过抽象归纳出变量间关系的本质属性, 进一步概括出函数的概念, 体会抽象、推理、建模等数学基本思想, 为一次函数全章的学习打下基础.

2. 说学情

1）学生的知识基础: 在学习了求代数式的值、二元一次方程和找规律等知识的基础上, 学生对变量和常量已有一些模糊的认识, 能从行程问题、销售问题、几何问题中抽象出数学关系式.

2）学生的技能基础: 学生在之前的学习中已经学习过"符号化""分类""类比""归纳""建模"等数学思想方法, 具备了学习本课时内容的较好基础.

3）学生活动经验基础: 以前的数学学习中学生已经经历了很多合作学习的过程, 具备了一定的合作学习的经验和能力.

本节课的研究较为抽象, 从有表达式的变量关系到用表格和图像表达变量关系, 这是学生第一次用数学的眼光看待"万物皆变"这一客观规律, 所以在学习的过程中要注意引导学生从具体实例中, 找到共性, 从而抽象出关键属性.

3. 说教学目标

1）结合生活实例，理解变量与常量以及函数的概念.

2）经历变量与常量、函数概念的形成过程，体会抽象、推理、建模等数学思想.

3）学生在独立思考和合作探究中感受成功的喜悦，积累归纳和类别学习的经验，提升数学抽象、逻辑推理和数学建模的核心素养.

本节课从学生熟悉的实际问题出发，让学生感受一个变量随另一个变量的变化而变化，理解变化过程中变量与常量的概念. 通过对变量间关系的抽象，归纳出它们的共同特征，让学生体会变量间的对应关系，层层挖掘函数概念的本质，从而概括出函数的概念，加深学生对函数概念的理解与认识. 达成目标1）的标志：在探究过程中，发现一个量随另一个量变化而变化的现象，理解常量与变量的意义，能归纳出变量间关系的共同特征，并概括函数的概念. 达成目标2）的标志：能通过生活实例，抽象出常量与变量的概念及变量之间的共同关键特征，进而提炼出函数概念的本质. 达成3）的标志：了解数学从现实世界中抽象而来，通过建模又可以更好地描述现实世界的规律，从而体会到独立思考和合作探究的乐趣，提升数学抽象和数学建模的核心素养.

4. 说教学重难点

根据以上分析，我确定以下内容为本节课的教学重难点

教学重点：常量与变量的意义和函数概念的形成.

教学难点：探究并归纳函数的概念.

二、教法学法

梳理历史，函数概念的发展经历了几个关键阶段，从约翰·伯努利首次明确提出从解析式角度定义函数的概念，到后面的对应说、集合说，这是一个由简入难，由具体至抽象的过程，教材的编排也严格地按照这一规律展开. 在教学中，我有效借鉴历史对函数概念的认知，充分利用教材资源，层层递进，逐步挖掘常量与变量的概念和函数的本质，利用互助研学的学习模式有效地激发学生的学习兴趣；面对环环相扣的问题，有效利用学生认知发展的最近区，帮助他们更深入理解函数概念的抽象过程，构建更丰富、完备的认知体系，让学生在归纳类比中养成思考问题和梳理知识的意识与能力. 因此我采用以下教法和学法.

教法：概念教学的模式，整体教学的理念.

学法：合作探究的方法，类比归纳的方法.

三、教学流程

本节课的教学基本流程如图 7-1 所示.

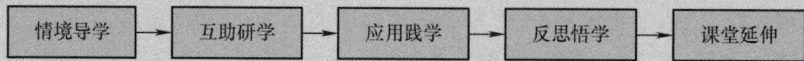

情境导学 → 互助研学 → 应用践学 → 反思悟学 → 课堂延伸

图 7-1　教学基本流程

四、教学过程

为了达到预期的教学目标，我对整个教学过程进行了系统的规划，主要设计以下五个环节.

环节1：情境导学

1. 感悟历史进程（微视频：文化引路）

本课是一章的起始课，通过视频再现历史情境，使学生了解从"静止是高贵的"到"万物皆变"是人类思想的发展与进步，是认识事物的必然选择，从而激发学生的学习兴趣.

2. 认识变化过程（聚焦现象）

我向学生展示了一幅汽车以60km/h的速度匀速行驶的图片，提问学生：当时间为1h、2h、3h时，汽车行驶的路程分别为多少？学生作答. 因此我引出：当时间发生变化，汽车行驶的路程也在发生变化，如果将时间这个量记为t，路程这个量记为s，我们就可以说，s随着t的变化而变化，这就描述了一个变化过程. 认识变化的第一步就是要让学生理解什么是一个变化过程，这其中存在着一个量随另一个量的变化而变化的现象，为学生后面的互助研究活动奠定认知基础.

环节2：互助研学

在此环节，我设计了四步探究：抽象研究对象、概括共同特点、提炼本质属性、归纳函数定义. 通过这四步探究，让学生在独立思考和同伴互助中理解函数定义和研究函数属性.

探究1：抽象研究对象

我向学生展示了四幅表示变化过程的图片，请学生进行小组交流并指出这四个变化过程中一个量随另一个量的变化而变化的现象，请四位不同小组的学生回答. 通过大量生活题材引导学生会用"变"的眼光观察现实世界，在事例中感悟一个量随另一个量变化而变化的现象，发展学生数学抽象的核心素养. 接下来，我将结合学生的回答继续追问："这四个变化过程产生了12个量，如果要对这些量进行分类，你会如何分类？"启发学生积极思考，适时引导学生完善概念. 结合上述四个实际问题，我们对变化过程中的相关量进行了讨论，抽象出了常量和变量的概念，并通过对汽车做匀速行驶这一情境的变式解读，让学生感悟到变量与常量的相对性，使学生对常量与变量的理解更加深刻.

"数学的抽象不仅要抽象出数学所要研究的对象，还要抽象出这些研究对象之间的关系." 因此，我们开始继续探索变量间的关系，得到了上述四个变化过程中两变量间的关系式.

探究2：概括共同特点

为了概括出变量的共同特点，我向学生提问："你能说出上述四个变化过程中变量之间所满足的具体关系吗？"学生以小组为单位进行交流讨论，并派出小组代表依次说出了对应的四个关系式，教师带领学生进行整理修正. 通过四个问题得到四组变量间的关系式，从而训练学生的数学建模与数学抽象思维能力. 对第四个实例的进一步解读可以更好地帮助学生从本质上认识变量间的关系，即当一个变量取定一个值时，另一个变量也有唯一确定的值，突出了函数概念中"唯一对应"这一重要特征.

接下来，请学生请继续以小组为单位，讨论并归纳出上述四个变化过程所具备的共同特征. 学生进行小组讨论后，派出小组代表展示讨论结果，概括变化过程的共同特点. 我请一个小组进行了结果展示，之后有其他小组对其结果产生了质疑．面对其他小组的有关问题，学生也积极解答质疑，并总结出更为简练精确的共同特征．通过小组合作学习，让学生在交流互动中更清晰、准确地归纳出变化过程的共同特征．学生在思考、对比、分析、迁移中，亲身经历从大量同类事物的不同例证中发现它们的共同关键属性，有效地培养了学生的抽象概括能力．

探究3：提炼本质属性

一个变化过程，除了可以用关系式表示以外，还有其他形式．我顺势再给出教材中的两个例子，并让学生思考：这两个变化过程与前面的四个变化过程有什么共同点，进一步引导学生进入本节课的第三个探究——提炼变量间关系的本质属性．学生进行小组讨论，并派出小组代表展示讨论结果，尝试从刚刚总结的共同特征中提炼变化过程的本质属性，教师补充完善结论．学生通过对比分析提炼出这六个变化过程的本质属性，我告知学生刻画这种变量间关系的数学模型就叫作函数为学生归纳概念指明了方向．

探究4：归纳函数定义

我利用上述学习结论，顺势引出本节课"函数"的标题和重点概念，并引导学生从众多变化过程的共同特征中进行归纳，尝试给函数下一个定义．学生通过小组讨论、某小组代表归纳函数定义以及其他小组完善函数定义，根据本质属性归纳概括出了函数的定义，教师进一步引导学生将概念的语言精炼化，完善函数的定义．

通过感受两个不能或不易用表达式刻画的变量间关系的生活实例，引导学生比较、概括、类化，舍弃无关特征，使概念的关键属性变得更加清晰．学生自主概括并精炼函数的概念，有效地培养了学生的概括能力．

以上教学过程就体现了概念教学的基本模式，让学生亲身经历对共同特点去粗取精、由表及里的归纳过程．

环节3：应用践学

在这个环节中，我设置了三个层次的应用问题，对概念进行辨析和应用．

应用一是让学生在互问互答的举例环节当中，用函数的语言表达各种变化现象，引导学生用概念解释事例的活动，形成用概念做判断的"基本规范"．通过学生举例、判断、推动学生参与，加速概念的领悟过程．

应用二是一个反例，以加深学生对概念关键属性唯一对应的印象．要理解函数的概念，就要深入理解概念的关键词，如"每一个""唯一确定"，由于学生刚开始接触抽象的概念，头脑中理解这些细节的背景例证应既要有正例，还要有反例．

应用三沿用绳子围成一个矩形这一问题情境进行变式解读，使课堂首尾呼应，还引出了初中阶段三种具体的函数，使学生对初中函数模块有了一个大致的了解．函数的概念来源于生活，应用于生活，当问题的背景不同，描述变量间的关系的表达式（解析式）也不同．该应用的设置，一方面进一步巩固了函数的概念，另一方面该问题正好蕴含着初中阶段的三种重要的函数类型，对后续的学习形成展望．

环节4：反思悟学

本环节先让学生从数学知识、数学方法、数学思想三个角度，畅谈自己的收获，再用思维导图将知识结构化．通过学生从不同层面谈学习体会与收获，能及时将新知识纳入已有的知识系统，加深概念的理解与思维的升华，再辅以思维导图，可以让学生对整个学习过程的脉络更加清晰.

环节5：课堂延伸

进入高中和大学以后，学生还要继续学习函数的概念，其本质虽然相同，但抽象程度和一般性逐步增强. 本环节让一位高一学长通过视频的方式现身说法，展现不同阶段对同一概念的认知差别，让学生了解函数概念的进一步发展，激发学生对后续概念学习的向往和对未知世界的探索热情.

五、教学反思

最后，我认为本节课的可取性体现在以下四个方面：挖教材、重整体、探概念、育素养.

1. 挖教材

通过对教材的深度挖掘，发现教材中的六个案例有着厚重的历史、丰富的内涵和广阔的外延，在编排上隐含着一条清晰的线索，即演绎了函数概念的发展历程. 所以，本节课的素材全部取材于教材，有效地贯彻了"用教材教""创造性地使用教材"的课改理念.

2. 重整体

作为章节起始课，我采用单元整体教学的方法. 具体体现在以下四个环节：①"情境导学"环节让学生了解本章的学习内容；②"互助研学"环节浓缩了函数概念在历史上的发展进程；③"应用践学"环节引出了初中阶段的三种具体函数；④"课堂延伸"环节对函数概念进行了进一步的学习展望.

3. 探概念

本节课应用概念教学的基本模式，让学生经历概念的形成过程：具体背景引入——概括共同特点——提炼本质属性——归纳形成概念.

4. 育素养

本节课的实施过程以活动为载体，使得明、暗两条线相得益彰. 函数概念的形成过程为明线，该过程践行了在代数中加强逻辑推理的理念，让学生成为知识探索的主人；以数学史上函数概念的发展历程为暗线，感受文化的引领作用. 在探究活动中，渗透了抽象、推理、建模等数学思想，使核心素养落地生根.

以上就是我对本节课的展示与自述. 感谢各位的聆听，谢谢！

思 考 题

1. 叙述数学模拟授课的概念、特点及类型.

2. 数学模拟授课设计应该遵循哪些设计原则?

3. 数学模拟授课的实施程序有哪些?

4. 什么是数学说课? 说出它的主要特征及类型.

5. 数学说课的内容有哪些?

6. 数学说课应注意哪些问题?

推 荐 读 物

[1] 曹一鸣, 张春生, 王振平. 数学教学论 [M]. 2 版. 北京: 北京师范大学出版社, 2017.

[2] 何小亚, 姚静. 中学数学教学设计 [M]. 3 版. 北京: 科学出版社, 2020.

[3] 涂荣豹, 宁连华, 徐伯华. 中学数学教学案例研究 [M]. 北京: 北京师范大学出版社, 2011.

[4] 梁慕华, 朱卫国. 初中数学优秀教师说课经典案例 [M]. 吉林: 吉林大学出版社, 2009.

[5] 刘毓航, 蔡旺庆. 说课、微型课与模拟授课技能训练与指导 [M]. 江苏: 南京大学出版社, 2020.

参 考 文 献

[1] 陆珺, 鲍建生. 职前数学教师教育研究的回顾与展望: 基于《数学教育学报》1992—2017 年的文献分析 [J]. 数学教育学报, 2019, 28 (1): 61-68.

[2] 刘毓航, 蔡旺庆. 说课、微型课与模拟授课技能训练与指导 [M]. 南京: 南京大学出版社, 2020.

[3] 汪庆波, 柴伟丽, 夏寒媚. 体育师范生模拟授课技能提升策略窥探: 基于江苏省师范生教学基本功大赛的思考 [J]. 鄂州大学学报, 2021, 28 (2): 90-92.

[4] 陈予. 教研活动中"模拟课堂"的改进建议 [J]. 山西教育 (教学), 2021 (2): 79-80.

[5] 江海华. "大概念"视角下数学新概念教学说课的实践与思考: 以"复数的三角表示"为例 [J]. 中学数学研究 (华南师范大学版), 2022 (22): 18-21.

[6] 周建忠. 小学数学说课的几个关注点 [J]. 科学咨询 (教育科研), 2019 (1): 106-107.

[7] 李德平. "总体百分位数的估计"教学设计 [J]. 中国数学教育, 2021 (8): 58-62.

[8] 梁怡. 教学反思促进教师专业成长 [J]. 延安教育学院学报, 2007 (1): 36-38.

第八章　数学教学技能

章前导语

　　数学具有的理论性、抽象性和逻辑性等特性,给学生学习带来了很大的困难. 各种特殊的符号,大量的公式、定理、定义,烦琐的计算、冗长的推导,都会使学生产生恐惧感,从而丧失对数学的兴趣. 教师的基本技能是进行教学活动的前提,而教育技能又是教学活动得以进行的保障. 具备较好的基本技能及教学技巧,能有效地提升教学质量. 数学教师教学技能的强弱,很大程度上影响学生学习数学的兴趣,从而影响学生的数学成绩. 新一轮的课程改革,强调了在教学中要重视学生自身的发展,要充分调动学生的积极性和主动性. 特别是,由于高中数学内容的抽象性比较强,所以对学生来说,理解起来比较困难. 所以,老师必须要提高自己的教育技巧,让学习者能够更快地将数学知识融会贯通,让他们能够建立起数学的逻辑思维,并且设计出一个清晰的数学知识架构,从而来建设一个高效率的高中数学课堂.

　　本章从概念、类型、优缺点、应用、实施建议等方面阐述数学教学技能,并采用一些典型的数学教学案例加以说明,强调理论与实践结合,提高数学教师的教学技能. 本章着重展开的数学教学技能主要有:数学课堂导入技能、数学课堂提问技能、数学课堂板书技能、数学课堂结束技能. 本章从教育心理学、教育学和课程与教育学的相关理论出发,阐述了数学教学技能在数学教学过程中的作用.

数学教学技能

- 数学课堂导入技能
  - 数学课堂导入技能概述
    - 数学课堂导入技能的定义
    - 数学课堂导入技能的作用
  - 数学课堂导入技能类型
    - 直接导入法
    - 旧知导入法
    - 演示操作导入法
    - 问题导入法
    - 趣味导入法
    - 情景导入法
  - 数学课堂导入技能的应用
    - 数学课堂导入的注意要点
    - 数学课堂导入的原则
    - 数学课堂导入技能的实施建议
- 数学课堂提问技能
  - 数学课堂提问技能概述
    - 数学课堂提问技能的定义
    - 数学课堂提问技能的作用
    - 数学课堂提问技能的过程
  - 数学课堂提问的类型
    - 根据认知水平分类
    - 根据提升学生的参与度分类
    - 根据提问方式分类
    - 根据提问功能分类
  - 数学课堂提问的策略
    - 设计问题的策略
    - 提出问题的策略
- 数学课堂板书技能
  - 课堂板书的含义
  - 课堂板书的类型
    - 提纲式板书
    - 表格式板书
    - 图示式板书
    - 过程式板书
  - 课堂板书的应用要点
- 数学课堂结束技能
  - 课堂结束的含义
  - 课堂结束的类型
    - 总结归纳式
    - 首尾呼应式
    - 分析比较式
    - 练习评估式
    - 探究讨论式
    - 拓展延伸式
  - 课堂结束技能的原则

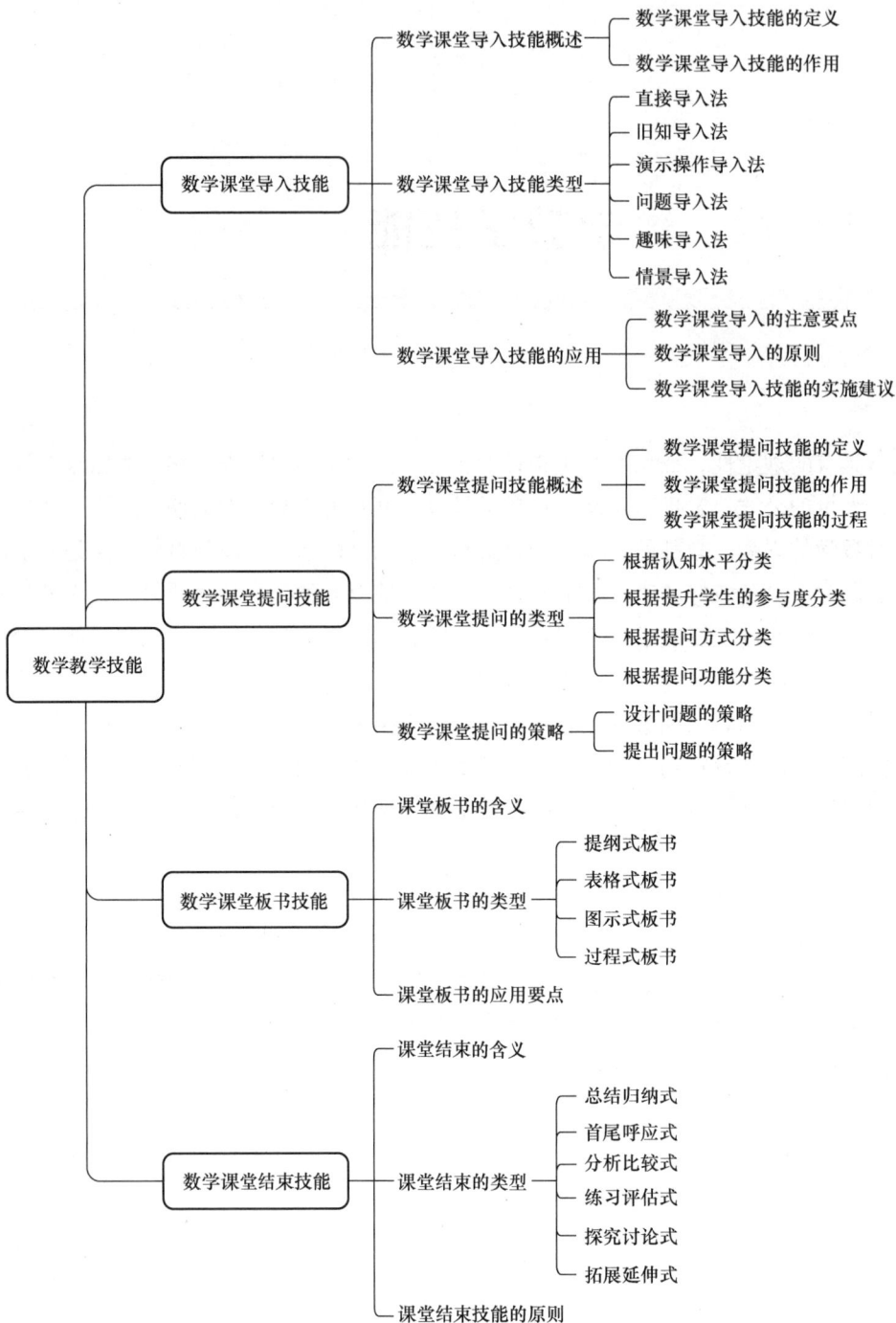

第一节　数学课堂导入技能

　　教育心理学的研究表明：学生思维活动的水平是随时间变化的，一般在课堂教学开始几分钟内学生思维逐渐集中，在 10～30min 内思维处于最佳活动状态，随后思维水平逐渐下降. 由此可见, 研究和讨论课堂教学导入技能是非常必要的. 那么, 我们依据什么创设有效的导入环节呢? 要如何选择导入方法呢? 这是本节将要论述的重点内容.

一、数学课堂导入技能概述

数学课堂导入要有"数学味", 真正地服务于数学教育. 那什么是数学课堂导入? 具体有哪些作用? 以下对数学课堂导入技能进行概述.

(一) 数学课堂导入技能的定义

课堂教学活动由师生共同参与, 所谓"课堂导入", 即为"教师引导"和"学生进入", 最终"形成课堂学习情境". 导入是课堂教学过程的第一个环节, 课堂导入过程是整个课堂教学的起始部分, 其重要性不容忽视.

著名教师魏伊曾说:"在课堂上, 要培养和调动学生的学习兴趣, 就要从一开始就把新课的导入过程牢牢地抓住."导入技巧要求教师运用多种教学媒介、多种教学手段, 使学生在学习新知识时有充分的心理准备和认识能力, 并使其明确学习内容、目的、方式以及产生学习期望. 它的目标是吸引学生的注意力, 使他们提高学习兴趣, 明确学习目标以及了解学习背景, 从而使学生在此过程中产生学习动机和建立知识联系.

(二) 数学课堂导入技能的作用

1. 吸引学生注意, 进入学习情境

俄国教育家乌申斯基认为"注意力是开启心灵的天窗."课堂伊始, 只有引起学生的注意, 才能够产生学习的意识. 在一节课上, 只有吸引了所有人的注意力, 他们才会想要学习. 老师要善于利用恰当的导入活动(如例题、问题、生活事例等), 使学生对具体的教学工作产生更多的兴趣, 使他们能够更快地把注意力放在学习上, 为新的学习任务做好心理准备. 教师针对学生的身心特点, 采用适当的教学方法, 用贴切而精练的语言集中学生的注意力, 从而吸引对所学课题的关注.

2. 激发学生兴趣, 产生学习动机

安德森相信, 兴趣可以让学生对内容有更多的关注, 这样就会造成处理文字信息需要更长的时间. 潘菽在他的《教育心理学》中写道:"最现实的、最活跃的学习动力就是对世界的探索、对科学文化的渴求, 以及对真理的持续探索."学习兴趣的本质与核心是探索求知, 而探索求知必须要进行发现式学习. 精心设计的导入可以激发学生的间接兴趣和外部动机, 因此, 擅长运用导入技巧的教师, 常常会把兴趣当作一个切入点, 把学生的学习热情调动起来, 让他们更容易、更快乐地进入到学习环境中.

3. 明确学习目的, 形成学习期待

在数学课堂上, 我们既要让学生探究数学知识, 又要让他们了解自己所掌握的知识. 引入是为了使学生了解新知识的意义, 并帮助他们对将要学的内容有一个初步的认识. 面对学生在认识上存在的差异和由此产生的认知需求, 当前的问题是他们尚未形成有效的学习动力. 因此, 我们需要引导学生更清楚地了解自己的学习目的、学习的方向和行为的模式, 也就是对学习的期望. 这样可以引导学生有目的、有意识地进行学习.

4. 提供知识背景, 铺设新知桥梁

教师根据课本上的相关内容, 选择特定的情境, 增强画面感, 给学生鲜明的视觉感受,

让其身临其境, 仿佛亲身经历一样. 从生活情境出发, 提出一些众所周知、习以为常的新问题, 可以引起学习者的学习兴趣, 让他们进入一个好的学习状态. 正确地选择新课程导入环节的切入点, 可以使学生在愉快的学习气氛中正确的学习. 该方法符合数学的认识过程, 即从一个真实的问题中获得经验的知识; 再进一步, 发展到理论知识; 最后回到实际, 验证自己的结论, 完善或发展新的知识.

二、数学课堂导入技能类型

不同的课型可以有不同的导入方式, 同一课型也可以有多种导入技能. 导入技能可分为: 直接导入法、旧知导入法、演示操作导入法、问题导入法、趣味导入法、情景导入法. 以下结合实际案例探讨这几个类型的运用.

(一) 直接导入法

直接导入法俗称"开门见山""单刀直入", 是一种"课伊始, 意亦明"的导课方式. 针对学习与旧知识联系不紧凑的新知识, 通过对数学教学中的重点和难点的分析, 教师可以把学习的目的和要求直接展现, 从而引起学生的思想认识和认知需求.

【案例 8-1】 二面角和它的平面角

课堂一开始, 老师将新课程的内容介绍给大家: "两条直线所成的角、直线和平面所成的角, 我们已经掌握了它们的度量方法, 那么两个平面所成的角该怎样度量呢? 这节课我们就来学习这个内容——二面角和它的平面角".

这种方式导入不但说明了课程的主题, 也指明了课程的创作背景. 对于一节课来说, 旧知识是非常熟悉的, 老师直接介绍也是省时、省力的, 给学生在数学课上的练习留出更多的空间. 但是同学们若对之前学习的内容掌握得不是很好, 很容易影响到这节课的学习效果.

(二) 旧知导入法

旧知导入法要做到"温故而知新". "温故知新"的方法, 就是以旧知识为"引燃点", 通过对旧知识的回顾, 发现新旧知识的关系, 是一种由已知求未知的导课方法. 美国心理学家奥苏贝尔认为, "一个学生是否能够获得新的知识, 很大程度上依赖于他们的认知结构中的相关概念." 在学习新的概念之前, 要先把自己的思想准备好, 这样才能支持新观念的形成. 数学是一门系统性很强的学科, 新旧知识既有一定的逻辑关系, 又有相同的研究方法. 教师需要特别注意的是, 由于数学教材的编写方式与学生的数学知识体系密切相关, 两者共同构成了知识网络, 因此该方法在教学中要求知识的跨度不能太大.

【案例 8-2】 几何概型

教师首先提出: 在上一节中, 我们学到了"古典概型"这一重要模型, 请大家回想一下"古典概型"的基本特征和计算方法.

古典概率模型的特点:

1) 试验中所有可能出现的基本事件只有有限个.

2) 每个基本事件出现的可能性相等.

古典概率模型的计算方法:

$$P(A) = \frac{A \text{包含的基本事件的个数}}{\text{基本事件的总数}}$$

通过随机提问了解学生古典概率模型掌握情况，利用古典概率模型与即将学习的几何概率模型之间的内在联系，特别是蕴含在古典概型中的数学思想方法，为将学生引向新知学习最近发展区做铺垫。高中数学知识是一个大的体系，新知识的学习往往会与旧知识产生联系。本节课正是巧妙地利用了这一点，通过类比古典概型的学习，为新知的学习铺设桥梁。同时，也为知识结构的建立打下基础。但相较于利用丰富的实例来引入新课，少了些趣味性。在关注定义公式的同时，不可忽略知识的应用，让数学知识更丰满、更完整一些。

（三）演示操作导入法

教师通过特制的教具或教学媒介进行直观恰当的演示操作导入新课。在演示中让学生也参加进来进行观察、抚摸，这样可以调动学生的积极性，使所学的知识直观形象地展现在他们面前，激发起学生的求知欲，进而自然巧妙引出新课。利用实践活动和观察事物的教学活动都可以将晦涩难懂的知识转化成学生乐意接受的知识。通过动手操作或直观演示，可以让学生亲身经历知识获取的程序。这两种方法都能吸引学生的注意力和兴趣。在执行时，若重视设计与计划，也可起到很好的激励与启发效果；尽管初中生有较强的想象力，但其独立思考的能力仍需进一步提高。直观、具体、生动的操作与实际操作，既能激发学生的学习兴趣，又能减少对知识的抽象化。

1. 实践活动导入

德国教育家第斯多惠相信"一位无能的老师只会讲真理，一位有能力的老师会教人找到真相"。导入新课时，教师让学生在实践活动中探索出真知，既能使学生总结归纳出科学的内在规律，同时也能最大限度地激发学生的主观能动性。这样既能锻炼学生的动手能力、观察能力、思考能力，还可以提高他们对知识的探索和创造。学生在进行数学实验时，能够更好地了解和体验数学，便于区分相似、相近的知识点，不至于混淆。但是，在实际操作中，如果不能掌握好时机，就会造成导入时间过长，从而导致无法完成教学任务。

【案例8-3】 双曲线及其标准方程

先简单回顾椭圆的定义。

教师：下面，我们来做这样一个实验。

学生小组实验：用拉链来展示双曲线的产生过程，并引入新课。

教师：从刚才的实验中，我们看到了两条特别的曲线，它们是什么曲线？这就是我们接下来要学习的"双曲线及其标准方程"。

通过动手操作的方法加深同学们对双曲线产生的认识，激发学生的学习兴趣和求知欲。相对于直接用语言描述双曲线的生成方式或者用软件演示，这样动手操作不仅有利于加深学生理解，而且能够调动学生的积极性，活跃课堂氛围，有利于提高课堂效率。

2. 观察实物导入

实物教学中，通过实物模型、多媒体等教学手段，让学生直观地观察模型、图像，通过教学的方式，让学生认识到新知识的本质。教学中要有教学工具、道具、图片等，并经常将这些与其他的教学方法相结合。

通过物理模型、图像等方式，可以帮助学生进行抽象思考、塑造立体形象、加强想象力。观察物体的方法在数学、几何、立体几何等方面广泛应用，它促进了感性、直观、形象、具体化的数学思维，从而能够有效地激发学生的学习积极性和兴趣.

> 【案例8-4】 基本立体图形
>
> 教师可以首先展示开封美丽的街景（如市中心街景）和清明上河图等图片，拉近师生的情感距离，同时提出问题"图片中不同的街道与建筑都是由哪些立体图形组成？"通过动画演示抽象出圆柱、圆锥、棱柱、棱锥，进而引导学生归纳，从而自然地引出柱体、锥体的概念.

在现实生活中，我们几乎可以在几何物体上观察到"影子"．为了研究它们的性质，人类"抹去"了它们的真实形态，并从中提取了它们的基本元素，由此得到了所谓的"几何"．因此在教学中，我们应该关注背景的多样性，关注从背景中"抽出"这些物体的过程.

（四）问题导入法

问题导入法是教师在讲授新课前，精心设置问题情境，使学生有一种强烈的求知欲，而导入新数学课堂的方法．思想始于问题，因问题而思考，因思考而发问，如此反复，直至问题得以解决.

> 【案例8-5】 三角函数的图像和性质
>
> 在导入课前，将此内容与教学内容相结合，通过教学主题的构思，将教材中的知识引入教学中．第一个问题是，在以前的三角函数课中，该概念是用哪个图形来介绍的；第二个问题是，在了解了"角"的内涵之后，能否运用直角三角形来研究"三角函数"；第三个问题是，用什么样的图表来探讨这个问题．以问题的形式逐步推动课程研究的内容，使学生在反思的过程中逐步深入到有关课程的内容中，并以"三角函数"的知识为依据，回想其所涵盖的全部知识点．在此基础上，可以确保学生的思想内容与课程知识保持一致，能够迅速地进行新课程的学习.

通过提问，使学生对知识有了更强的好奇心，为他们打开了一扇通往积极思维世界的大门．用"疑问式"的方法来启发学生思考，但是有时学生很难听懂教师的问题，而且教师对问题的理解也不够透彻，而且很容易忽视对学生的回答和评价，需要教师重点关注.

（五）趣味导入法

瑞士心理学家皮亚杰认为"一切有成效的工作必须以某种兴趣为先决条件"．趣味引导是教师在进行教学时，根据学生的兴趣爱好，运用一些有效的教学活动或情景，向学生传达所要传授的知识，从而使他们产生兴趣．将趣味教学引入到实际教学中，并在课堂中得到应用．可以从以下几方面来导入新课：数学故事、数学典故、历史事实、歌曲、游戏、谜语等.

1. 游戏导入法

教师利用学生喜爱的游戏进行引导，激发学生的学习兴趣，使数学课堂的氛围更加活跃.

> 【案例8-6】 几何概型
>
> 猜数字游戏的规则是甲、乙两人玩猜数字游戏，先由甲心中想一个数字，记为 a，再由乙猜甲刚才想的数字，将乙猜的数字记为 b，其中 $a,b \in \{1,2,\cdots,6\}$．若 $|a-b| \le 1$，就

称甲和乙"心有灵犀". 任意找两个人"心有灵犀"的概率有多大? 思考: 若其他条件不变, 其中 a, $b \in [1, 6]$ 任意一个数. 教师找两名学生猜数字, 计算他们心有灵犀的概率, 询问学生此类概率是哪种类型的概率, 接着改变游戏中的条件, 引出几何概型.

设置小游戏带领同学们一起参与, 活跃数学课堂气氛, 使学生对本节课有所期待. 同时, 可以从该游戏中对经典概型的相关知识和概率计算的方法进行回顾, 并自然而然地引导出几何概型. 小游戏的设置能引起同学们的兴趣, 并且在游戏中既回顾了古典概型又自然地引出几何概型, 一举两得. 并且整个过程用时 2min, 有趣的同时又不拖沓, 注重效率. 但带领学生做完"心有灵犀"的游戏后, 只让学生回答了概率类型, 游戏中概率是多少的问题并没有提到也没有让学生计算.

2. 故事导入法

采用讲故事的方式引入新课. 利用儿童的心理特征, 用与数学内容相关的故事来引入话题, 可以激发他们对所要学的内容的浓厚兴趣, 从而引起他们的好奇心, 尤其是对于学习积极性不高的学生来说, 效果更好.

【案例8-7】　等比数列的前 n 项和

国际象棋起源于古代印度, 关于国际象棋有这样一个传说: 相传古印度宰相达依尔, 发明了国际象棋. 当时的国王大为赞赏, 就问他想要什么. 达依尔说: 请在棋盘的 64 个方格上, 第一格放 1 颗麦粒, 第二格放 2 颗麦粒, 第三格放 4 颗麦粒, 依次类推, 每一格放的麦粒数都是前一格的两倍, 直到第 64 格, 请您给我足够的麦粒以实现上述要求. 国王一听, 心想很简单嘛, 就答应了他. 教师: 这个要求听起来很简单, 但是我们学过数学就知道里面肯定是有陷阱的? 请同学们思考一下, 能不能算出国王需要的麦粒总数呢? (写出式子) 这个式子是很难计算的, 但聪明的人类总有办法解决. (引出等比数列前 n 项和)

用广为流传的故事, 以趣引思, 激发学生的学习热情, 使学生感知数学的重要价值. 教师将这个故事讲得较为生动, 语言轻松幽默, 有趣的同时引发学生思考和想要继续探究的愿望.

3. 数学史实导入法

数学史实导入法是在讲解某些数学概念、定理时, 先给学生介绍一些有关的数学历史背景, 通过对数学史实的回顾而自然地导入新课的方法. 给学生介绍一些有关的数学历史背景, 有趣的史实可以激发学生的学习兴趣, 有利于学生了解数学知识的发展脉络, 同时拉近数学知识与实际的联系.

【案例8-8】　古典概型

教师设计了如下的问题: 1654 年, 法国人梅勒和他朋友保罗每人出 32 个金币进行抛硬币游戏, 并约定谁先赢满 4 局谁就得到全部赌注. 前 3 局, 梅勒赢了 2 局, 保罗赢了 1 局. 此时, 梅勒由于一个紧急事情必须离开, 游戏不得不停止. 他们该如何分配 64 个金币呢?

数学史与本节课的教学内容基本一致, 对提升学生的逻辑推理和数学抽象这两大核心素养有积极意义. 选择的故事是古典概型的起源, 既能够帮助学生了解数学史, 又能够让学生理解"古典概型"名称的由来，运用数学史实导入不单是介绍一段历史，更是把其中蕴含的知识展示给学生.

（六）情景导入法

法国著名的教育家曾经说过："只有环境和教育，才能把牛顿变成科学家、把荷马变成诗人、把拉斐尔变成画家."夸美纽斯在《大教学论》中写道："一切知识都是从感官开始的."由此可见，环境的创设对于教育的重要意义.在课堂教学中，情境所提供的线索有唤醒或启迪智慧的作用."情景导入"是教学中常用的导入方法，精彩的导入是一堂好课的开始，用情景的摘要："情、奇、疑、趣"使学生迅速进入学习状态，唤醒学生的求知欲，启迪学生的智慧.

1. 实际问题导入法

实际问题导入课堂，不仅能体现课堂的数学趣味，还能体现数学知识与我们日常生活是息息相关的.

> 【案例8-9】 指数函数的定义
>
> 可以由实际问题引入指数函数定义，分析底数 a 的取值范围.实际问题1：某种细胞分裂时，从1个分裂成2个，2个分裂成4个，…，那么1个这样的细胞分裂 x 次后，得到的细胞的个数 y 与 x 之间的关系是什么？分裂细胞个数用指数形式表示.从而，推出指数函数的形式，并用具体的例子去讨论指数函数底数 a 的取值范围.

实际问题导入课堂，可以引起学生注意，激发学生兴趣，使之产生学习动机，迅速进入思维状态，由浅入深，进入一个特定的问题情境中，为后续的教学活动打下良好的基础.同时导入必须要有针对性、启发性、新颖性、趣味性、简洁性，否则难以取得预期效果.

2. 悬念式导入法

悬念式导入法是一种在课堂开始时就设置悬念的教学方法.作者在创作时，常爱用悬念来吸引读者.在数学教学引入时，我们也可以设置悬念，让学生们感到困惑、惊奇或者是惊叹，以此来激起他们的好奇心和求知欲，让他们全身心地投入到数学的世界中.

> 【案例8-10】 有理数的乘方
>
> 在学习有理数乘方这节课时，为了使学生能集中注意力，调动思维，积极地投入到本节课的学习中，老师可以设计出这样的场景：将一张 0.1mm 厚的纸反复对折14次，它的厚度几乎与学生的高度一样，折叠27次后，它的厚度比喜马拉雅山还要高，42次后，它的厚度就比地球和月亮的距离还要大.你认为这是可能的吗？如果你对此心存疑虑，那就来学习有理数乘法，学完之后你将理解其中的奥妙.

这一情境无疑是一个令人惊异的悬念，许多同学心存疑虑，又急切地想要探究探究，以证实这个结论.悬念及对事物的质疑是引导学生思考的一条主线，要使学生主动地去思考，提高他们的数学学习热情，就必须在学生面前设置有效的悬念，设置问题，把悬念当作一种有效的载体，把它导入到情境中，确保情境创设的吸引力.

三、数学课堂导入技能的应用

（一）数学课堂导入的注意要点

马克思曾经说过："形式若不能作为内容的形式，便毫无意义."在数学教学中，引入数学时，常常会出现"情境导入""片面结合"的问题．单墫教授曾直言不讳地指出："数学课的主要任务是教数学、学数学，是解决数学问题而不是解决实际问题．将实际问题化为数学问题，这并不是数学的主要任务．片面联系生活实际，一味地强调情境创设可谓逐末舍本."在设计教学导入时，教师必须清楚地认识到，不管导入的方法是什么，都要为教学内容服务．在教学导入过程中，由于缺乏或淡化了课程内容的基本性质，过于强调引入的外部形态和非认知因素的作用，表面上似乎激起了学生的兴趣、使其注意力的集中、动机的增强，但实际上却会减弱了导入的认知因素作用，也不利于知识的构建．

1. 类型方式要恰当

导入的设计以教学目标和重难点为基础，以学生的认知发展特点和知识储备情况为前提，结合考虑学校现有的设备条件，选择恰当的课前导入类型和方法．

2. 语言组织要生动

课堂教学中的语言要以清新流畅、条理清晰为基础，在创造情景过程中具有感染性．同时，也要注意其可接受性，不能仅为了活灵活现．因此，在引入过程中，应根据不同的导入方式，运用不同的语言技巧．对所需要的材料进行仔细的组织，并选择适当的语言．

3. 素材准备要充分

素材准备的标准是必须适合教学内容，可以依据所确定的方法的要求准备素材，有些教具需要自己动手制作，有些材料需要通过资料获得，同时请教有经验的老教师也是必须的．

4. 师生互动要充足

教师与学生进行有效的交流，既能使老师对学生的学习状况有一个全面的认识，又能使学生对自己的学习有一个清晰的认知．在课堂引入阶段进行师生互动，可以帮助老师更好地了解学生的实际情况，从而为下一步的教学指明方向．如果教师和学生缺乏沟通，不但会影响到教学的有效性，也会让学生产生倦怠．

5. 要引发学生思考

积极的思维活动对课堂教学的成败起着至关重要的作用，采用富有艺术感的课堂导入方法，能使学生对所学的知识产生更多的联想，为教学活动的进行提供更多的切入点．富有启发性的导入语，能够激发学生的数学思考兴趣，有利于新旧知识的衔接，有效加深学生对数学知识的学习印象．

（二）数学课堂导入的原则

1. 明确目的性和针对性，不能漫无目的

导入本身是手段，运用这一手段，要有明确的目的．数学课堂导入要有助于学生初步明确学什么？为什么学？怎么学？．针对教材内容，明确教学目标，选择恰当的导入材料．同时针对学生的认知特征、知识基础、兴趣爱好等特征确定合适的导入方法，其中导入语要精练．切忌只为了引起学生的注意力而讲解与本节课无关的话题（情节）．

2. 强调直观性和趣味性，不能单调枯燥

美国心理学家布卢姆说："最大的动机就是对知识的兴趣."兴趣是最重要的老师，所以，只有使学生对所学的内容感兴趣，才能使他们的学习积极性得到提升．因此数学课堂导入的实例要生动有趣，让学生直观地对学习对象产生兴趣．趣味导入法中的游戏、故事、数学史以及生活实例的设计能够调动课堂教学的气氛和把握课堂教学的节奏，促使学生把对实例的兴趣转化为内在的学习动力．切忌导入内容不能过于陌生，否则会使得学生对未知的东西觉得更加枯燥无味.

3. 关注启发性和关联性，不能偏离主题

导入时要有启发作用，这样才能激发学生的思考能力. 在数学课堂教学中，学生的积极思考是至关重要的. 启发式教学能引导学生发现问题，引起认识上的冲突，从而达到引导学生学习的目的，使他们有很强的解决问题的欲望，培养他们的思考能力. 数学课堂导入的设计要与教材内容有内在联系，通过营造启发性教学活动，使学生自觉地进入探索的领域，从而达到抛砖引玉的效果. 其中旧知引入法往往起到承上启下的作用，注重新旧知识的关联. 如果教师缺乏对新知识本质形成的关注，过度唤醒学生对旧知的复习，最终会导致偏离主题. 我们在实际教学中，要善于把握教材中的重点问题，激发学生的思考，适当运用启发和关联原理，在课堂上有效地运用启发式和关联式的方法，以提高教学效果.

4. 融合科学性和艺术性，不能顾此失彼

为了让学生尽早地进入角色，课堂导入就像一块磁石，紧紧地吸引着他们，这就要求老师要注意引入的语言技巧. 教师既要表达科学准确，还要考虑语言的艺术性和可接受性. 数学课堂导入设计要融合知识本身的科学性和情境的艺术性，在进行直观地展示时，所使用的语言要易于理解. 语言要清晰、准确、严密、逻辑性强，使学生从导入情境中抽象出数学规律，否则会因导入的艺术性过高而导致顾此失彼，此时会忽略数学概念形成过程中的问题，就无法从问题解决中获得启发，从而难以发展数学思维. 教师创设情境时，语言应该富有感染力. 总之，不论采用何种方式，都要做到准确、精练、画龙点睛；同时，要通俗易懂、实事求是.

（三）数学课堂导入技能的实施建议

1. 教师要结合所学内容及班级学情选择课堂导入方法

在一个课题可以采用多个引入方式时，老师可以按照自己班的学情来决定优先采用何种导入方式. 例如，如果班级的基础知识比较弱，就可以采用温故知新法，在进行新的教学之前，先回顾一下与本节新课相关的旧知识，这样对学生的学习也是有好处的. 在对学生进行的调研中，我们可以看到，在各种方式的结合之下，故事性或趣味性的引入是学生们最喜爱的，因此，老师们可以更多地运用数学史材料导入法、趣味导入法等，从一开始就吸引学生们的注意，更能激发他们的学习积极性.

在教学中，教师要灵活地使用各种教学方法来丰富自己的教学内容，不要总是选择一种方法，也不要一味地模仿别人的导入方法. 因为数学教科书中的知识种类繁多，每一章每一节都有其合适的导入方法，一味地采用一种方法是不可取的. 举个例子，必修一的集合这一节，对于高中生来说，是新的知识，所以不能用温故引新的方法，我们可以尝试通过情境引入的方法来激发学生的学习兴趣. 此外，老师们也不能简单地把好的课堂导入案例都复制下来，而要根据好的案例，再加上自己的一些想法，创造出一种符合班级学情的导入方法，这样才能让学生在课堂上的学习效率最大化. 引入的方式有很多种，它们没有优劣之分，只是在不同的情况下，发挥的效果不同而已. 在平时的备课过程中，一定要根据这一节课的具体情况来进行导入，如果需要，老师可以把不同的课堂导入方法一起使用.

2. 课堂导入可借助信息技术软件和数学软件

《普通高中数学课程标准（2017 年版 2020 年修订)》当中提到，"数学学科素养是数学课程目标的集中体现，是在数学学习和应用的过程中逐步形成和发展的."课程目标对学生

的要求是在完成中学数学课程后，达到"四基"、提升"四能"，在这个过程中，有老师的指导，学生才能真正掌握知识．利用数学软件，可以将几何和代数等方面的知识直观地展现在学生的面前，有助于他们了解数学的本质，促进他们的数学思维不断地向更高的方向发展，这对学生的数学抽象、逻辑推理、直观想象、数学运算等核心素养的培养都有很大的帮助．

许多引入方法都是要通过信息技术软件来完成的，比如创设情景导入法等，在 Power-Point 的帮助下，所要播放的视频、显示的图像，都可以在 PowerPoint 的帮助下进行呈现，让学生有一种如临其境的错觉．又如，在进行概率性质这一节的教学过程中，老师可以用 Flash 动画来演示抛硬币的试验，引导他们发现，在投掷数量较多的情况下，硬币向上的频率会在 0.5 左右波动，这样就能引出我们新课要学的概率的本质．在教学中，教师利用几何画板进行形象的动画演示，将函数、图像等相关的知识形象化，使学习者更好地了解、掌握所学的内容．例如，在学习椭圆的定义时，教师一般都会让学生们做一个实验：将一根绳索的两头固定在一块木板上，绳子的长度要比两个点之间的距离要大，用笔拉紧绳子画出轨迹，但这样画出的轨迹往往比较粗糙，若选择用几何画板绘制，就会得到非常标准的椭圆了；又如，在学习正弦函数和余弦函数的性质时，在教学中利用几何画板画出函数的图像，通过调整参数值，使函数"动"了，从而激发学习者对函数本质的进一步探究．

3. 教师应注意导入时长

课堂导入的时间不能太长，课堂导入是为了帮助学生更快地融入课堂中，提高他们的注意力，缩短他们的大脑空白状态．如果导入所占时间太多，那么就会影响到其他部分的时间，这样就使学生的学习效率下降，从而达不到预期的教学目的；同时如果在课堂上导入太多，很有可能会让学生过于激动，也会让他们的听力出现疲惫，从而影响到他们在课堂上的注意力．笔者曾经参加过一次教研活动，老师开场太久，对后续的教学造成了很大的阻碍，可以清楚地感受到，老师在课的后半段讲得越来越快，最后没有取得理想的效果．因此，在课堂上引入一定要简洁、高效，不能浪费时间，如果在课堂上引入的东西太多，会让学生分心，甚至会影响到后续的教学．研究发现，在有效的课堂上，学生的注意力最多可以集中在 25min 左右，因此，如果课堂引入的时间过长，就会对后续的课程产生不良的影响．所以，在课堂上，引入必须要保证内容简单，语言简洁．

4. 课堂导入应提升学生的参与度

课堂引入方式多样，但不管采用什么方式，其目的都是促进学生在课堂上的学习．通过对获奖优秀课的教学实录的观察，笔者发现，教师采用的引入方式非常多样，而这些课有一个共同点，那就是在课堂导入阶段，学生的参与度很高，得到了很好的反馈，老师总是能把学生的学习兴趣调动起来，让他们开心地学习．其中最让我印象深刻的一节课，学生们在课堂上的表现都很自然，老师用问题串的形式，在课堂上设置了一些悬念，学生们也很活跃地回答教师提出的问题，所以在课堂导入阶段，要让学生们的参与度更高一些．

第二节　数学课堂提问技能

学起于思，思源于疑．学习和思考都是源于问题，那么问题也是教学的起源．课堂提问作为教师最常用的教学方法和最有效的教学策略，是在教学过程中影响课堂效率的关键一环. 提出好问题等于教好书, 熟练地掌握课堂提问技巧可以帮助教师优化教学效果、提升教学质量.

一、数学课堂提问技能概述

(一) 数学课堂提问技能的定义

课堂提问是指教师通过提出问题, 并根据学生的回答做出回应, 在师生相互作用中了解学生的学习状态, 促使学生主动参与学习、启发思维、理解知识、发展能力的一类教学行为方式.

课堂提问是一项传统的教学行为, 最早可以追溯到两千多年前孔子的"启发式"提问和苏格拉底的"产婆术"提问, 至今仍然普遍运用在整个教学活动中. 在教学过程中教师与学生主要通过课堂提问进行思想交流, 课堂提问是沟通教师、教材和学生三者之间的桥梁和媒介. 由于所受的制约较少, 课堂提问具有很强的灵活性、可操作性和启发性的特点.

(二) 数学课堂提问技能的作用

课堂提问具有反馈调控功能、诊断评价功能、激励参与功能、巩固强化功能. 教师可以通过提问引导学生进行有目的学习, 激起认知冲突、引发学生思考、突出学生的主体地位、帮助学生深入理解数学知识、巩固强化所学内容、构建认知结构、提高数学学习能力; 还可以通过提问管理课堂, 维护教学秩序、推进教学进程, 保证教学正常进行; 教师提问后还能通过学生的回答获得反馈信息, 教师据此了解、检查学生学习的效果, 及时进行教学调控, 同时还能培养学生的口头表达与语言组织能力. 教师恰到好处的提问, 不仅能激发学生强烈的求知欲望, 而且还能促进其知识内化并建构认知结构、强化综合应用能力. 总而言之, 问题是启发学生思维的动力, 课堂提问的运用, 可以起到强化信息传输、评价学生信息情况、调控课堂教学进程、沟通师生感情的作用.

(三) 数学课堂提问技能的过程

课堂提问的过程是大致相同的, "提问—回答—评价"模式可用图 8-1 表示.

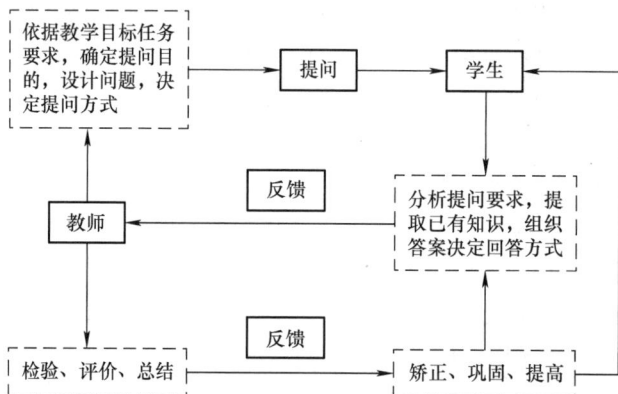

图 8-1 "提高—回答—评价"模式

在课堂教学中, 大多是教师对某一教学内容进行提问, 学生根据要求进行回答, 随后教师对回答质量做出评价, 给予反馈、矫正或总结, 同时教师的回答也将信息反馈给学生. 也可由学生向教师提问, 教师给以解答. 就师生关系而言, 提问的过程更多地表现为对话与交流.

就教师行为而言，课堂提问的过程可以分为以下几个阶段.

（1）引入阶段　在提出问题之前，教师要用必要的语言、动作或表情等方式来引起学生的注意，使学生做好心理准备. 例如："接下来请同学们思考这样一个问题……""经过上面的分析请大家思考……"

（2）陈述阶段　教师用清晰准确的语言陈述问题并做好必要的说明. 陈述问题时要根据问题的难易程度控制好语速，经过恰当的停顿后，再请学生回答.

（3）介入阶段　在学生回答中或回答之后，教师要根据实际情况适时介入，解难答疑，适当提示问题的重点或暗示答案的结构，引导学生步入问题的正确方向，并逐步完善答案.

（4）评价阶段　教师一定要认真对待学生的回答并做出评价，不可只给出单纯的对错评价. 对学生正确的回答要给予肯定和赞扬；对基本正确但不全面的答案也要先鼓励，后纠正；对错误的回答予以纠正并指出原因；对可延伸的知识应做出进一步扩展.

二、数学课堂提问的类型

在数学课堂上，学生需要学习多种多样的知识，学生的思维方式也会有所不同，教师要针对不同情形提出不同类型的问题，因此教师还需要了解提问的类型. 依据不同的标准，课堂提问可以分为多种类型. 按照提问方式的不同，课堂提问可以分为封闭式提问与开放式提问；按照提问学生的时间不同，可以把提问分为预设型问题和生成性问题；按认知层次划分，可以把课堂提问划分为记忆型提问、理解型提问、应用型提问、分析型提问、综合型提问和评价型提问；按照提问的形式，可以把课堂提问分为直问、曲问、设问、追问、互问五种类型；根据提问提升学生的参与度，可以把课堂提问分为事实性、说理性、启发性、发散性和反思性五种类型；根据提问的功能将数学课堂提问分为管理性提问、机械性提问、记忆性提问、解释性提问、推理性提问与批判性提问六种类型. 下面介绍四种最常见的分类方式以及提问类型.

（一）根据认知水平分类

美国教育学家布鲁姆将学习过程划分为六个基本层面，即记忆、理解、应用、分析、综合、评价. 按照这六个层面，将课堂提问划分为记忆型提问、理解型提问、应用型提问、分析型提问、综合型提问、评价型提问.

（1）记忆型提问　要求学生回忆已经学过的概念、定理等知识，以达到对知识的再现和确认. 例如讲解等差数列应用前，教师可以提问等差数列的通项公式、求和公式及它们的变形公式，以检查学生对基本公式的记忆情况.

（2）理解型提问　检查学生对知识与技能的理解和掌握情况. 例如，"双曲线的标准方程是如何推导出来的？""根据函数的定义，确定一个函数的基本要素是什么？""函数作为一种映射，它的特征是什么？"等提问.

（3）应用型提问　考查学生将概念、原理、法则、定律等应用到新的或具体的情境中去解决问题的能力. 例如学习了方程 $x + b = 0$ 和 $ax = b(a \neq 0)$ 的解法，提问形如 $ax + b = 0$（$a \neq 0$）的方程如何求解.

（4）分析型提问　要求学生通过分析知识结构因素，弄清概念之间的关系或者事件的前因后果，最后得出结论的提问方式. 这类提问要求学生能够辨别问题中的条件、原因、结果及它们之间的关系. 例如："如何比较等差数列与等比数列的异同？""解决此类问题用了什么原理?"

（5）综合型提问　综合性提问是要求学生发现知识之间的内在联系，并在此基础上使学生把教材内容的概念、规则等重新组合的提问方式．例如："学了正弦定理和余弦定理后你能比较它们在解题中的不同功能吗？它们之间有什么联系？在解决有关三角函数问题时，如何选择？"

（6）评价型提问　要求学生运用所学知识以及其他方面的经验，融入自己的思想感受和价值理念，最后对数学结论、数学思想、解题方法等做出价值判断或进行比较和选择．例如："在研究函数的各种问题时，都要关注函数的定义域，你认为这种说法正确吗？你能否举出几类问题来说明这种观点？"

（二）根据提升学生的参与度分类

根据提问提升学生的参与度．提问类型主要分为事实性、说理性、启发性、发散性和反思性提问．

（1）事实性提问　主要激活学生原有知识与经验．提问方式如是/有什么？""怎么样"等．例如："集合的元素有什么特征？""反比例函数与反比例有什么联系？""我们学习了向量的哪些运算？这些运算有什么共同特点？"

（2）说理性提问　促进学生自我解释，培养思维深刻性．提问方式有"为什么这样规定""有什么理由""原因何在"等．例如："学习了向量的加、减和数乘，为什么还要研究向量的数量积？""初中学习了函数概念，高中为什么还学习？""为什么高中函数概念的学习出现在集合概念学习的后面？"

（3）启发性提问　启发学生的深度思维参与，产生"心求通而尚未通"的"启而发"效果，培养思维灵活性．提问主要运用的思维方式有比较、观察、猜想、类比、归纳、推导等．例如在反比例函数教学中"观察表格的数据，发现什么规律？""观察表格的数据，寻找数据关系，发现什么规律？"

（4）发散性提问　促进学生发散思维，培养思维创新性．提问方式如："除……以外，还有……""如果它不是这样的，那又可能是什么呢？"例如在探究向量的数量积性质时，可以提问："单位向与任何向量的数量积有什么规律？""如果两个向量共线，那么其数量积有什么规律？"

（5）反思性提问　促进学生自我意识、自我评价和自我反思，培养思维的批判性．提问方式如．"如果你来解答，你有什么想法？""你还能有更好的办法吗？"

（三）根据提问方式分类

在实际课堂教学中，教师应该采取灵活多样的提问方式来丰富课堂，根据提问方式将课堂提问分为直问、曲问、设问、追问、互问五种类型．

（1）直问　这是最常用的提问形式，直截了当的提出问题，常用于各种数学事实与各类认知水平的问题．例如："什么是一元二次方程？""什么是平方差公式？"

（2）曲问　采用迂回战术变换提问角度，从问题的另一面发问，让思维拐个弯，即问在此而意在彼．例如在学习了异面直线的概念后提出问题："分别在两个平面内的没有公共点的两条直线是异面直线吗？"

（3）设问　提问之后，不需要让学生回答，而是教师自己回答，目的是吸引学习者的注意力，使他们产生一种悬疑的感觉，通常用来导入新课或复习．比如，在学习了相似三角形的内容以后，学生们就会发现，用定义来辨认相似三角形，是一个比较繁琐的过程．这时我们可以设置一个问题，问学生："你能不能自己摸索，找出一个辨别相似三角形的简单方法？"与其直接解释其可行性，还不如让学生在小组内进行讨论，以检验他们的观点．

（4）追问　把要讲授的知识分解为几个有内在联系的小问题，环环相扣、循序渐进地向学生提问．追问不仅能使学生保持稳定的注意力，还有利于对知识间内在联系的全面掌握．例如在开展新课"平面与平面的位置关系的判定"的引入部分时，提出问题："前面我们研究空间中两直线的位置关系是什么？按照公共点的个数如何划分？""空间中直线与平面的位置关系又有哪些？如何划分？""点、线、面作为空间几何的三个基本元素，你认为接下来的空间中面与面之间可能有哪些位置关系呢？"

（5）互问　由学生之间相互提出问题、回答问题．互问是一种生生间的交往活动，可在小组内部进行，也可在全班进行．

（四）根据提问功能分类

李士锜等结合数学教学的特点与我国的实际情况，根据课堂提问的功能将数学课堂提问分为管理性提问、机械性提问、记忆性提问、解释性提问、推理性提问与批判性提问六种类型，其中管理性提问是教学管理方面的问题，不涉及学科内容．

（1）管理性提问　询问、鼓励学生发言或维持课堂纪律等其他与数学知识内容无关的问题．例如："有没有同学愿意回答这个问题？""别的同学还有其他不同的方法吗？"

（2）机械性提问　简单地询问"对不对"，或者要求全班齐声回答显然的答案．例如："这种解法用了几条辅助线？"

（3）记忆性提问　提问要唤起学生对数学知识的记忆，不需要思考时间．例如："什么是三角形的中位线？"

（4）解释性提问　要求学生运用知识对问题给出阐述或说明，需要一定的时间来思考并整理答案．例如："用自己的话说出椭圆几种定义的本质．"

（5）推理性提问　要求学生通过逻辑推理得到问题答案，需要较长的等待时间．例如："解决这个问题用了什么原理、方法？""为什么用这种方法？你是如何思考的？"

（6）批判性提问　要求学生变换角度进行反思，或进行深层次思考的提问．例如："你对例题中的解法怎么看？能不能想到更好的方法？""比较这几种解题方法，尝试说出它们各自的优缺点．"

三、数学课堂提问的策略

从当前中学数学课堂提问实际来看，提问教学还存在一些问题与不足．例如大部分问题处于低层次水平，很难启发学生思维；反馈性提问流于形式，教师诊断效果失真；排斥求异思维，教师只想听到预设好的答案；提问效率不高，学生回答积极性低等．那么什么样的问题才是好问题？如何才能在课堂上问得好？根据课堂提问现状，下面给出设计问题与提出问题两个方面的策略．

（一）设计问题的策略

1. 创设情境，开拓思维

情境是问题最好的载体，在课堂中教师可以立足生活，鼓励学生动手实践，借助故事、游戏、信息技术、思维冲突等创设问题情境，激发学生对数学学习的兴趣、促进对数学知识的理解、提供解决问题的策略、提供应用数学的机会、加深对数学价值的认识.

【案例8-11】 相似的概念

弗赖登塔尔在引进相似的概念时，创设了"巨人的手"的情境. 具体设计如下.

教师在黑板上画出一只"巨人的手"，并对学生说："昨天晚上巨人访问我们学校，在黑板上留下了一个这么大的手印，今天晚上他还要来，请大家想办法为巨人设计出它要用的书的大小，还有桌椅的高度和大小."学生将自己的手与巨人的手进行对比，得出"相似比"，然后按此比例把学生的教科书和桌椅放大，得到巨人使用物品的尺寸.

教师常用照片放大、地图比例尺等背景来引入"相似"概念，但在学生形成概念的过程中，缺乏自身的体验，而是被动地接受知识."巨人的手"虽然不是实际发生的问题，却是学生可以领会理解并且非常喜欢的情境，不仅能够激发学生的求知欲，还能够很好地让学生在探索过程中体会比例、相似等数学本质.

2. 巧用问题链，探究过程

问题链并不代表问题的简单堆积，问题链教学是指在数学课堂上利用有内在逻辑的一串问题有效地推动学生对数学的学习与探究，让学生全过程体验数学知识形成与发展，使学生在问题链的驱动下进行高水平的数学思维活动，深化学生对数学知识的理解. 在课堂上设置层次性、趣味性、深入性的问题，并在教师的精心引导下，有效实施问题链教学，激发学生主动参与学习的积极性，为知识的获得营造良好的氛围.

【案例8-12】 函数单调性

问题1 分别绘出函数①$y = x + 1$；②$y = -x + 1$；③$y = x^2$；④$y = \dfrac{1}{x}$的图像. 观察这些函数图像的变化，从左到右呈现什么样的趋势？每个函数中当x增大时，y有何变化？

问题2 我们已经学习过自变量x及其函数值$f(x)$的关系，能否尝试借助已学知识更细致具体地、定量化地刻画你所发现的变化趋势？

问题2-1 以函数$y = x^2$为例，你能通过比较、归纳得到函数值$f(x)$随自变量x的变化特点吗？

1）可以利用下表来分析$f(x)$随x的变化特点.

表8-1 问题2-1表

x	…	-3	-2	-1	0	1	2	3	…
$y = x^2$									

2）如果不取上表中的x的值，当x取其他值时，函数值$f(x)$又有怎样的特点？

问题2-2 对于除了$y = x^2$的其他函数，能够得到怎样的结论呢？

问题2-3 对于上述探究方法，你能否用它来刻画更一般的函数？

问题3 自变量、对应法则及单调性等是探究函数单调性必不可少的要素，假如给出的条件只有其中的部分要素，你能由此得到其他要素的结论吗？

问题3-1 对于某个在定义域上单调递增的函数，任意取自变量的两个值x_1，x_2，假设$x_1 < x_2$，在不求函数值的条件下，比较$f(x_1)$和$f(x_2)$的大小.

问题3-2 已知某个函数，任意取自变量的两个值 x_1，x_2，假设 $x_1 < x_2$，且有 $f(x_1) > f(x_2)$，那么这个函数是减函数吗？为什么？如果不是，还要添加什么条件才能使上述结论成立？

问题3-3 对于函数 $y = x^3$，怎样判断它的单调性和单调区间？

问题3-4 根据以上问题的探究，你能否尝试归纳总结出判断函数单调性的一般方法？找一个函数来验证你所提出的判断方法是否有效.

通过问题链教学帮助学生在课堂上建立起数学相关概念及其要素间的关系，在学生的认知系统中自然形成概念网络. 以问题链为载体的教学过程不仅体现了学生的主体性，还调动了学生在课堂上的积极性，更有效地实现概念教学的目的.

3. 明确目的，突出重点

课堂提问是为了实现教学目的而开展的教学活动，因此教师要明确提问的目的，课堂上的时间十分宝贵，教师要尽量避免随意提问，避免提问与课堂教学内容无关的问题，提问要以教学目标为中心，体现强烈的目标意识和明确的思维方向，突出教学重点.

【案例8-13】 化曲为直

师：老师有点困惑，刚才很多同学都用到直尺来测量圆，你们为什么不直接测量？为什么要用"绕"？（重点强调这个"绕"字），而不是用滚动或采用直尺测量的？

生：因为圆形的周长的边是弯的，而直尺测量的是直的.

师：因为圆的周长是，一条……

生齐答：曲线.

师：直尺只能测量……

生齐答：直线.

师：和线段. 那其实刚才大家就是把曲线变成了……

生齐答：直线.

师：变成了直线，严格地说，变成了线段，那么曲线变成了线段，数学上我们称为……

师生齐答：化曲为直.

此片段揭示了"化曲为直"的数学思想. 教师的提问始终围绕"曲"与"直"，表现出较强的目的性.

4. 循序渐进，启发学生

数学课堂提问的设计要遵循由浅入深、由简到繁、循序渐进的原则，教师通过提问逐步引导学生思考. 提问要激发学生的认知冲突，要激起学生思考问题的欲望，深化、拓展学生的思维，因此教师要注重提问的启发性.

【案例8-14】 等比数列

教师在黑板上写出如下几个数列：

1）1，2，4，8，…

2）$1，\dfrac{1}{3}，\dfrac{1}{9}，\dfrac{1}{27}，…$

3）$1, -\dfrac{1}{2}, \dfrac{1}{4}, -\dfrac{1}{8}, \cdots$

师：这些数列有什么特征？（学生思考）

师：上述三个数列是否为我们已经学过的等差数列？

生齐答：不是.

师：那这三个数列的后项与前项之间是否存在共同特征？

生：存在. 从第二项起，每一项与它的前一项的比都相等.

教师的一系列问题缺乏启发性与导向性，看似设置了问题，实则流于形式，并没有很好地引导学生思考观察这些数列的特征，而是被引向"等差数列"，限制了学生的思考方向.

5. 熟悉学情，难易适度

教学实践表明，课堂提问的难易度应控制在全班 $\dfrac{1}{3}$ 到 $\dfrac{2}{3}$ 的学生经过思考后能回答上来为宜. 问题过于简单，无法引起学生兴趣，学生不思考；问题过于困难，学生会产生抵触情绪，也不会动脑筋. 因此教师对学生的学习情况必须全面了解，结合学生的思维特点，着眼于学生的最近发展区，合理设置问题难度.

【案例 8-15】 ——映射

在"'——映射'的概念"教学中，教师提问："同学们，假设你们现在是数学家，要给'——映射'下定义，你觉得应该如何定义，你想怎么定义就怎么定义，谁来说一下？"教师话音刚落，有学生马上站起来，不假思索地回答："就是集合 A 中的元素在 B 中都有它唯一的像，而 B 中的元素在 A 中都有与之对应的唯一的原像……"教师见学生的回答如此流利而准确，打断了他："慢一点说清楚，让其他同学听你说的对不对."

教师有意培养学生大胆猜想和尝试定义数学概念的能力，但数学概念的定义是数学知识长期发展和积累的结果，并不是学生"想怎么定义就怎么定义"，且对学生来说定义数学概念有一定的难度，因此学生表述的是教材上直接给出的概念，而不是自己思考的结果. 教师可以通过提问，考查学生对这个概念的理解应用等其他方面，而不是把重心放在下定义上.

（二）提出问题的策略

1. 创设良好的课堂气氛

创设良好的课堂气氛是启发学生积极思考问题的前提. 教师在提问时要语言亲切、措辞清晰，把握好声调高低与节奏快慢. 教师要尽量和学生进行眼神交流，尊重学生，认真倾听学生的回答，正确处理错误的回答，不要让"纠错"把课堂变得沉默、压抑. 教师要努力营造和谐、融洽的课堂气氛，使学生在学习过程中的心理状态达到最佳，这样才能更好地发挥提问的功能.

【案例 8-16】 一元二次方程根与系数的关系

在探索"一元二次方程根与系数的关系"时，教师提问："今天这堂课呢，老师想和大家来场比赛，我们一起看谁算得又快又准. 已知 $x^2+3x-4=0$，则 x_1+x_2，$x_1\times x_2$ 的值分别是多少？"再问："若方程为 $x^2+3x+1=0$ 呢？"……"为什么老师比你们算得快呢？其实是因为老师知道一件法宝，只要掌握了这件法宝，就可以不用求解方程就能直接得到两根的和与两根的积. 同学们，你们有没有兴趣获得这件法宝呢？"

教师的语言亲切活泼、生动有趣，用平等交流的态度向学生提出问题，学生会更乐于接受，也能激起探究欲望.

2. 确保学生的主体性

教师是整个教学活动的组织者和引导者，而学生则是学习的主人，在教学过程中必须要确保学生的主体性. 爱因斯坦说过"提出一个问题往往比解决一个问题更重要"，教师要鼓励学生积极提出创新的问题，让学生提出问题能够促进学生思维的深度参与，也更能了解学生对知识的理解和思考的程度. 对学生的回答也不要过度追求标准答案，提问是为了了解学生的学习情况，如果超出了预设的答案，就及时调整教学计划，但一定不能排斥不同的回答，限制学生思维. 对于诊断性提问，教师要根据学生回答的实际情况，具体地、有针对性地给予反馈，不能只是流于形式，而是要真正了解学生、促进学生思维的发展，一切要以学生为中心.

【案例 8-17】 圆周角

在学习完圆周角的概念和性质后，教师提问："大家现在对圆周角及其性质有了一定的了解，那么你们有没有一些收获或者疑问呢？"有学生问道："我们能利用所学的圆周角解决什么实际问题吗？"还有学生问："如果这个角是在一个圆的外面，那么它该叫作什么角呢，它和圆周角或圆心角有什么关系？"

通过学生的提问我们可以了解到他们强烈的求知欲，他们已经通过学习领悟到类比的数学思想，同时看到学生迸发出创新的火花.

3. 选择准确提问契机

高频率的课堂提问容易限制学生的思维空间，阻碍教学对话的开展，无提问或提问过少的课堂很无趣. 因此教师务必找准提问契机，问在当问之时和问当问之人. 孔子曰："不愤不启，不悱不发"，教师应结合学生的思维状态，捕捉"愤""悱"时刻，在教学内容的关键处、疑难处、精华处、矛盾处提出问题；教师在提问时要关注全体学生，每位学生都有平等的被提问的机会，教师要针对不同层次的学生提出不同问题，学生可能会身体前倾、直接举手、眼神躲避等，教师要根据学生的表现状态，选择恰当的回答者.

【案例 8-18】 用离心率大小解释椭圆的扁圆形状

师：我们知道，椭圆 $\dfrac{x^2}{a^2}+\dfrac{y^2}{b^2}=1(a>b>0)$ 与以 $2a$，$2b$ 为邻边的矩形是相切的，那么椭圆形状的扁圆与矩形的形状之间存在什么样的关系？如何用 a，b 来解释？

生：矩形狭长时（a，b 相差大），椭圆的形状就"扁"；矩形接近正方形（a、b 相差小），椭圆就更接近"圆".

师：椭圆离心率的大小和它形状的扁圆又有什么关系呢？

生：因为 $a^2=b^2+c^2$，所以 a，b 相差越大，a^2 就越接近 c^2，此时 $e\to 1$，椭圆的形状也就越扁；同理可得，如果 a，b 相差较小，那么 a^2 就越接近 b^2，此时 c 就越小，所以 $e\to 0$ 时，椭圆的形状就越圆.

师：我们已经知道了椭圆的离心率与其形状的关系，那么类比上述的探索方法，双曲线 $\dfrac{x^2}{a^2}-\dfrac{y^2}{b^2}=1$ 在两条渐近线之间，如何用双曲线离心率的大小解释它开口大小？

生：当两渐近线所成的角越大 $\left(\dfrac{b}{a} 与 \dfrac{c}{a} 越大\right)$ 时，双曲线的开口就越大. 因此对于双曲线来说，如果 e 越大，那么开口就越大.

用离心率解释椭圆扁圆和双曲线开口对于学生来说是一个新的知识点，在此疑难处提问，有利于培养学生的思维能力.

4. 提问方式灵活多样

在数学课堂中，提高学生参与的重要手段之一就是变换回答形式. 课堂中采用较多的作答形式就是口答，口答具有直接、省时的优点，但这种方式并不能很好地检验学生整体情况. 笔答可以让全班同学参与，教师也可在巡视时了解学生的掌握情况，例如，"请大家在练习本上画一个圆心角"，这个问题表面上看很简单，但它其中蕴含着"淡化形式注重实质"的教育理念，它把定义转化为一个作图过程，不需要死记硬背，也能很好地检查学生对概念的理解. 但笔答相对耗时，在一堂课中不能多次使用，教师可在课堂中根据实际情况合理采用笔答、口答两种形式. 教师可根据教学目的、问题的内容、学生的学习时间等情况，采取个别回答、集体回答、教师自问自答、学生分组讨论等灵活多变的方式丰富课堂，使提问不呆板.

5. 给予学生足够的思考时间

教师提出问题后，学生不仅要理解思考问题，还要组织整理语言，教师一定要有一个等待的时间，在这段时间内，教师不需要讨论、重复、启发，要保持安静，给予学生独立思考的时间. 根据问题的难度、回答的形式确定等待时长，一般为 $3 \sim 7$ 秒. 研究发现，如果在学生回答后等待 $3 \sim 5$ 秒，给学生一段思考的时间，学生会对他们的答案进行详细阐述. 因此还要注意学生回答后也要等待，让学生进行更深一步的思考，也让教师思考出对学生更有帮助的反馈.

第三节　数学课堂板书技能

三尺讲台存日月，一支粉笔写春秋. 即使在多媒体技术普遍运用的今天，传统板书仍然有着不可替代的作用. 板书不仅是数学课堂教学重要的辅助手段，更是教学艺术的重要体现. 有效的板书可以提升整个数学课堂的教学质量，是每位教师必须掌握的基本技能.

一、课堂板书的含义

板书是指在课堂教学中，教师通过在平面媒介（主要指黑板上）书写文字、数学符号或图表的方式，将教学内容概括化和系统化地呈现给学生，并借此分析认识过程，深化学生对所学知识的理解，并增强记忆，从而提高教学效率的一类教学行为.

板书并不是将教材内容直接搬到黑板上，而是要在精心组织、深度加工之后呈现给学生，好的板书也可看作是一篇"微型教案". 数学课堂板书可以呈现学生对数学知识的认知过程，同时各种数学规律的探索、讨论、验证与应用也可以通过板书的形成过程完整地呈现出来，数学知识架构以及数学思想的形成过程也离不开板书.

在数学课堂中，板书是传递教学内容的主要方式，相比语言的转瞬即逝，板书可以将信息较长时间地保留，对教师教学具有重要作用．首先，教师可以通过板书突出教学重难点，加深学生的记忆，起到强化教学重难点的作用．其次，教师可以通过板书的示范作用规范答题、作图的格式与步骤，让学生效仿书写，并养成记笔记的好习惯．最后，教师可以通过色彩、文字与图形的搭配，让学生感受板书的艺术性，吸引学生的注意力．因此，教师要重视板书，重视板书的生成过程．板书的书写并不是教师独自完成的，而是在师生共同的互动交流活动中逐步形成的，让学生参与到板书展现知识产生的全过程，便于学生理解和掌握知识，板书与讲解相互结合、抽象逻辑思维与直观形象思维相互转化，从而发展学生的思维能力．

随着现代教育技术的快速发展，多媒体技术已经普遍运用到数学课堂中，使得课堂教学变得更加直观形象且省时省力，但有些教师因此忽视了传统板书，而是以电子课件为主，部分课堂变成了教师点鼠标、学生观屏幕的"人机交流"．

数学的学习既是一个思维活动过程，也是复杂知识的建构过程，传统板书能在师生交流中更好地实现建构知识产生的过程，这是直观便捷的技术手段所不能代替的．

二、课堂板书的类型

根据不同的标准可以将课堂板书分为不同类型，例如，按照作用可分为主板书和副板书；按照思维方式可分为归纳式、分析式、对比式、因果式、总分式等；按照表现形式可分为提纲式板书、过程式板书、表格式板书、图示式板书．在课堂教学中要结合实际，选择适宜的板书形式．下面介绍几种数学课堂最常用的板书形式．

（一）提纲式板书

提纲式板书是指将教学内容分析归纳成简洁的重点词句，结合教师的讲解顺序，以知识结构提纲的形式呈现在板书中．提纲式板书高度概括地展示出授课的内容和结构，给学生留下深刻的整体印象，这种形式的板书具有条理清楚、重点突出的优势，使学生更好地理解和记忆数学课堂中的教学内容和知识体系．

【案例8-19】　全等三角形

1. 全等图形：能够完全重合的两个图形．
2. 全等三角形：能够完全重合的两个三角形．
3. 全等符号："≌"，例如：$\triangle ABC \cong \triangle DEF$（见图8-2）．

图8-2　案例8-19图

4. 全等三角形的性质：全等三角形对应边相等，对应角相等．

几何符号语言：因为$\triangle ABC \cong \triangle DEF$

所以 $AB = DE$，$AC = DF$，$BC = EF$，$\angle A = \angle D$，$\angle B = \angle E$，$\angle C = \angle F$．

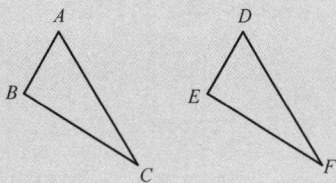

将"全等三角形"这节课的重点以提纲的形式表现在板书中，将学生有限的注意力最大化地集中到重点内容，加深学生的记忆，有利于提升教学效率．

（二）表格式板书

表格式板书是把数学教学内容用表格的形式表现出来．在实际教学中，可以由教师预先设计好表格，教师在课堂中根据表格要填的内容向学生提问，学生思考后填入表格；也可以教师边讲解边填入表格；或者将内容有目的地按照一定位置书写，等到归纳总结时再形成表格. 这类板书的特点是类目清楚，井然有序，便于比较知识之间的异同和联系，有利于学生进行知识间的分类、归纳与对比，在增强学生记忆的同时有效地培养学生的数学系统化思维.

【案例8-20】 对数概念的引入（见表8-2）

表8-2 对数概念的引入

已知	求	例	引进的数学概念	字母名称			引进符号
				a	b	N	
a，b	N	$2^4 = ?$	幂	底数	指数	幂	$a^b = N$
b，N	a	$a^4 = 16$	方根：如果 $a^b = N$，a 叫作 N 的 b 次方根	方根	根指数	被开方数	$a = \sqrt[b]{N}$
a，N	b	$2^b = 16$	对数：一般地，如果 $a^b = N$（$a>0$，且 $a \neq 1$），那么数 b 叫作以 a 为底 N 的对数	底数	对数	真数	$b = \log_a N$

复习完指数式 $a^b = N(a \neq 1)$ 后，结合表格内容，在此基础上自然地引入对数的概念，将表格补充完整，不仅有利于学生掌握幂、方根与对数的概念，还能理清它们之间的关系，建立起牢固的观念系统.

（三）图示式板书

图示式板书，顾名思义就是用图形、文字、数学符号等形式来表现教学内容的板书. 图示式板书表现灵活、直观形象，把数学知识的发生过程和事物之间的关系简明清晰地表达出来，容易引起学生注意，激发学生思考，有利于学生记忆. 图示式板书按照内容之间的关系可以分为总分型、线索型、流程型等，可用于某一章或某几章的复习，展示数学知识的关系结构图.

【案例8-21】 分式复习（见图8-3）

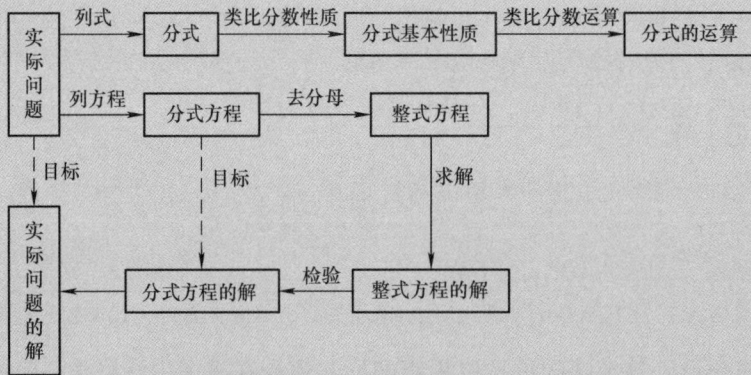

图8-3 案例8-21图

教师带领学生回顾分式的重点知识，利用箭头将其联系起来，形象直观地展示出本章重点内容及其内在联系，便于学生整体把握分式的知识结构.

【案例8-22】　方程复习（见图8-4）

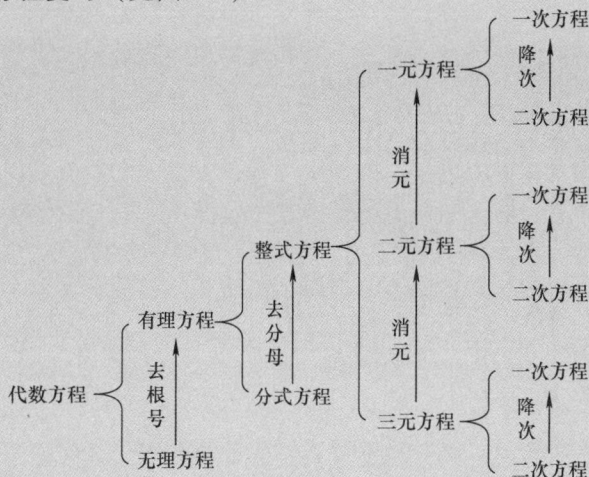

图8-4　案例8-22图

在总复习阶段，教师引导学生将相近或相似的小块知识联系组合成整体，使学生对方程的认识更加清晰完整，有利于学生理解与掌握知识结构.

【案例8-23】　四边形复习（见图8-5）

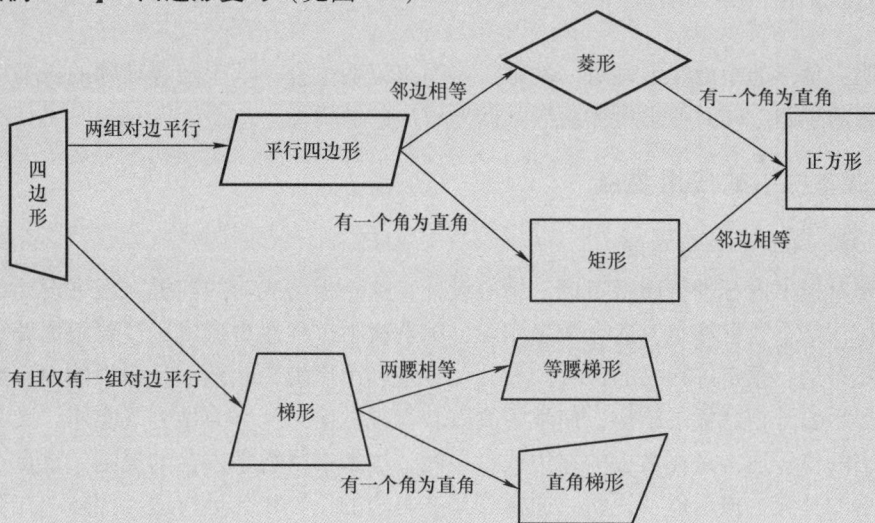

图8-5　案例8-23图

在复习四边形时，教师通过在黑板上呈现如图8-5所示的板书，直观地展现各类四边形的特点，有利于帮助学生掌握各种四边形的性质.

（四）过程式板书

过程式板书是一种逐步体现数学教学内容的板书，不仅包括对数学课堂中常见的定理、公式的推导，还包括例题的证明和运算求解的板书等. 过程式板书不仅较好地展示出数学知识的发生过程以及学生认知过程，还体现了其中蕴含的数学思想方法，此类板书有利于培养学生的运算能力与推理能力，并且教师在板书示范过程中也能对学生的解题书写格式提出规范要求.

【案例 8-24】 三角形的中位线定理

已知：如图 8-6 所示，在 $\triangle ABC$ 中，DE 是 $\triangle ABC$ 的中位线.

求证：$DE /\!/ BC$，$DE = \frac{1}{2}BC$.

证明：如图 8-6 所示，延长 DE 至 F，使 $EF = DE$，连接 CF.

因为 $AE = CE$，$\angle AED = \angle CEF$，

所以 $\triangle ADE \cong \triangle CFE$（SAS），所以 $AD = CF$，$\angle A = \angle ECF$，

所以 $CF /\!/ AB$，

因为 $AD = BD$，

所以 $BD = CF$.

所以四边形 $DBCF$ 是平行四边形，

所以 $DE /\!/ BC$，

所以 $DE = \frac{1}{2}DF = \frac{1}{2}BC$，

所以 $DE /\!/ BC$，$DE = \frac{1}{2}BC$.

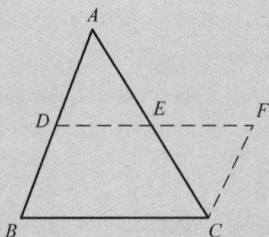

图 8-6 案例 8-24 图

在证明三角形的中位线定理时，教师逐步写出证明过程，学生随着教师的板书思考，把握分析问题的思路，同时使学生体会数学问题解决的逻辑性.

三、课堂板书的应用要点

(一) 精心设计，合理布局

教师要对板书内容进行周密考虑、精心设计，这是板书成功的前提. 板书设计不仅要依据教学目标，结合教材特点，适合学生实际，随着教学进程逐步形成；还要根据教室黑板面的大小合理布局，预定好板书的位置. 教师要合理利用黑板，让教学计划中的内容都能都得到有效的展示，计划好板书结构，使学生高效获得视觉信息，努力做到既实用、又美观. 例如，正板书的位置通常是在黑板的左边或者中间，用来书写教学内容的提纲、重点；副板书是对正板书的补充、提示以及说明，通常安排在右边的位置，会进行适当擦除. 在对板书进行擦写和保留的过程中，一定要注意整体效果，提升学生对板书的整体印象.

【案例 8-25】 解直角三角形（见图 8-7）

解直角三角形	
情境引入	巩固提高
新知探究	总结提升
例题讲解	布置作业

图 8-7 案例 8-25 图

这种形式的板书设计更像教案中预设教学过程的几个环节，而不是严格意义上的板书设计，这种板书严重误导一线教师的教案编写和课堂教学，造成个别青年教师在教案编写或实际课堂操作时简单、机械地照抄照搬，严重背离教学规律和教学实际. 板书设计应该更用心地设计，合理规划结构，更具体地展示教学重点，不应该只有如此随意的几个环节名称，这样的设计并不能发挥出板书的作用.

（二）内容科学，书写规范

数学板书的设计必须保证知识的科学性，只有结构严谨、科学正确的板书，才能有助于培养学生科学的态度. 板书是学生获得视觉信息的主要途径，也是学生模仿的范本，每一节课的板书都对学生产生着潜移默化地影响，因此教师一定要规范书写，做好学生的表率. 首先，教师要做到对文字以及数学符号的正确书写，教师的字迹要清晰美观，不写不规范的简化字，还要使用尺规作图规范地绘制图形图像. 假如教师对于带有幂次方的数字或字母的书写不注重位置感，很容易造成学生的困惑；假如教师不注重几何图形或函数图像的规范化，经常出现圆形不圆、直线不直等问题，不利于培养学生规范的作图意识，也会降低课堂教学质量和效果. 其次，要准确地表达数学定义、公式、法则等. 例如，在画直角坐标系时，要标注出 x 轴、y 轴和坐标原点 O，在书写一元二次方程 $ax^2 + bx + c = 0$ 时一定要说明 $a \neq 0$. 最后，要严谨地推证数学命题、探究数学问题、解题格式规范、过程详略得当、关键步骤完整. 例如，立体几何计算题"作、证、算"三个步骤缺一不可.

（三）高度概括，力求简洁

数学课堂中的板书不仅要注意传递信息的完整性和规范性，还要提高教学效率，将有限的黑板最大化利用. 因此教师要在保证信息完整、规范的前提下，有侧重地对板书内容进行选择，以保证板书的简洁性与层次性，明确教学内容的关键和重点，善于运用符号、线条、图形等数学语言，尽可能地减少书写内容. 例如在进行函数单调性研究时，可用上箭头表示单调递增，下箭头表示单调递减. 具体来说，表现在以下几个方面.

1）教师可以在板书中只书写关键字词. 例如对单调增函数的概念，可以只板书：定义域上的某个子区间，任意 $x_1 < x_2$，有 $f(x_1) < f(x_2)$.

2）教师可以根据具体内容有针对性地对所板书内容进行合理加工. 例如通常将两条异面直线所成的角定义为：对于两条异面直线 a，b，经过空间中的任意一点 O，作直线 a'，b' 使得 $a' /\!/ a$，$b' /\!/ b$，那么直线 a'，b' 之间的夹角（锐角或直角），我们就将其称为异面直线 a，b 所成的角. 教师在板书时可以将定义整合为：经过空间中任意一点所作的两条异面直线的平行线之间的夹角（锐角或直角），称为异面直线所成的角.

3）教师可以选择合理使用数学符号语言或图形语言，节省文字的书写时间. 例如将线面平行的判定定理用数学符号表示为：$a /\!/ b$，$b \subset \alpha \Rightarrow a /\!/ \alpha$.

（四）把握时机，注意启发

教师要对课堂教学活动精心设计，尽力做到数学课堂既有效引导又清晰讲授，并在质疑处、问题处、拓展处、留白处等环节，把握板书的时机，同时与其他教学技能相互配合，利用文字、符号、图形等数学语言形成有条理且有逻辑的板书，将静态的教学内容转化为动态发展的学习过程. 教师可以借助板书设疑解难、层层深入，充分调动学生的求知欲，引发学生联想，使学生积极投入到探究活动中，启发学生进行深层次思考，逐步向学生展现思维的全过程，帮助学生理解数学知识的形成过程，理清解题思路.

【案例 8-26】 等比数列公式求和的推导

在推证 $S_n = a_1 + a_2 + a_3 + \cdots + a_n (q \neq 1)$ 时的板书有以下两种写法。

写法一：$S_n = a_1 + a_1 q + a_1 q^2 + a_1 q^3 + \cdots + a_1 q^{n-1}$,

$\qquad qS_n = a_1 q + a_1 q^2 + a_1 q^3 + \cdots + a_1 q^{n-1} + a_1 q^n$,

$\qquad S_n - qS_n = a_1 - a_1 q^n$,

$\qquad S_n = \dfrac{a_1(1 - q^n)}{1 - q}$.

写法二：$S_n = a_1 + a_1 q + a_1 q^2 + a_1 q^3 + \cdots + a_1 q^{n-1}$,

$\qquad qS_n = \qquad a_1 q + a_1 q^2 + a_1 q^3 + \cdots + a_1 q^{n-1} + a_1 q^n$,

$\qquad S_n - qS_n = a_1 - a_1 q^n$,

$\qquad S_n = \dfrac{a_1(1 - q^n)}{1 - q}$.

在体现 $S_n - qS_n = a_1 - a_1 q^n$ 这个意图上，第一种写法启发性不强，而第二种写法采用了上下式指数幂对齐的形式，暗示着上下式相减，有意识地引导学生，积极地启发学生的思维.

（五）直观形象，艺术性强

精美的数学板书是教师创造性劳动的结晶，它不仅渗透着教师的教学智慧与教学艺术，更体现着教师的教育教学水平和审美意识. 利用函数图像、几何图形、结构图等直观形象地表示板书，有利于促进学生的直觉思维与形象思维的发展，培养数形结合的意识. 富有艺术色彩的板书可以激发学生内心对美的感受，体验积极愉悦的情感，从而提高学生在数学课堂的学习效果. 首先，教师要根据具体的教学内容，结合各种板书类型的特点，有针对性地选择合适的类型，才能有效地发挥出板书的功效；其次，要合理安排板书结构，追求结构美，体现数学的条理性与逻辑性，在整体上和谐美观；再次，教师的字体大小要平均适中，图形的绘制要工整美观，调动学生的审美直觉，欣赏数学的美，带给学生视觉享受；最后，教师要注意使用彩色粉笔，突出重点内容或易错点，合理搭配色彩，提高学生注意力，同时也要注意避免滥用色彩，使学生眼花缭乱、不分主次.

【案例 8-27】 四边形的分类（见图8-8）

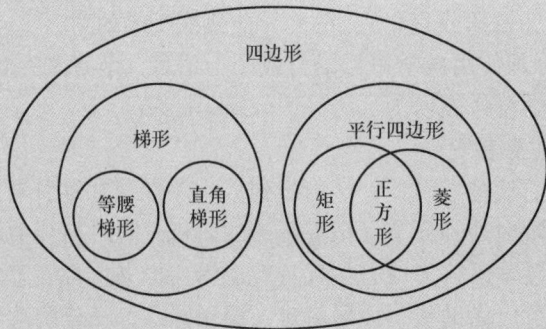

图8-8　案例8-27 图

在总结四边形的分类时，采用如图 8-8 所示的板书，直观形象地将各种四边形之间的联系与区别表现出来，便于学生理解记忆.

（六）配合讲解，融合多媒体技术

在实际教学中，数学教师大多是边讲解边板书的．如果教师长时间地书写板书，而置学生于不顾，那么就在课堂中忽视了学生的主体地位，不利于学生对知识的接收．教师应该学会边交流边书写，在书写时要侧着身子，不仅要使学生能清楚地看到板书的内容，还要观察到学生，以便根据学生的状态进行教学，对于课堂中的重难点，教师可以先让学生思考，再板书、分析，再讲解，从而有效地促进学生思维的发展，让板书成为连接师生互动的平台．

导致部分学生学习数学时感到吃力的主要原因就是数学的抽象性，而借助多媒体技术恰好能够将学生难以理解的数学知识直观形象地展示出来，有利于提升课堂教学效果．例如，初中生在空间观念与几何直观方面的核心素养是有限的，这使得他们很难理解"图形与几何"领域的知识，而利用多媒体技术能够直观地展示立体几何、图形的变化、函数图像的生成过程等，将信息生动立体地呈现给学生，培养学生的空间观念与几何直观素养．另外，教师应用多媒体技术事先准备好教学内容，有选择性地在课堂上直接呈现，这样既可以节省板书耗费的时间，又可以拓展数学课堂的教学容量．

【案例 8-28】　任意角的三角函数（见表 8-3）

表 8-3　任意角的三角函数

板书内容	多媒体的辅助	言语的配合
三角函数三要素 1. 自变量：弧度制表示的角 （1）为什么用弧度制表示角？自变量是数.	复习回顾函数定义	复习回顾函数的三要素，并提问板书所展示的问题，教师引导学生从"数"这一角度来理解将弧度制的角选为自变量的合理性.
（2）弧度制表示的角作为自变量，它的变化对应什么量的变化？ 一个角→一条终边→终边上无数个点→无数个坐标	借助几何画板等软件演示坐标系中角的终边的旋转，并任意在终边上选取若干点，同步展示出旋转过程中这些点的坐标变化.	让学生观察屏幕上的演示，对板书上的问题进行提问，并将学生的回答归纳整理成板书.
2. 函数值：坐标比 $\dfrac{y_0}{\sqrt{x_0^2+y_0^2}}$，$\dfrac{x_0}{\sqrt{x_0^2+y_0^2}}$，$\dfrac{y_0}{x_0}$ （1）为什么选择坐标比作为函数值？ 函数值也是"数"→"坐标比"确保为数；函数值须"唯一"→"相似比"解释唯一.	借助几何画板等软件演示上述若干点向 x 轴、y 轴作垂线，构成若干个直角三角形，并同步展示出对应的坐标比值.	教师提问板书中的问题，并引导学生从"数"及"唯一"两个角度来解释将坐标比选为函数值的合理性.
（2）为什么利用单位圆进行定义？ 结构形式简单；便于分析性质.	将一般点的坐标比和单位圆上点的坐标比进行对比，并板书"结构形式简单".	教师引导学生对比研究四个象限中三个比值的符号，以及四个半轴上的三个比值，并板书"便于分析性质".
3. 对应法则：$\sin x=\dfrac{y_0}{r}$，$\cos x=\dfrac{x_0}{r}$，$\tan x=\dfrac{y_0}{x_0}$ （1）是否知道三角函数的名称和来历？符号表示对应法则. （2）是否学过与之类似的函数？对数函数、高斯函数等.	视频展示 sin，cos，tan 三角符号产生的数学史资料，并板书三个三角函数的对应法则.	类比已经学过的 log，lg，ln 等数学符号，加深学生对符号表示对应法则的理解.

概念的抽象性决定了教学的复杂性，在"任意角的三角函数"概念教学片段中，教师将板书与讲解、提问技能相互配合，并利用多媒体技术播放动画与数学史视频，让学生经历概念形成过程，使学生更好地理解与掌握知识.

第四节　数学课堂结束技能

一堂课要经历几个教学阶段，每一阶段都有各自的特点和任务，课堂结束是课堂教学进程发展的最后一个教学阶段，教师应该做到给课堂教学画上一个完整的句号. 课堂结束的好坏直接影响整体的教学效果，课堂结束技能是每个教师都应该掌握的基本功.

一、课堂结束的含义

课堂结束技能，是指教师在一堂课的教学活动结尾时，有组织有计划地通过归纳总结、重复强调等活动，使学生及时巩固运用一堂课的新知识与新技能，并将新知识与新技能纳入到已有的认知结构中，从而形成新的完整的认知结构，为今后的教学做好过渡的一个教学环节.

俗话说："编筐编篓，重在收口"，课堂教学也是一样，一个富有新意、恰到好处的课堂结束，可以起到画龙点睛的效果，有助于学生对知识有一个系统地掌握，对教学内容深刻印象. 如果把一堂课看作教师的一场表演，那么课堂结束就是这场表演的"压轴戏"，教师应该在此时将教学效果推向高潮，完美落幕.

课堂结束不仅是结束课程，也是整个教学内容的归纳和整理，教学重点的进一步突出. 在数学课堂结束之际，教师引导学生将一堂课内的琐碎知识进行小结、梳理，建立新旧知识之间的联系，在达到巩固知识的效果的同时，进一步完善学生的数学认知结构. 科学的课堂结束还可以促使学生对整节数学课产生深层认知. 在课堂结束时教师可对重点内容进行重复与强调，揭示本堂课的关键，加深学生记忆. 教师还可以设置悬念，暗示学生课后思考并预习新课，起到言虽尽而意无穷的作用，让学生带着问题走进课堂，带着思考走出课堂. 另外，大部分教师都会在课堂结束时组织学生完成各种作业：练习、操作、问答、判断评价等，以检查教师的教学效果和学生的学习情况，查清知识缺漏情况，引起师生双方的反思.

二、课堂结束的类型

根据课堂结束的行为主体主要分为教师为主型和学生为主型两种；根据知识结构形式可分为封闭型结束和开放型结束，封闭型结束围绕本节课的知识体系进行结束，包括归纳小结法、巩固练习法、前呼后应法等，开放型结束不仅关注本节课的学习内容，还拓展延伸到课后，它包括发散迁移法、引申拓展法等. 根据不同的分类标准有不同的结束类型，教师可以在教学目标的指导下，根据教学内容，结合学生特点以及课堂实际情况灵活选择课堂结束的方式，下面介绍几种常用的课堂结束类型及其应用案例.

（一）总结归纳式

总结归纳式是指在数学课堂结束时，教师自己或教师引导学生，利用简洁准确的语言、文字或图表，将一节课所学的主要内容进行总结、归纳与概括，使学生对所学知识与方法有一个全面系统的认识，使学生对本节课的内容要求、知识结构和数学基础知识、基本原理、基本技能进行梳理、概括，突出重点、难点和思路，优化学生的认知结构.

【案例8-29】　圆与圆的位置关系

师：对于今天所学的内容，可以概括为"三、二、一、一"，具体如下.

三类位置关系：相离（外离、内含）、相切（外切、内切）、相交.

两种判定方法：判定圆与圆的位置关系常用的几何法、代数法.

一个圆系方程：经过两圆 $f_1(x,y)=0$，$f_2(x,y)=0$ 交点的圆系方程为

$$f_1(x,y)+\lambda f_2(x,y)=0.$$

一种数学思想：数形结合的思想.

教师在课堂结束时对"圆与圆的位置关系"这节课进行整体梳理，将重点内容与思想方法用简洁的"三、二、一、一"进行总结概括，在便于学生记忆的同时进一步强化本节课的重点.

【案例8-30】　等比数列前 n 项和（见表8-4）

表8-4　等比数列前 n 项和

等比数列的定义	一般地，如果一个数列从第二项起，每一项与它的前一项的比等于同一个常数，那么这个数列就叫作等比数列.
用符号表示定义	$\dfrac{a_{n+1}}{a_n}=q$　　（$q\neq 0$，$a_1\neq 0$）
等比中项	a，G，b 成等比数列，则 G 叫作 a 与 b 的等比中项，$G=\pm\sqrt{ab}$
通项公式	$a_n=a_1q^{n-1}$
等比数列的性质	若 $m+n=p+q$，则 $a_m\cdot a_n=a_p\cdot a_q$
等比数列前 n 项和	$S_n=na_1$　（$q=1$） $S_n=\dfrac{a_1-a_1q^n}{1-q}=\dfrac{a_1(1-q^{n-1})}{1-q}$　（$q\neq 1$）

采用表格的形式不仅可以直观地将等比数列的相关概念、性质进行梳理，而且有助于学生对知识的巩固记忆.

（二）首尾呼应式

俗话说有头有尾，如果课堂引入是用提出问题、设置悬念的方式导入课题的，那么在课堂结束时，可用本节课新学的知识消除导入新课时的悬念，使结束和导入相呼应，使整堂课完整和谐. 这种类型的课堂结束解决了导入时提出的问题，前后呼应，不但释疑了学生在课堂开头时心中的困惑，使学生产生成就感，同时也巧妙地突破难点、突出重点.

【案例8-31】　等比数列前 n 项和

很多教师在讲解"等比数列的前 n 项和"时，都会用国王数麦粒的故事作为导入：国王要奖励发明者，而按照发明者提出的要求，需要奖赏的小麦总数应该是 $1+2^2+2^3+2^4+\cdots+2^{63}$，那么该如何计算这个式子的值呢？学生带着这个问题在教师的引导下进行等比数列的前 n 项和的公式的推导及运用. 在课堂结束的环节可以利用本节课推导的公式回头求解导入时的问题，学生会惊讶于这个数之大.

在课堂结束时运用等比数列的前 n 项和的公式计算出麦粒总数，不但使学生获得解决问题的成就感，也激发了学生对学习数学的兴趣.

（三）分析比较式

分析比较式是指将新旧知识，或易混淆的数学知识进行分析比较，找出它们本质上的异同点，或是对不同证明方法、解题方法的优劣进行比较从而达到理解数学的本质的目的. 通过分析比较的方法，沟通相关概念、方法和内容之间的联系，使学生体会知识之间的联系与区别，这会对新旧知识的理解更加准确深刻，记忆更加清晰.

【案例8-32】 椭圆（见表8-5）

表8-5　双曲线与椭圆的比较

	双曲线	椭圆
标准方程	$\dfrac{x^2}{a^2} - \dfrac{y^2}{b^2} = 1$ $(a>0,\ b>0)$	$\dfrac{x^2}{a^2} + \dfrac{y^2}{b^2} = 1$ $(a>b>0)$
顶点坐标	$(a, 0)$, $(-a, 0)$	$(a, 0)$, $(-a, 0)$, $(0, b)$, $(0, -b)$
焦点坐标	$(c, 0)$, $(-c, 0)$	$(c, 0)$, $(-c, 0)$
a, b, c 关系	$c = \sqrt{a^2 + b^2}$	$c = \sqrt{a^2 - b^2}$
对称轴	x 轴、y 轴	x 轴、y 轴
对称中心	原点	原点

通过比较双曲线与椭圆特点的异同，既加深了对椭圆知识的理解又有助于对双曲线性质的记忆，对圆锥曲线的知识建立更加清晰、完整的认知结构.

（四）练习评估式

练习评估式结束是指在课堂结尾时，教师根据课堂教学的实际情况，抓住本节课的重点、难点或易错点，精心设计一些问题或练习题，通过组织学生动脑、动手、动口，有针对性地使学生所学的基础知识得到应用、强化与巩固，同时还能使教师及时获得教学效果的反馈信息，以练习的形式结束一节课，促使学生的陈述性知识向程序性知识转化.

【案例8-33】　数学归纳法

1）用数学归纳法证明：$1 + 3 + 5 + \cdots + (2n-1) = n^2$

2）用数学归纳法证明 $1 + 2 + 2^2 + 2^3 + \cdots + 2^{n-1} = 2^n - 1 (n \in \mathbf{N}^*)$ 时，

其中第二步采用下面的证法：

设 $n = k$ 时等式成立，即 $1 + 2 + 2^2 + 2^3 + \cdots + 2^{k-1} = 2^k - 1$，

则当 $n = k+1$ 时，$1 + 2 + 2^2 + 2^3 + \cdots + 2^{k-1} + 2^k = \dfrac{1 - 2^{k+1}}{1-2} = 2^{k+1} - 1$.

你认为上面的证明正确吗？为什么？

教师在课堂结束时让学生练习数学归纳法的相关习题，一方面，加深学生对数学归纳法的理解并巩固此方法的应用；另一方面，教师也通过学生的答题情况检查他们对方法的掌握程度，评估本堂课的教学效果.

（五）探究讨论式

探究讨论式课堂结束，就是把学生认知模糊的、难以理解的、容易引起分歧的问题留到最后，教师组织学生对这些问题进行讨论分析，学生们在这个环节可以畅所欲言、各抒己见，教师要注意鼓励学生对问题发表多元化见解，给学生营造一个安全的心理环境，培养学生的求异思维. 这种形式的课堂结束能使学生的学习由被动接受转变为主动探索，让学生在探究过程中深化对数学知识的理解，能够促进学生思维发展，提高明辨是非的能力.

【案例 8-34】 正弦定理

在"正弦定理"这节课的结束，教师提出一系列问题让学生思考交流：

① 什么是正弦定理？它是怎样推导的？你是否知道不同的推导方法？

② 正弦定理中比值等于多少？

③ 解三角形中的哪些类型问题可以利用正弦定理解决？对于问题"已知一个三角形的任意两边及一边对角，解三角形"，为什么可能有两解，可能有一解？还有其他可能的情况吗？

这样的课堂结束既能激发学生的探究欲以及求知的积极性，还能在一定程度上发掘他们的潜能，并且在探究的过程中还能够有效地巩固知识，积累基本的数学活动经验.

（六）拓展延伸式

一堂数学课的结束，并不代表课程内容的终结，也不意味着学生思维的停止. 拓展延伸式结束是指教师将本节课的学习收获进一步拓展、迁移、延伸到下一节课或者课后，教师可以通过任务驱动、问题驱动、营造悬念等方法对本节课重要的数学知识、数学技能或数学思想方法进行拓展延伸，让学生带着思考和探究的欲望走出课堂，营造出一种意犹未尽、余味无穷的效果.

【案例 8-35】 圆

在人教版九年级上册圆的教学中，教师将一张直径为 1 分米的圆形纸片发给每位学生，让他们沿着圆的直径对纸片进行对折，或者沿着弦的方向对折，并比较不同折法下的折叠高度. 学生在动手操作后，发现只有当沿着弦的方向进行对折时，得到最高的折叠高度. 教师在此时提出问题："根据你所发现的结论，想一想与本节课所学习的圆的相关知识有什么关系？圆和这些折叠线的关系又是怎样的？"

在课堂结束时进行拓展延伸，既可以调动学生对数学学习的积极性，还启发他们多角度地探索新的思路和方法，并有助于学生巩固本节课所学的圆的相关知识，比如圆的性质、垂径定理等，学生在探究过程中的发现也为直线和圆关系的教学奠定了良好的基础.

三、课堂结束技能的原则

（一）精简性原则

课堂结束在内容和形式上都要做到简洁紧凑、精要易懂、重点突出、恰到好处. 课堂结束一般以 3～4min 为宜，既不能把结课时间拖得太长，也不能匆匆忙忙地随便结束，否则都会降低教学效果. 教师要牢牢把握本节课的主线和框架，梳理出重点知识和思想方法，教师通过精炼的语言和精美的板书吸引学生的注意力，使他们更加关注本节课的重点问题，从而提高课堂教学的有效性.

（二）针对性原则

教师在课堂结束时要针对具体的教学内容以及学生情况因材施教. 教师要把握好教学内容的主要矛盾，通常是每节课的重难点及关键点，在课堂结束时就要揭示这些矛盾的实质，帮助学生巩固知识，并进一步提高他们的综合运用能力，教师可以恰当地选择或制作一些"图示"去进行课堂小结，避免形式化、雷同化的现象. 另一方面，教师还可以考虑抓住学生的易错点来结束课堂，强调学生易错的数学概念、定理或公式，以便引起学生的重视.

【案例 8-36】 一起来找茬

教师在简单复习幂的乘方运算法则后，将以往学生的典型错误案例展示出来，让学生来改正.

(1) $a^5 \cdot a^2 = a^{10}$

(2) $(a^5)^2 = a^7$

(3) $(-a^3)^3 = a^9$

(4) $a^7 + a^3 = a^{10}$

(5) $(x^{n+1})^2 = x^{2n+1}$

在课堂结束时，教师针对幂的乘方运算法则中学生的易错点设置习题，通过纠错的方式带领学生复习知识点，增强教学效果.

（三）多样性原则

课堂结束尽量选择多种类型与方式，避免与他人的课堂如出一辙. 教师要根据具体的课型、学生的情况以及教师自身情况来选择课堂结束类型，也可以多种类型结合. 在不同类型内还可以选择不同的方式，例如在总结知识点时，用列提纲、大括号、表格等方式灵活表现. 除了形式多样，教师还要注意课堂结束内容的多样化. 在课堂结束时不仅要对本节课的重点知识进行总结归纳，还要对知识探索过程中所涉及的数学思想、方法与文化，体会到的数学核心素养进行回顾梳理.

【案例 8-37】 勾股定理

在本节课，我们一起进行了对勾股定理的"观察—讨论—猜想—证明—应用"的探索. 在这个探究过程中，我们先从特殊的三角形——等腰直角三角形为切入点，随后过渡到一般的直角三角形，这个过程运用了从特殊到一般的数学方法. 在从直观计算的网格形式到无网格化的逻辑推理的过程中，学生的活动也从发现、辨析到证明勾股定理，同时也让他们感受到我国古代人民的智慧，渗透中国优秀的传统文化. 勾股定理是数学中很重要的几何定理，作为应用代数思想解决几何问题的重要工具，它既可以解决我们的一些生活问题，还为科学发展提供了思路.

教师在课堂结束时梳理本节课探究问题的过程及方法，使学生不仅掌握了知识，还体会了数学思想方法的应用.

（四）主体性原则

教师是数学课堂的组织者与引导者，学生才是课堂的主体，学生对学习的主动性与积极性是决定学习质量的关键因素. 因此课堂结束不能由教师包办代替，而是要以学生为主体，更加关注对学生的引导，引导学生对本堂课的所学内容进行再思考，达到再现、整理、深化的效果，帮助学生将知识掌握得更加全面完整，让他们在体验的过程中，领会其中的数学思想方法，提升他们的数学思维，从而形成良好的学习习惯. 教师在课堂结束时要坚持以学生为本的原则，要注意面向全体学生、尊重学生、鼓励学生，促使他们能够积极主动地、较高水平地投入到课堂结束环节，使学生成为课堂结束的真正主体.

【案例 8-38】　弧度制

1）回顾一下本节课的探究过程，我们对弧度制的探索经历了哪些环节？

2）如果让你来定义单位度量角，你觉得有哪些问题需要注意？

3）你认为哪些问题可以利用弧度制来解决？请举例说明.

教师在课堂结束时不仅要对弧度制相关知识进行梳理，还要回顾并概括出整个探究过程，使学生明确这堂课的学习内容，并掌握探索过程中的研究方法，让学生感悟获取新知的心路历程，体会研究这些知识的价值，突出学生的主体地位.

（五）反思性原则

虽然课堂结束的时间很短，但是教师在这个环节对教学目标是否达到、教学方法是否改进、教学效果是否良好等进行检查与自我反思，教师和学生共同进行自我评价与自我反思，不仅能共同发现学习过程中的问题，还能帮助学生形成有效的学习策略. 学生经历课堂结束环节，还有利于他们养成归纳总结、自我反思与提升等良好的学习行为习惯.

【案例 8-39】　"问题解决"

师：我们来一起回顾一下这节课，我们在解决问题时经历了哪些环节？

生 1：首先要认真仔细地研读题目，梳理出条件、问题以及它们之间的关系，然后规划好计算的步骤.

生 2：接下来就要实施制定好的计划，并且在最后要回顾这道题目.

师：回顾什么？

生 3：检查题目有没有做对，也就是通常所说的检验.

师：回头检查是非常重要的，我们不仅要进行检验，还要回顾反思在解决这个问题的过程中我们有没有在知识、方法、思想等方面上得到发展？通过同学之间的交流讨论有没有什么思考？

师：现在请同学们来分享在这节课中的收获.

在课堂结束时师生共同分享收获体会，不仅可以帮助学生逐步养成学习数学的基本思维方法与反思习惯，还能促使教师对教学过程和效果的反思.

思 考 题

1. 在中学课堂教学中, 你经常使用哪些课堂导入方式呢?

2. 自选观看一段数学课堂教学导入技能视频片段, 讨论分析在这段教学过程中, 教师是如何运用讲解技能的. 你认为还需要做哪些补充?

3. 自选一个教学片段, 进行导入技能实训, 并说明涉及的核心素养是什么? 为什么选用这种类型的导入技能? 请结合导入的原则和注意事项, 进行自我总结.

4. 数学课堂提问的类型有哪些, 请举例说明.

5. 选择一节中学数学课堂, 对一个片段进行问题链设计.

6. 试搜集并观看一些数学课堂教学实录, 分析评价教师的课堂提问技能.

7. 收集、研读各种形式的数学板书案例, 并结合案例阐述各种板书类型的特点.

8. 试结合具体案例, 在数学课堂中如何优化板书与多媒体技术的科学配合, 谈谈你的体会.

9. 以一节中学数学课的内容为例, 进行板书设计, 并结合板书设计的理论知识进行小组评议, 并进行改进设计.

10. 结合具体的教学案例谈谈数学课堂结束有哪些作用.

11. 试结合具体的教学内容阐述各种课堂结束类型的特点.

12. 请你设计一节数学教学案例, 重点分析课堂结束的处理, 注意思考课堂结束的设计依据和效果.

推 荐 读 物

[1] 李祎, 贾雪梅. 中学数学教学设计 [M]. 北京: 高等教育出版社, 2016.

[2] 程晓亮, 刘影. 数学教学论 [M]. 3 版. 北京: 北京大学出版社, 2019.

[3] 罗新兵, 罗增儒. 数学教育学导论 [M]. 西安: 陕西师范大学出版社, 2014.

[4] 杨豫晖, 曾峥. 基于教学案例的数学教学设计与实施 [M]. 北京: 北京师范大学出版社: 2020.

[5] 李涛, 周静, 杨建伟. 课堂提问讲解技能及案例分析 [M]. 北京: 中国轻工业出版社, 2017.

[6] 曹新. 数学教学技能学习教程 [M]. 北京: 科学出版社, 2018.

参 考 文 献

[1] 裘大彭, 任平. 课堂教学中的导入技能 [J]. 人民教育, 1994 (2): 40-42.

[2] 刘影, 程晓亮. 数学教学论 [M]. 北京: 北京大学出版社, 2009.

[3] ALEXANDER P A, JETTON T L. The role of importance and interest in the processing of text [J]. Educational Psychology Review, 1996, 8 (1): 89-124.

[4] 何小亚. 中学数学教学设计 [M]. 3 版. 北京: 科学出版社, 2020.

[5] 张丛. 教师技能及课堂导入能力的培养与训练 [M]. 呼和浩特: 远方出版社, 2005.

[6] 陈庆文, 于明侠, 赵康滨. 课堂导入模式的研究与实践 [J]. 现代教育科学, 2008 (S1): 83.

[7] 宋振刚. 谈新课导入 [J]. 中学数学教学参考, 2016 (Z3): 32-33.

[8] 谈雅琴. 谈中学数学课堂教学导入设计 [J]. 数学通报, 2006 (7): 27-29.

[9] 陈卫明. 让文化之花绽放在高中数学课堂 [J]. 数学教学通讯, 2019 (27): 40-42.

[10] 熊惠民. 中学数学教学设计与案例探究 [M]. 北京: 科学出版社, 2013.

[11] 何小亚，姚静. 数学教学设计 [M]. 北京：科学出版社，2008.

[12] 李永新，李劲. 中学数学教育学概论 [M]. 北京：科学出版社，2012.

[13] 梁洪昌. 高中数学课堂导入案例分析 [J]. 中学数学研究（华南师范大学版），2019（4）：22-24.

[14] 王传贵. 高中数学课堂导入的相关策略 [J]. 数学学习与研究，2021（4）：39-40.

[15] 吴萍. 新编教师教学技能训练教程 [M]. 北京：北京师范大学出版社，2011.

[16] 余文森. 有效备课·上课·听课·评课 [M]. 福州：福建教育出版社，2010.

[17] 曹新. 数学教学技能学习教程 [M]. 北京：科学出版社，2018.

[18] 周晓庆，王树斌，贺宝勋. 教师课堂教学技能与微格训练 [M]. 北京：科学出版社，2015.

[19] 程晓亮，刘影. 数学教学论 [M]. 2版. 北京：北京大学出版社，2019.

[20] 何小亚. 中学数学教学设计 [M]. 北京：科学出版社，2008.

[21] 李涛，周静，杨建伟. 课堂提问讲解技能及案例分析 [M]. 北京：中国轻工业出版社，2017.

[22] 王德清. 教学艺术论 [M]. 成都：四川大学出版社，2010.

[23] 马驰. 例谈数学教学的"追问"策略 [J]. 数学通报，2019，58（3）：25-28.

[24] 李士锜，杨玉东. 教学发展进程中的进化与继承：对两节录像课的比较研究 [J]. 数学教育学报，2003（3）：5-9.

[25] 李健，李海东. 数学教科书中设置问题情境的作用与原则 [J]. 基础教育程，2020（17）：59-66.

[26] 丁福军，张维忠，唐恒钧. 指向数学核心素养的问题链教学设计 [J]. 教育科学研究，2021（9）：62-66.

[27] 吴丹红，唐恒钧. 基于问题链的"函数单调性"教学探索 [J]. 中学教研（数学），2016（5）：7-9.

[28] 汤志娜，阮灏锦，常春艳. 基于师生语言互动分析的数学课例比较研究及启示：以"圆的周长"两节同课异构课为例 [J]. 数学教育学报，2017，26（6）：51-55.

[29] 温建红. 论数学课堂预设提问的策略 [J]. 数学教育学报，2011，20（3）：4-6.

[30] 王光明，冯虹，康玥媛. 新理念数学教学技能训练 [M]. 北京：北京大学出版社，2014.

[31] 尚晓青，杨渭清. 促进高效数学教学的课堂提问策略 [J]. 数学通报，2013，52（1）：35-37；39.

[32] 杜静，赵艳芳. 中小学教师课堂提问策略探究：基于课堂的观察与反思 [J]. 教育探索，2016（4）：20-23.

[33] 徐道奎. 从圆锥曲线的教学提问看课堂提问的方式与时机把握 [J]. 数学通报，2015，54（8）：44-46；62.

[34] 邵利，罗世敏. 中学数学课堂教学技能实训教程 [M]. 北京：科学出版社，2011.

[35] 郭巍. 永不凋零的初中数学板书之花 [J]. 数学教学通讯，2019（2）：47-48.

[36] 王德昌. 数学课堂教学板书要体现"九性" [J]. 教学与管理，2007（7）：63-64.

[37] 李祎，贾红梅. 中学数学教学设计 [M]. 北京：高等教育出版社，2016.

[38] 余小芬，刘成龙. 数学板书：特征、类型及设计原则 [J]. 中学数学月刊，2022（3）：15-17；24.

[39] 李三平，罗新兵. 中学数学教学技能 [M]. 北京：科学出版社，2020.

[40] 李巧. 多媒体视角下数学课堂传统板书的设计 [J]. 教学与管理，2014（4）：63-65.

[41] 谢婉彬. 数学课堂板书：从理论研究到实践应用 [J]. 中学数学月刊，2016（1）：38-41.

[42] 程晓亮，刘影. 数学教学论 [M]. 北京：北京大学出版社，2019.

[43] 王晓军. 数学课堂教学技能和微格训练 [M]. 杭州：浙江大学出版社，2011.

[44] 殷伟康. "数学课堂小结"的有效设计原则与方式 [J]. 数学教学通讯，2013（30）：37-39.

[45] 王莹莹. 浅谈数学课堂教学结尾的艺术 [J]. 教育教学论坛，2014（17）：194-195.

[46] 殷伟康. "数学课堂小结"的有效设计原则与方式 [J]. 数学教学通讯，2013（30）：37-39.

[47] 肖春梅，唐剑岚. 曲终收拨当心画余音绕梁久不绝：数学课堂结束原则及其策略 [J]. 教育与教学研究，2016，30（11）：107-110.